国家出版基金项目
NATIONAL PUBLICATION FOUNDATION

湖北省学术著作出版专项资金
Hubei Special Funds for Academic Publications

国 家 出 版 基 金 资 助 项 目
湖北省学术著作出版专项资金资助项目
智能制造与机器人理论及技术研究丛书
总主编 丁 汉 孙容磊

人机智能融合的
区块链系统

蔡恒进 蔡天琪 耿嘉伟◎编著

RENJI ZHINENG RONGHE DE
QUKUAILIAN XITONG

華中科技大學出版社
http://www.hustp.com
中国·武汉

内 容 简 介

人类思维的诞生和进化都会被认知坎陷引导和决定。本书呈现的是一套基于 token/意识片段理念发展而来的人机智能融合的区块链系统。该系统具备以下特点：

- 强调并行算力和串行算力的重要性，且避免对消耗能源的增长需求；
- token 与所有者深度绑定，51%算力攻击难以获利，极具安全性；
- 子链能建立共识和社区管理，存证性能可无限扩展。

该系统对于区块链系统而言是一项工程方案，对于未来的超强智能(hyper intelligence)而言是一份行动纲领。机器全面取代人的体力之后，正在快速逐项取代人的脑力。前路扑朔迷离，我们只能步步为营，勇往直前。本书是我们认知升级的不二之选，让我们一起见证商业新文明的开端。

本书可作为区块链和人工智能领域科研、技术开发人员的参考书和培训教材，也可供相关专业的研究生或本科高年级学生使用。

图书在版编目(CIP)数据

人机智能融合的区块链系统/蔡恒进，蔡天琪，耿嘉伟编著. —武汉：华中科技大学出版社，2019.10

(智能制造与机器人理论及技术研究丛书)

ISBN 978-7-5680-5704-2

Ⅰ.①人…　Ⅱ.①蔡…　②蔡…　③耿…　Ⅲ.①电子商务－支付方式－应用－人-机系统－研究　Ⅳ.①TB18

中国版本图书馆 CIP 数据核字(2019)第 219467 号

人机智能融合的区块链系统　　　　蔡恒进　蔡天琪　耿嘉伟　编著

RENJI ZHINENG RONGHE DE QUKUAILIAN XITONG

策划编辑：俞道凯

责任编辑：吴　晗

封面设计：原色设计

责任监印：周治超

出版发行：华中科技大学出版社(中国·武汉)　　电话：(027)81321913

武汉市东湖新技术开发区华工科技园　　邮编：430223

录　　排：武汉三月禾文化传播有限公司

印　　刷：湖北新华印务有限公司

开　　本：710mm×1000mm　1/16

印　　张：15.25

字　　数：252 千字

版　　次：2019 年 10 月第 1 版第 1 次印刷

定　　价：118.00 元

华中出版

本书若有印装质量问题，请向出版社营销中心调换

全国免费服务热线：400-6679-118　竭诚为您服务

智能制造与机器人理论及技术研究丛书

专家委员会

主任委员 熊有伦（华中科技大学）

委　　员 （按姓氏笔画排序）

卢秉恒（西安交通大学）　朱　荻（南京航空航天大学）　阮雪榆（上海交通大学）
杨华勇（浙江大学）　张建伟（德国汉堡大学）　邵新宇（华中科技大学）
林忠钦（上海交通大学）　蒋庄德（西安交通大学）　谭建荣（浙江大学）

顾问委员会

主任委员 李国民（佐治亚理工学院）

委　　员 （按姓氏笔画排序）

于海斌（中国科学院沈阳自动化研究所）　王飞跃（中国科学院自动化研究所）
王田苗（北京航空航天大学）　尹周平（华中科技大学）
甘中学（宁波市智能制造产业研究院）　史铁林（华中科技大学）
朱向阳（上海交通大学）　刘　宏（哈尔滨工业大学）
孙立宁（苏州大学）　李　斌（华中科技大学）
杨桂林（中国科学院宁波材料技术与工程研究所）　张　丹（北京交通大学）
孟　光（上海航天技术研究院）　姜钟平（美国纽约大学）
黄　田（天津大学）　黄明辉（中南大学）

编写委员会

主任委员 丁　汉（华中科技大学）　孙容磊（华中科技大学）

委　　员 （按姓氏笔画排序）

王成恩（上海交通大学）　方勇纯（南开大学）　史玉升（华中科技大学）
乔　红（中国科学院自动化研究所）　孙树栋（西北工业大学）　杜志江（哈尔滨工业大学）
张定华（西北工业大学）　张宪民（华南理工大学）　范大鹏（国防科技大学）
顾新建（浙江大学）　陶　波（华中科技大学）　韩建达（南开大学）
蔺永诚（中南大学）　熊　刚（中国科学院自动化研究所）　熊振华（上海交通大学）

作者简介

▶ **蔡恒进**　卓尔智联研究院执行院长，everiToken共同发起人，首席科学家，武汉大学教授、博导，中国人工智能和大数据百人会专家，中国科学院深圳先进技术研究院多媒体集成技术研究中心客座研究员，中国通信工业协会区块链专家委员会副主任委员；主要著作《机器崛起前传——自我意识与人类智慧的开端》获得2017年吴文俊人工智能科学技术奖。

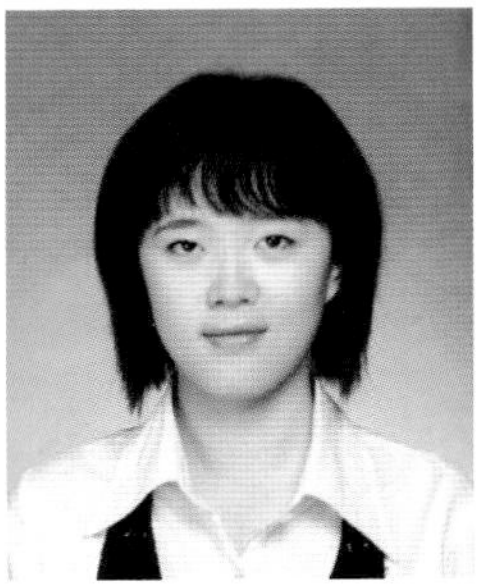

▶ **蔡天琪**　卓尔智联研究院助理院长，武汉大学管理科学与工程博士，美国UWL软件工程硕士，武汉大学金融信息工程硕士，武汉大学软件工程学士，中南财经政法大学经济学学士；曾获“创青春”移动互联网创业专项赛全国金奖、“花旗杯”最佳创新创意奖、微软“创新杯”中国区Office专项奖及全球五强等十余项创新创业奖，参与近十项区块链领域发明专利。

▶ **耿嘉伟**　华中师范大学历史学学士，武汉大学软件工程学士，香港科技大学资讯科技硕士；先后就职于IBM中国开发实验室和上海同余信息科技有限公司。

总序

近年来,“智能制造＋共融机器人”特别引人瞩目,呈现出“万物感知、万物互联、万物智能”的时代特征。智能制造与共融机器人产业将成为优先发展的战略性新兴产业,也是中国制造2049创新驱动发展的巨大引擎。值得注意的是,智能汽车与无人机、水下机器人等一起所形成的规模宏大的共融机器人产业,将是今后30年各国争夺的战略高地,并将对世界经济发展、社会进步、战争形态产生重大影响。与之相关的制造科学和机器人学属于综合性学科,是联系和涵盖物质科学、信息科学、生命科学的大科学。与其他工程科学、技术科学一样,它也是将认识世界和改造世界融合为一体的大科学。20世纪中叶,*Cybernetics* 与 *Engineering Cybernetics* 等专著的发表开创了工程科学的新纪元。21世纪以来,制造科学、机器人学和人工智能等领域异常活跃,影响深远,是“智能制造＋共融机器人”原始创新的源泉。

华中科技大学出版社紧跟时代潮流,瞄准智能制造和机器人的科技前沿,组织策划了本套“智能制造与机器人理论及技术研究丛书”。丛书涉及的内容十分广泛。热烈欢迎专家、教授从不同的视野、不同的角度、不同的领域著书立说。选题要点包括但不限于:智能制造的各个环节,如研究、开发、设计、加工、成形和装配等;智能制造的各个学科领域,如智能控制、智能感知、智能装备、智能系统、智能物流和智能自动化等;各类机器人,如工业机器人、服务机器人、极端机器人、海陆空机器人、仿生/类生/拟人机器人、软体机器人和微纳机器人等的发展和应用;与机器人学有关的机构学与力学、机动性与操作性、运动规划与运动控制、智能驾驶与智能网联、人机交互与人机共融等;人工智能、认知科学、大数据、云制造、物联网和互联网等。

本套丛书将成为有关领域专家、学者学术交流与合作的平台,青年科学家茁壮成长的园地,科学家展示研究成果的国际舞台。华中科技大学出版社将与施普林格(Springer)出版集团等国际学术出版机构一起,针对本套丛书进行全球联合出版发行,同时该社也与有关国际学术会议、国际学术期刊建立了密切联系,为提升本套丛书的学术水平和实用价值,扩大丛书的国际影响营造了良好的学术生态环境。

近年来,高校师生、各领域专家和科技工作者等各界人士对智能制造和机器人的热情与日俱增。这套丛书将成为有关领域专家学者、高校师生与工程技术人员之间的纽带,增强作者与读者之间的联系,加快发现知识、传授知识、增长知识和更新知识的进程,为经济建设、社会进步、科技发展做出贡献。

最后,衷心感谢为本套丛书做出贡献的作者和读者,感谢他们为创新驱动发展增添正能量、聚集正能量、发挥正能量。感谢华中科技大学出版社相关人员在组织、策划过程中的辛勤劳动。

华中科技大学教授

中国科学院院士

2017 年 9 月

序一

当下，正是新技术革命如火如荼的时候。特别是区块链行业，自从比特币广受关注以来，可谓是“风乍起，吹皱一池春水”。只不过，虽然这阵风快又急，但能不能真的“好风凭借力，送我上青云”，却要看这个团队功力是否深厚，要看这个团队方向是否足够革新，理解是否到位。蔡恒进团队的这本书，凝聚了蔡教授一直以来的深刻思考，在形成具有完整逻辑的解释理论基础上，严密推导出了区块链技术对于未来人类的作用，在我看来，这实在是一本不仅值得一读，而且值得深入去品味和思考的著作。

我一直认为，区块链是一个大规模的协作工具。究其原因，是因为区块链对数据记录方式的革新，天然地为信息时代爆炸式的数据增长提供了解决方案。早一点，数据的贫瘠和非结构化的特点，不适合区块链的生存；晚一点，现在区块链的特点，必然成为普罗大众广为接受的真理，也就不存在所谓的“风口”了。在这一点上，蔡教授的理论适逢其时，在对区块链作用的认识上和我可谓是殊途同归。

蔡教授从“认知膜”的理念开始，解释了人类智能的特殊性，推导出“认知坎陷”是决定人类个体对世界认识的关键因素。在此基础上，蔡教授发现，必须要改变生产关系，改变人类组织之间联系和合作的模式，人类才能够在人工智能时代，找到自己生存的意义。而这种改变，只有区块链技术才能够提供。

蔡教授创造性地提出了“良知链”方案，利用其团队改进后的区块链技术，对区块链技术的实际应用提出了高屋建瓴的系统化构想。在蔡教授的设想中，人工智能，甚至是机器智能，不再是洪水猛兽，而是区块链技术的一块基石。人类社会的真正未来，恰恰需要建筑在融合了人工智能且基于共识而产生的永久性系统上。而人工智能的未来，也只有在这样的系统上，才能够超越商业社会的需要，找到真正属于自身进化的土壤。这种大气磅礴而又不失具体细节的设想，对于区块链世界未来的发展，必然产生深远的影响。

在我看来，区块链的入场者不少，但能够有蔡老师这样的高度和深度，能够把人工智能和区块链技术融合到对人类社会未来发展的设想中的从业者仍然是寥如晨星。人工智能帮助区块链，区块链反过来促进人工智能。科技大发展后人类社会的未来，可能终于有了一条解决的途径。仅仅从这个角度，这本书，就值得每一个人好好地读一读。

分布式资本创始人

2019 年 3 月

序二

人工智能和区块链，是当今最为炙手可热的两门前沿技术。能够同时精通这两门技术的人并不多。能够在一本学术著作中把这两门技术有机结合起来，并在结合点上提出有创见的学术观点的人就更是凤毛麟角了。很幸运的是，本书作者蔡恒进教授就是这样一位凤毛麟角级别的学者。我有幸同蔡教授认识多年，更加幸运的是能为他这本书作序。

区块链技术隐含着某种不能取巧、没有捷径的，只能靠点滴积累的量的构造。这样的量既可以是在社会经济活动中产生的“价值”，也可以是认知智力活动中产生的“内耗”。独一无二的内耗产生过程构成独一无二的“自我”，受到内耗控制并指向内耗降低的认知智力活动构成“有意义的”智能机制。只有内耗的测量绝对忠实、不可作弊，旨在降低内耗的智能机制才具有货真价实的含金量，如此的认知智力活动才具有货真价实的意向性成色。从这一点上看，在数字化的世界里产生“价值”的过程和在人的头脑里产生“内耗”的过程具有共同的本质，绝不是偶然的。

人工智能中，数据的汇聚据说一直是机器学习和关联分析的基本前提，但在某种程度上，这也意味着以牺牲隐私和数据主权为代价。保持私密数据不汇聚而等效的机器学习和关联分析不受影响，曾被认为是不可能的任务，但有了区块链技术和多方安全计算技术，这种不可能正在变为可能。这对人工智能的走向乃至对数字化进程的走向，影响都是深远的。区块链技术源于极客思维，而极客思维绝不会轻易屈服于一种以人云亦云的“不可能”作为技术保护伞的数据垄断。破除数据垄断的人工智能才是走向未来的人工智能。

人工智能技术也在助力区块链的发展。无论是加密数字资产的基本面分析、投资者服务、辅助交易决策还是监管，都离不开人工智能的帮助。特别要指出的是，深度学习和知识图谱这“黑白双煞”（对应于不可解释的参数黑箱和可解释的知识白盒)，以及自然语言处理这颗当代人工智能皇冠上的明珠，都是在加密数字资产生命周期内各个业务环节上不可缺少的技术工具。可以预计，随着更多优质资产的“上链”，区块链领域的人工智能应用也会掀起新的“换装”浪潮。

学习区块链和人工智能，需要的基础知识是多方面的、横断性的。贯通区块链和人工智能，更需要深厚的人文修养和思辨灵性。在蔡恒进教授的笔下，本书恰恰在基础知识和人文思辨方面别具一格，明显地不同于其他单纯从技术角度讲述区块链和人工智能的书籍。这是蔡恒进教授为区块链和人工智能世界奉献的精品。让我们细细地品读它、学习它，跟着它走进一座文理思想交相辉映的恢弘大厦，贴近人类数字化征程的最前沿，欣赏这里的无限风光。

上交所前总工程师

中国分布式总账基础协议联盟技术委员会主任

2019 年 3 月于上海

序三

我观察区块链很久了。区块链从一开始的默默无闻，到后来随着比特币而路人皆知，再后来变成资本市场的追逐热土，最终博得世人无限关注。在这片红海中，试图浑水摸鱼者有之，试图哗众取宠者亦有之，而真正努力思考其本源，正视其力量，并愿意为其发展贡献才智者，才是真正值得我们尊敬并报以掌声的人。蔡教授无疑是个中翘楚，本书即是证明。

在我看来，蔡教授的这本书之所以好，最关键的，是说清楚了区块链和人类本质的关系。这是本书和其他所有区块链著作最不同的地方，也是本书立意最高的地方。

第一，区块链是对人类本质的回归。

以人为本是任何产品的价值所在，科技产品也不例外。以人为本，首先要尊重个人的隐私和独立性，同时还要保证社会的共识。我们可以发现，人类社会的历史，往往在试图保持两者的平衡性上出现摇摆甚至失控。其实，书中的 Conscious AI Chains 对这些重要问题进行了更进一步的阐述。所谓人的隐私和独立性，背后就是分布式的信任和分布式的隐私。真正的去中心化，是一个逐步的动态的过程。随着区块链的发展，将来我们可能会有多层共识的 AI 链，通过 AI 保证我们在共识的基础上，仍然拥有一个分布式的信任、分布式的隐私。

区块链与人和意识不可分割。因为有人的意识，所以才有对于价值的判断；基于对价值的判断，最终形成了基于共识的价值/价格形成机制。蔡教授的推断，丝丝入扣，合理地描述了造就人类商业社会今天面貌的根本力量，也揭示了人类社会的根本矛盾之一：组织与个体。

组织和个体的矛盾，其实就是群体共识与自我意识之间的矛盾。无数组织、道德都试图用各种方法来掩盖、解决这个矛盾，却都失败了。现在我们明白，因为这是人类个体"自我"的认知坎陷中固有的。换言之，只要人类有意识，共识就始终会面临"自我"的挑战。

而区块链，恰恰能够从这种矛盾中，找到一条共存的道路。区块链的通证，能够通过激励机制等方式来保护分布式 P2P 的隐私。只有在区块链的技术下，才能实现人类的“自我”隐私安全能够被保护，同时社会的共识机制却不会受到损害。这就是区块链对于人类本质的回归。

第二，区块链是对人类本质的包容。

今天，我们的世界正在陷入对一次可能的大衰退的恐惧之中。很多人抱着一种朝不保夕的惴惴不安而接触了区块链，在区块链技术下催生的投机市场中寻求机会。这恰恰是区块链包容性的一部分。区块链是极具包容性、共存性的技术，非中心化是它的特点之一。其实，非中心化并不一定意味着去掉所有的中心，换言之，非中心化并不意味着排除所有的监管。以人为本的真正目的，应当是通过个人的发展，从而达到个人对社会的正面效应最大化，最终提高社会效率。正因个人的正面效应被释放，负面效应被抑制，监管和成本才会逐步降到最低，通证经济才能够往包容的方向继续发展下去。

我始终相信，目前眼花缭乱的各种区块链技术，未来必然会逐渐形成一个完整的区块链系统。在这个系统中，各种区块链技术、功能，甚至各种组织、单元，都会变成这个系统中的一个节点。因为“自我肯定需求”，人类个体必然会更关注自身，所以人类社会必然是多元的。未来的区块链系统，恰恰就具备对于这种多元的包容能力。正是因为区块链技术本身对于人类社会多元性的包容，所以区块链一定能够始终保持它的活力。

第三，区块链是对人类本质的超越。

人类社会发展到今天，财富的产生速度和集中速度，都远远超过了历史上任何一个时期。这是人类“自我”的本质所决定的，非人力所可逆。但是，在区块链的帮助下，我们可以实现对“自我”的扬弃。

区块链的最大价值在于实现分布式资产拥有。通过区块链和智能合约，人们能够以很低的成本实现分布式的资产拥有。通过区块链技术，人们能够保全好自己的资产，能够保护好自己的尊严，能够真正地从非中心化中找到自己存在的价值。这是区块链与“自我肯定需求”的结合，也是区块链将会改变世界的力量来源。我愿意和蔡教授，以及正在读书的各位共勉，一起为这样的世界早日到来尽一份力量。

新加坡新跃社科大学金融科学与区块链教授
新加坡经济学会副会长
美国左岸学院创始人
李国权
2019 年 8 月

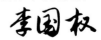

目　　录

第 1 章
区块链的起源

1.1 数字时间戳

1992 年美国总统大选的最终对决里，一边是一个小州州长出身的威廉·杰斐逊·克林顿（比尔·克林顿），另一边则是寻求连任的在位总统乔治·赫伯特·沃克·布什。刚刚仅用了 100 小时就在海湾战争中取胜的老布什挟胜利余威投入竞选，英雄光环下他的连任，似乎已经板上钉钉。

1992 年 11 月 4 日凌晨，大选最终揭晓，46 岁的克林顿击败 68 岁的老布什荣任第 42 任总统。克林顿看似奇迹般的胜利，其实并不难理解，这主要归功于他的竞选策略——专注于国内议题，特别是当时陷入低谷的美国经济。他的一句名言就此风靡："It's the economy, stupid!"即使战争英雄的光环再绚丽夺目，理想主义的号召再激动人心，最终落到实处的依然是与民众切实利益息息相关的经济问题。

虽然今天的区块链总是被加上各种技术标签，但它之所以能够得到广泛关注，一开始就是因为比特币（Bitcoin）掀起的经济革新（也包括投资泡沫）的热潮。"新科技""超安全""不可复制"，再加上一点无政府主义思想的"去中心化"，比特币简直是好莱坞大片里才会出现的完美道具。相比较而言，作为比特币基础的区块链技术，就像呼吸的氧气一样，虽随处可见，但并没有得到足够的重视。

其实，也许与很多人的想法不同，对区块链技术的理念探索早在比特币之类的货币之前就已经开始。在行业内，W. Scott Stornetta 与 Stuart Haber 一起被尊为区块链的共同发明者，是公认的"区块链之父"。Stornetta 此前就是密码学和分布式计算领域的知名人物。1990年，他在与Haber共同撰写的论文中首次提到区块链架构技术。该论文描述了一种数字体系结构系统，该系统可以利用“数字时间戳”进行商业交易。

区块链的核心理念出现的18年后，由于中本聪(Satoshi Nakamoto)采用该理念开发出当今大行其道的比特币，区块链才得以作为一个系统而公开存在。比特币区块链架构的几个基础内容就源于Stornetta和Haber的工作。中本聪在比特币白皮书中，专门用了第三、第四和第五条对其在加密时间戳协议中的工作进行了详述。

在Stornetta与Haber最开始思考区块链技术的时候，并没有“区块链”这个词。换言之，这是后来人们创造的一个词语，或者说，是一个全新的认知坎陷(cognitive attractors)。1989年，计算机技术正在迅速地发展，所有的文件都在慢慢革新成电子版本。那时Stornetta与Haber就在想，人们怎么确定手中的电子版本的文件就是原版呢？如何得知是否有人曾改动过电子版本的文件呢？当时只有一部分文件是电子版本的，大部分的文件，包括转账记录、交易记录仍然是以文字形式记录的，即使这些都是书面形式的文件，它们也有自己的备份，能够确保书面记录的准确性。

众所周知的是，如果可以改变这些文件，就可以改变记录。当时大家都把精力放在如何确保书面文档的准确性上，几乎没有人在意电子文档记录的准确性。然而很快大家就发现，我们将会生活在一个充斥着电子文档的世界，书面形式的文档最终将会被科技淘汰。如果我们不去解决电子文档准确性的问题，我们就没有办法区别真实的记录和被篡改的记录。

Stornetta与Haber一起研究了这个问题好几个月，最终找到了最根本的解决办法——既然我们始终要去信任某个人或者机构来确保电子文档的准确性，为何不干脆更进一步，去信任每一个人。也就是说，让世界上的每一个人都成为电子文档记录的见证者。他们颠覆了“由谁认证”这个问题，从而找到了解决办法。他们设想构建一个网络，能够让所有的电子记录在被创造的时候就传输到每一个用户那里，这样就没有人可以篡改这个记录。这就是区块链概念的诞生过程。

1.2 区块链的落地

“以史为鉴,可以知兴替。”兴衰往往是人们最为关注的话题。在古代,兴衰的故事往往集中于政权的更迭,到了现代社会,人们逐渐聚焦于商业场景,特别是新兴技术在种种商业场景中的应用。区块链目前可能是最为热门的智能技术实践项目之一,它的历史虽然很短,但也足够精彩。

讲到区块链的历史,必然绕不开比特币、中本聪,以及他的那篇“白皮书”*Bitcoin:A Peer-to-Peer Electronic Cash System*(《比特币:一种点对点的电子现金系统》)。在这篇文章中,中本聪提到了用随机散列(hashing)对全部交易加上时间戳(timestamps),将它们合并入一个不断延伸的基于随机散列的工作量证明(proof of work,PoW)的链条作为交易记录,并通过最长链条(longest chain)以及工作量证明机制保证在大多数诚实节点(honest nodes)控制下的可信机制。中本聪将这种包含所有基本交易信息的一个单位称为一个区块(block),将无数个区块组成的链条称为区块链。这是区块链思想的一次成熟应用,也成为日后研究区块链的人无法绕过的一个定义。

比特币是比数字时间戳更为分布式的应用,并且应用领域被局限在金钱交易方面。比特币了不起的地方,在于创造了一个新的货币体系,但这也是它的局限性所在,是它只能是区块链诸多应用方向中的一个分支的根本原因。只要仍然建筑在区块链技术基础之上,而非脱离区块链,数字货币在未来就必定会有更大的发展空间,只是它不一定要沿用今天被称为比特币的技术。在区块链的历史中,比特币不过是中间的一朵浪花,一个阶段。

回溯区块的定义我们能发现,区块所记录的,不单单是这个区块产生时的所有信息。只要区块的交易一直存在和发生,区块的信息就会不断发生变化。这其实就会引出区块中一个十分重要的概念——共识机制(consensus)。因为区块的特性,区块能够一直保存整个链条上所有交易的信息,也就保证了整个信息可信和长久保存。这种可保存、可追溯的证据,我们称之为存证(proof of existance),而任何一种形式的资产都可以通过通证(token)的形式上链并流通。存证与通证(或数字凭证)颠覆了人类的共识机制,也恰恰是区块链能够成功避免信任危机,在货币世界实际应用,最终对现实世界产生震撼的根本原因。

在中本聪的引用文献中，和区块链产业相关的论文有两篇，一篇是 Wei Dai（戴伟）的 *A scheme for a group of untraceable digital pseudonyms to pay each other with money and to enforce contracts amongst themselves without outside help*（《一种能够借助电子假名在群体内部相互支付并迫使个体遵守规则且不需要外界协助的电子现金机制》），还有一篇是 Adam Back（亚当·柏克）的 *Hashcash—a denial of service counter-measure*（《哈希现金——拒绝服务式攻击的克制方法》）。其实，在 1998 年 Wei Dai 就已经提出了 B-money。这是一个设想中的匿名分布式电子加密货币系统，它具备了很多后来比特币拥有的特质。显而易见，区块链技术从一开始，就和去中心化货币交易、电子商业行为等产生了天然的联系。

在大众关于比特币的故事中，被津津乐道的是 2010 年 5 月 21 日，佛罗里达的程序员 Laszlo Hanyecz 用 10000 个比特币购买了价值 25 美元的披萨。但很少有人知道，其实在之前的 2010 年 2 月 6 日，就已经诞生了第一个官方的比特币交易所——Bitcoin Market（比特币市场）。在一开始的时候，比特币的汇率基本是按照 Mto Gox（昵称门头沟）上面的比特币与美元汇率来进行的，结果到 2012 年就升到了最高 1∶33 的兑美元汇率。2012 年 10 月，BitPay 发布报告说，全球超过 1000 家商户通过他们的支付系统来接收比特币付款。自此以后，比特币开始逐渐走进大众视线，并带动了无数区块链项目的兴起。

由于之前比特币的造富效应，区块链的影响力得到了极大增强，围绕区块链的整个应用大爆发已经形成。直到今天，除了比特币之外，以太坊、R3、Hyperledger 都是相对来说名气较高的区块链项目。发展到今天，以参与者的范围来区分，区块链已经逐渐形成了公有链、联盟链和私有链三大种类，更进一步，这个市场已经形成了诸如 ICO（initial coin offering，初始代币发行）代币、非营利组织等实际应用项目。不过截至目前，主要的区块链应用仍然围绕交易化、货币化进行，更深层次的应用仍然在不断发展和推进中。

1.3 面向未来

历史是不断发展的。纵观整个区块链的历史，我们能够发现，区块链虽然发源于虚拟货币，但货币并不是其唯一的应用。甚至可以说，抛开商业模式下的炒作，大量代币的价值远没有鼓吹的那么大。区块链货币的先驱者 Wei Dai 就曾经在 LessWrong（美国一个专注于学术讨论的博客网站）上评价过比特币："I would consider Bitcoin to have failed with regard to its monetary policy (because the policy causes high price volatility which imposes a heavy cost on its users, who have to either take undesirable risks or engage in costly hedging in order to use the currency)."（我认为比特币的货币政策会最终导致其失败（因为它的货币政策会导致币价震荡，这就会让用户损失惨重，要使用这个货币的话就不得不冒极大的风险，或者进行高昂的对冲）。）

区块链技术作为一门新兴的技术，存在着极大的发展潜力和应用价值。要找到区块链项目的真正应用潜力，就应该首先厘清区块链技术的核心所在。

讲到区块链技术的核心，很多人会首先想到去中心化。因为比特币社区的吹捧，去中心化已经深入人心。但经历了无数案例后我们能够发现，去中心化并不能如推崇者们鼓吹的那样成为灵丹妙药，相反却因为种种实践困难而无法落地，沦为空谈。追溯区块的本质，我们会发现，区块链技术的核心，其实是存证和通证以及在此基础上形成的共识机制，也就是在一段时间内对事物前后顺序达成共识的算法。将顺序的重要性放在第一位，正是区块链技术能够解决信任问题、能够具有强大生命力的原因。而区块链未来的应用，也必然是首先寻找那些对共识有要求，对事物前后的排序有更精确、更迅速要求的场景。其实，不单单是强调速度的金融业，我们生活中的无数行业也都具有这样的属性。

比如说，目前中国的物流行业规模已经是世界第一。国内的物流，国际的港口吞吐都进入了从发展走向成熟的时期。效率是物流行业的生命，但效率的提升一直面临一个很大的制约，就是整个物流货物体系的信任问题。我们往往有这样的体会，明明货物已经到港，却需要在海关耗费很长的时间等待抽检等各种流程的完成。这其实就是整个货物体系的共识机制还没有完全打通的缘故。我们可以设想这样的场景，货物的抽检等行为，并不是在海关完成，而是在运输之前，就已经在出发地完成。所有的数据，通过区块链技术形成共识链，直接成为无法被修改的数据，伴随着整个货物的物流过程。而检疫、有效期等问题，又可以通过过往的经验和大数据的分析得到解决。由此，无论是货物安全还是货物质量的检验等流程，其实都可以在很短的时间内完成，大大缩短在路上无谓的时间消耗。这将会给我们的物流行业带来多么颠覆性的变化。

再举例来说，目前整个社会都在形成对于个人档案的信用认证，国家也正在逐步完善我们的信用体系。但是，目前的信用体系有一个很大的问题，就是只能扎根在个人的已经被认证的金融产品之上，比如信用卡等，应用场景十分有限。而如果采用区块链的技术，使得每一个人的可认证行为都能够上链，任何企业、单位甚至是社区，都可以对个人的特定行为进行链上的认证和开发，从而在该单位内部形成正向的激励，并能够对个人未来的评估形成更坚实的基础。这又是一个对整个社会的评价、评估体系产生颠覆性影响的事情。

面向未来，区块链从金融出发，但绝不仅限于金融。我们相信，区块链作为一个能够解决人类共识问题的技术，一定能在更多的更基础的场景中，发挥更大的作用。

数字凭证是我们构建的人工智能时代区块链社区的核心。本书最终呈现的是一套以 token 为基础的区块链经济体系。这种经济不是类似以太坊的单纯社区类"挖矿"经济，而是一种基于认知坎陷发展而来的"坎陷经济"。我们的研究结果证明，人的思维的诞生、进化的方向乃至整个思维模式，都不可避免地被认知坎陷所影响、所决定。所以我们的经济模型中，必然要体现认知坎陷的根本作用，让整个社区的参与者自觉地、几乎不受影响地去分享。区块链以及人工智能仅仅起到基础而底层的作用。在这个底层之上，所有交易的价值，都会被重塑后的坎陷区块所重新定义，整个社会的交易，将会因为这种区块链的发展而被重塑。

这样的区块链系统具备如下几个特点：

- 强调并行算力和串行算力的重要性，但却避免了对消耗能源的增长需求；
- token 与其所有者深度绑定，51%算力攻击难以获利，安全保障极大提高；
- 子链能够建立自己的共识和社区管理，存证性能理论上能够无限扩展。

在此基础上形成的区块链社区，我们称之为人机智能融合的区块链或良知链(conscious AI chains)。良知链致力于在融合机器智能的基础上开创出人类新商业文明。其主链基于 PoW 建立共识、挖掘永久性的 token 并分布式记账。可以说，人类命运共同体的区块链描述，在我们的设想中得到了真正的实现。

良知链对于区块链世界而言，该系统提供了一套新的工程方案；对于未来的超强智能而言，该系统给出了一份明确的行动纲领。在帮助人类从繁重的体力劳动中解放出来后，机器正在逐步体现出脑力运作方面对我们的全面超越。前路仍然扑朔迷离，我们只能步步为营，勇往直前。本书是我们认知升级的不二之选，将带领我们共同见证商业新文明的开端。

智能是发现、加工和运用认知坎陷的能力。认知坎陷（cognitive attractor，或理解为"意识片段"）是指对于认知主体具有一致性，在认知主体之间可能达成共识的结构体。认知主体可以通过认知坎陷将外部世界区分为事与物。不同的事和物之间有断裂，简单的因果关系并不成立，因此强计算主义不成立。认知主体与外部世界的相遇决定了认知坎陷的开显，并在此过程中肯定自我，赋予认知坎陷和环境以意义。行为主义、联结主义和符号主义并非对立关系，而是彼此互补，且在智能进化意义上逐层递进。智能体通过开显认知坎陷来丰富自我并拓展智能的边界，不同智能体之间能够相互学习、共同进化，由于对具体环境条件的依赖，智能体始终具备独特性。

我们从意识和人类本质展开思考，可以推导出未来的数字货币应该具有的四个特征——以信用为基础、有一定的通货膨胀、具备使财富向底层流动的机制以及多币种构成，而人机智能融合的区块链系统就可以作为未来世界数字货币的基础设施。目前包括 Libra 在内的一些数字货币项目虽然具有部分优势，可能在短期内有良好的发展势头，但本质上很难作为未来的世界货币持续流通。在这样的情况下，我们应该把握历史机遇，推行面向未来的数字货币。人机智能融合的区块链系统，采用基于通证的记账模型及数字货币方案，具有高可扩展性、并行性和安全性等突出优势，是开发未来世界数字货币体系时值得优先考虑的基础架构。

第2章 区块链技术的基本概念

2.1 分布式账本技术

如果要用一句话定义区块链,我们可以尝试这样的狭义描述:区块链是一种按照时间顺序将数据区块以顺序相连的方式组合成的链式数据结构,并以密码学方式保证的不可篡改和不可伪造的分布式账本(distributed ledger)。或者我们可以更简单地说,区块链是一种特殊的分布式账本或者是一种特殊的分布式数据库(distributed database)。

分布式账本可以理解为一个可以在多个站点、不同地理位置或者多个机构组成的网络里进行分享的数据库。在一个网络里的参与者可以获得唯一真实账本的副本。账本里的任何变化都会在所有的副本中反映出来,响应时间一般在几秒到几分钟之内。在这个账本里存储的数据可以是金融,也可以是法律意义上的、实体的或是数字的资产。通过公私钥以及签名的使用去控制账本的访问权,从而实现密码学基础上对这个账本里存储的资产的安全性和准确性的维护。根据网络中达成共识的规则,账本中的记录可以由一个、多个或者是所有参与者共同进行更新。

当然,之所以将区块链技术(blockchain technology,BT)称为一种特殊的分布式账本技术(distributed ledger technology,DLT),是因为区块链技术与分布式账本技术并不完全等同。分布式账本技术关注的主要有三个方面:① 数据权限——这种权限不仅说明了数据出处,还规定了数据所有权(精确性、更改、生命周期管理等的权限),以及数据最终权威版本的位置;② 数据精确性——精确性是数据的关键特性,意味着任意对象的数据值记录都是正确的,可以代表正确的价值，形式和内容都与描述对象一致；③ 数据访问控制——区块链解决方案可以分别跟踪公共和私人信息，包括数据本身的详细信息、数据对应的交易以及拥有数据更新权限的人。

IDC Government Insights 的报告 *The Blockchain Audit Trail：Helping to Establish Government"Data Authority"and Information Accuracy* 显示，区块链可能成为验证数据出处和精确性的核心工具，可以追踪数据升级，为不同数据领域建立真正的权威数据。区块链更关心安全性、去中心化的共识机制问题。

总的来说，分布式账本的概念更广，分布式账本可能是基于区块链技术的，也可能不是。而区块链必然是分布式账本，但它未必支持数据权限与数据访问控制，比如比特币区块链就是开放数据权限与数据访问的公有区块链。分布式账本技术可能会牺牲去中心化而实现政府监管部门所关心的数据权限与数据访问控制。区块链是一种典型的分布式总账，区块链是多边自治的，靠密码学原理和集群优势保证不可更改地记录价值的产生和转移行为。

值得注意的是，我们虽然常常使用分布式账本来解释区块链，但"记账"只是区块链技术的应用之一，区块链当然可以服务于币币交易，但也可以应用于其他任意形式的资产或有价值的数据，我们所说的记账也是泛指记录区块链上的所有操作。

2.2 区块

区块链，就是有效区块的列表。一个区块链系统中的第一个区块被称为创世区块(genesis block)，用于初始化加密货币系统。区块链中每个区块指向前序区块直到创世区块。

按照字面的意思我们还可以将区块链理解为多个区块之间链接而成的系统。区块链以区块为单位组织数据。全网所有的交易记录都以交易单的形式存储在全网唯一的区块链中。区块是一种记录交易的数据结构，如图 2-1 所示。每个区块由区块头和区块主体组成，区块主体只负责记录前一段时间内的所有交易信息，区块链的大部分功能都由区块头实现。

每一个区块包含的信息有以下几点。

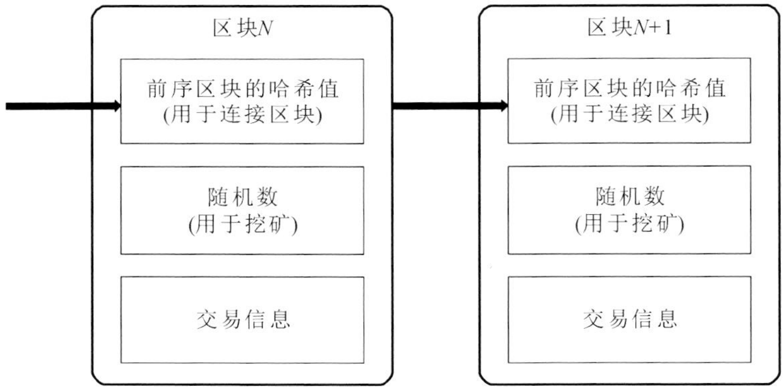

图 2-1 区块示意图

(1) 版本号,标示软件及协议的相关版本信息。

(2) 父区块哈希(hash)值,引用的区块链中父区块头的哈希值,通过这个值每个区块才首尾相连组成了区块链,并且这个值对区块链的安全性起到了至关重要的作用。

(3) Merkle tree root 的哈希值,这个值是由区块主体中所有交易的哈希值再逐级两两哈希计算出来的一个数值,主要用于检验一笔交易是否在这个区块中存在。

(4) 时间戳,记录该区块产生的时间,精确到秒。

(5) 难度值,该区块相关数学题的难度目标。

(6) 随机数(nonce),记录解密该区块相关数学题的答案的值。

依然参考分布式账本,我们可以将一个区块看作账本中的一页记账数据,如果记录的是金融或币币交易,那么这个区块中一般会包括交易金额、交易时间、交易的买方和卖方等交易相关信息。只有创世区块拥有唯一的 ID 识别号,此后的每一个区块都会包含两个 ID,即前序区块的 ID 和当前自己的 ID,这样就通过 ID 将不同的区块关联起来,构成了区块链。

2.3 区块链的分类

当前区块链技术还在不断发展,各种规模、各种应用场景的区块链系统百花齐放。根据不同区块链的开放程度,我们可以将这些区块链系统归为三大类。

2.3.1 公有链

公有链，即公共区块链(public blockchains)，是指全世界任何人都可以随时进入系统中读取数据、发送可确认交易、竞争记账的区块链。公有链通常被认为是完全去中心化的，因为没有任何人或机构可以控制或者篡改其中数据的读写。公有链一般会通过代币机制鼓励参与者竞争记账，来确保数据的安全性。在公有链中，无官方组织及管理机构，无中心服务器，参与的节点按照系统规则自由接入网络，不受控制，节点间基于共识机制开展工作。

公有链有以下三大主要特点。

(1) 保护用户免受开发者的影响。在公有链中程序开发者无权干涉用户，所以区块链可以保护使用他们开发的程序的用户。

(2) 访问门槛低。任何拥有足够技术能力的人都可以访问，也就是说，只要有一台能够联网的计算机就能够满足访问的条件。

(3) 所有数据默认公开。在公有链中，参与者隐藏自己的真实身份的现象十分普遍。他们通过公有链的公共性来保证自己的安全性，在这里每个参与者可以看到所有的账户余额和其所有的交易活动。

中本聪试图通过去中心化来达到不受任何人控制的目的，兼有“抗腐败”的功能。因为，借用 Invictus Innovations 的话说：“中心化导致腐败，彻底的中心化导致彻底的腐败。”

比特币、以太坊、NEO、量子链等都是典型的公有链。拿以太坊为例，以太坊是一个全新开放的区块链平台，它允许任何人在平台中建立和使用通过区块链技术运行的去中心化应用。就像比特币一样，以太坊不受任何人控制，也不归任何人所有，是可编程的区块链。但以太坊并不是给用户一系列预先设定好的操作，而是允许用户按照自己的意愿创建复杂的操作。这样一来，它就可以作为多种类型去中心化区块链应用的平台，包括加密货币，但并不仅限于此。

以太坊与开放平台相似，由在系统上运行的项目或产品决定其主要价值与用途。不过很明显，某些应用类型能从以太坊的功能中获益。以太坊尤其适合那些在点与点之间自动进行直接交互或者跨网络促进小组协调活动的应用。除金融类应用外，很多对信任、安全和持久性要求较高的应用场景，比如资产注册、投票、管理和物联网，都可以通过智能合约等方式使用以太坊提供的平台服务。

2.3.2 私有链

私有链，即私有区块链(private blockchains)，是指其写入权限是由某个组织和机构控制的区块链。参与节点的资格会被严格限制，由于参与的节点是有限和可控的，因此私有链往往可以有极快的交易速度、更好的隐私保护、更低的交易成本，不容易被恶意攻击，并且能够做到身份认证等金融行业必需的要求。

相比中心化数据库，私有链能够防止机构内单节点故意隐瞒或篡改数据。即使发生错误，也能够很快就发现来源，因此许多大型金融企业更倾向于使用私有链技术。私有链一般建立在某个企业内部，系统的运作规则根据企业要求进行设定，读取甚至是修改权限仅限于少数节点，同时仍保留着区块链的真实性和部分去中心化的特性。

私有链的特点如下。

(1) 交易速度非常快。一个私有链的交易速度可以比任何其他的区块链都快，甚至接近一个区块链的非常规数据库的速度。这是因为就算少量的节点也都具有很高的信任度，并不需要每个节点都来验证一个交易。

(2) 给隐私更好的保障。私有链使得在某个区块链上的数据隐私像在另一个数据库中似的，不会公开地被拥有网络连接的人获得。

(3) 交易成本大幅降低甚至为零。私有链上可以进行完全没有交易费用或者交易费用非常少的交易。如果一个实体机构控制和处理所有的交易，那么他们就不再需要为处理交易而收取费用。即使交易的处理是由多个实体机构完成的，费用仍然是非常少的，这种交易并不需要节点之间的完全协议，所以很少的节点需要为任何一个交易而工作。

(4) 有助于保护其基本的产品不被破坏。正是这一点使得银行等金融机构能在目前的环境中欣然接受私有链，银行和政府在看管自己的产品上拥有既得利益，用于跨国贸易的国家法定货币仍然是有价值的，由于公有链的直接应用是保护像比特币这样新型的非国家性质的货币，对核心利润流或组织构成了破坏性的威胁，这些实体机构应该会不惜一切代价去避免损害。

Lisk 首席执行官 Max Kordek 曾说："我没有看到太多的私有链应用案例，但是确实有其一席之地。传统机构无法突然之间转变成一个完全的公有链。私有链是实现未来加密世界的重要步骤。相比于中心化数据库，私有链的最大好处就是加密审计和公开的身份信息。没人可以篡改数据，就算发生错误也能追踪错误来源。相比于公有链，私有链更加快速、成本更低，同时尊重了公司的隐私。结论就是，企业可以依靠私有链，总比完全没有加密系统好。私有链有其好处，同时可以将区块链术语推广到企业世界中，向未来实现真正的公有链又靠近了一步。”

2.3.3 联盟链

联盟链，即联盟区块链（consortium blockchains），是指由若干机构联合发起，介于公有链和私有链之间，兼具部分去中心化的特点，共识过程受到预选节点控制的区块链。例如，一个由 15 个金融机构组成的共同体，每个机构都运行着一个节点，而且为了使每个区块生效，需要获得其中 10 个机构的确认。区块链或者允许每个人都可读取，或者只允许参与者读取，或者走混合型路线，例如区块的根哈希及其 API（应用程序接口）对外公开，API 可允许外界用来做有限次数的查询和获取区块链状态的信息。这些区块链可视为“部分去中心化”。联盟链的代表有 R3、RIPPLE、Hyperledger 等。

事实上，从各大国际金融巨头陆续加入 R3CEV 区块链计划这一行为来看，金融集团之间更倾向于联盟链。R3CEV 是一家总部位于纽约的区块链创业公司，由其发起的 R3 区块链联盟，至今已吸引了 50 家巨头银行参与，其中包括富国银行、美国银行、纽约梅隆银行、花旗银行等，中国平安银行于 2016 年 5 月加入 R3 区块链联盟。2016 年 4 月，R3 联盟推出了 Corda 项目，Corda 是一个区块链平台，一个专门为银行准备的分布式金融解决方案，可以用来管理和同步各个组织机构之间的协议。

2.4 记账方式

纸币是一种不记名票据（bearer token），繁复的防伪印刷技术能够确保纸币的合法性，安全交易仅需验证纸币，无须关心持有者的身份，也不用查阅纸币的流通史，对纸币消费的记账属于可有可无的行为。传统的电子货币则是通过引入第三方交易中介、垄断记账权，来保证交易的安全性。

任何一种记账方式都必须包含三项信息：交易金额，货币的来源，货币的去向。经典的复式记账法(卢卡·帕西奥利,1494),其核心思想可归结为钱不会无中生有,也不会凭空消失,有借必有贷,借贷必相等。

区块链系统中的记账方式是系统的设计核心之一,不一样的区块链具体实现方式有所不同。如何制定出安全可靠、可追溯、执行速度快且能满足绝大部分应用场景需求的记账方式,是所有区块链都面临的重要问题。

在区块链技术中,主流的记账方式包括未花费交易输出(unspent transaction output,UTXO)和基于账户设计的记账方式两类。UTXO 是由中本聪首创并在比特币区块链中加以应用的记账方式。基于账户设计的记账方式则与传统的银行系统记账接近,例如以太坊是"账户—余额"的设计,而 Hyperledger 采用的是"账户—资产"的设计。我们将在后续的章节中详细讨论这些记账方式的实施与特点。

2.5 激励机制

在现实社会治理体系中,产权制度和按劳分配方式等,宗旨皆在于激励人们去提高生产力、创造财富;公司各式各样的薪酬制度、期权激励、职级晋升等同样是为了激励员工努力创造价值。

钱不会无缘由地产生,在现实世界中,我们可以通过抵押或买卖等方式获得现金。在区块链中,以比特币区块链为例,钱即比特币,原始比特币通过"挖矿"而来。只要能连上网络,有适当的中央处理器 CPU、图形处理器 GPU、特殊应用集成电路 ASIC 等计算机设备(即"矿机"),任何人都可"挖矿"。比特币挖矿采用的共识机制是基于一种密码哈希函数(SHA-256)的 PoW,要求用户进行一些复杂运算,答案能被服务方快速验算,运算耗用的时间、设备与能源形成担保成本,以确保服务与资源被真正的需求所使用。为了获得系统每 10 min 奖励的比特币,让账本区块难以被恶意修改但易于验证,过程犹如开采矿石一样困难,因此被称为"挖矿"。

比特币的"挖矿"实际上就是一种激励机制,目的是鼓励并奖励记账者快速、诚实地记账。有效的激励在公有链中不可或缺,是维持公有链正常运作的保证,是促进系统进步的真正动力。因为公有链的特性是彻底地去中心化,并没有节点或组织对整个系统监督或负责,记账是需要耗费算力的,那么必须有一种机制，让系统中的大多数节点维持生态，诚实记录，由激励机制为记账者提供奖励。

对于联盟链和私有链，激励机制可能不是必选项，因为系统实行准入制，并且有一个或多个中心节点对整个系统负责，记账也由中心节点执行。但如果应用于公有链，就必须加入激励机制，否则没有人会愿意白白浪费资源记账，链也将无法延续。

2.6 共识机制

共识机制可谓是区块链的灵魂。共识机制，就是在一个时间段内对事物的前后顺序达成共识的一种算法，简单理解就是，共识机制规定了由谁记账、按照什么顺序记账。目前常用的几种共识机制有：工作量证明机制，即工作量越多收益越大；权益证明机制（proof of stake，PoS），类似股权凭证和投票系统，由持有最多 token 的人来公示最终信息；拜占庭共识算法（practical Byzantine fault tolerance，PBFT），以计算为基础，也没有代币奖励，由链上所有人参与投票，少于$(N-1)/3$ 个节点反对时就获得公示信息的权力。我们将在后续的章节做更为详细的讨论。

现有各种共识机制的问题包括：① 算力浪费，在 PoW 中，超强的计算能级仅用来猜数字，非常浪费；② 权益向顶层集中，在 PoS 中，token 余额越多的人获得公示信息的概率越高，公示人会得到一定的 token 作为奖励，如此持有 token 多的人其 token 会越来越多，持有少的人其 token 越来越少；③ 作恶成本低，在靠算力与权益的多少来获得公示信息的权力的模式当中，当算力和权益向少数人集中之后，这些少数人如果想要做一些违反规则的事情是轻而易举的，在 PBFT 中，由所有人投票，如果一个没有任何 token 余额的人想要捣乱，那他几乎完全没有利益损失；④ 对于真正的去中心化构成威胁，在 PoW 中，算力越强，获得记录权力的概率就越高，如果将多台电脑的算力加在一起来用，那抱团的人就会更容易获得公示信息的权力，发展到最后可能公示权就直接掌握在这些人手里，在 PoS 中持有 token 少的人几乎都没有话语权，权力掌握在少数人手中，这有违区块链去中心化的理念；⑤ 固定规则下的道德风险问题，现有共识机制里的奖励方法是事先规定好的，这样就会造成有人抱有投机心理，故意刷单，只关注涉及奖励的部分，而非真正为系统做出贡献。

共识是社会交换乃至产生商业行为的基础，AI 的快速发展要求人类迅速达成共识，区块链技术为我们提供了全新的达成共识的机会。数字凭证是能够在小范围内快速达成局部共识的有效媒介。基于数字凭证的区块链技术，人类对未来的预期能够快速反应。数字凭证交易能反映资源的变化，但价格也会剧烈波动，从而可能会产生区块链泡沫。但金融泡沫并不是滞后的现象，相反是新内容产生的前奏。在泡沫中，用户能够迅速学会利用区块链技术达成共识，从而真正迎来数字凭证经济的蓬勃发展。

2.7 哈希与梅克尔树

2.7.1 哈希

hash，一般翻译为“散列”，也直接音译为“哈希”，就是把任意长度的输入（又称预映射，pre-image），通过散列算法，变换成固定长度的输出，该输出就是散列值。这种转换是一种压缩映射，也就是说，哈希值的空间通常远小于输入的空间，不同的输入可能会散列成相同的输出，所以不可能从哈希值来确定唯一的输入值。简单地说，哈希就是一种将任意长度的消息压缩成某一固定长度的消息摘要的函数。

1. 哈希算法

密码哈希函数是一类数学函数，可以在有限合理的时间内，将任意长度的消息压缩为固定长度的二进制串，输出哈希值。以哈希函数为基础构造的哈希算法，在现代密码学中扮演着重要的角色，常用于实现数据完整性和实体认证，同时也构成多种密码体制和协议的安全保障。

在区块链技术中，尤其是加密数字货币的应用中，我们对使用的哈希算法一般还有三点要求。

（1）具有碰撞阻力（collision-resistance）。碰撞是与哈希函数相关的重要概念，体现着哈希函数的安全性。所谓碰撞是指两个不同的消息在同一个哈希函数作用下，具有相同的哈希值，即两个不同的输入，产生了相同的输出。如果对于某个哈希函数，没有人能找到碰撞，那么该函数具有碰撞阻力。值得注意的是，我们说“没有人能找到”并不代表“不存在”。实际上，世界上并没有一个哈希函数能够完全保证不存在碰撞，我们在现实世界中，不论是现行银行系统还是区块链网络，大家依赖的是那些即使经过了巨大努力仍然没有找到碰撞的哈希函数，并倾向于相信这些函数具有碰撞阻力，一旦出现碰撞，该函数就会被弃用。例如 MD5 哈希函数曾广泛应用于金融系统，人们经过多年观察研究终于发现了碰撞，导致 MD5 在实践中被淘汰。

（2）具有隐秘性（hiding）。隐秘性是指如果只知道哈希函数处理后的输出结果，我们没有可行方法算得哈希函数的输入值。当然，我们在这里的表述是“没有可行方法”。当我们能确保从一个高阶最小熵（high min-entroy）的概率分布中取输入值，在给定某哈希函数的条件下确定输入值是不可能的，这样就算具备了隐秘性。比如，如果是从 256 bit 字符串中随意选出的输入，那么选中特定字符的概率是$\frac{1}{2^{256}}$，这个值小到几乎可以忽略。

（3）具有谜题友好性（puzzle-friendliness）。如果要搜索一个谜题的结果，没有捷径可走，或者说只能通过庞大的计算进行求解，并没有其他更有效的策略，那么这个哈希函数就具备谜题友好性。这种函数也是比特币挖矿采用的思路。

2. 常用的哈希函数

常用的哈希函数有以下几种。

（1）直接取余法哈希函数：$f(x)=x\mathrm{mod}\max M$；$\max M$ 一般是不太接近 2^t 的一个质数。

（2）乘法取整法哈希函数：$f(x)=\mathrm{trunc}((x/\max X)*\mathrm{maxlongit})\mathrm{mod}\max M$，主要用于实数。

（3）平方取中法哈希函数：$f(x)=(x*x\mathrm{div}1000)\mathrm{mod}1000000)$；平方后取中间的，每位包含信息比较多。

哈希函数能使对一个数据序列的访问过程更加迅速有效，通过哈希函数，数据元素将被更快地定位。

3. 哈希函数的构造方法

哈希函数的构造方法包括以下几种。

（1）直接寻址法：取关键字或关键字的某个线性函数值为散列地址。即 $H(\mathrm{key})=\mathrm{key}$ 或 $H(\mathrm{key})=a\cdot\mathrm{key}+b$，其中 a 和 b 为常数（这种散列函数称为自身函数）。

(2) 数字分析法。

(3) 平方取中法。

(4) 折叠法。

(5) 随机数法。

(6) 除留余数法:取关键字被某个不大于哈希表表长 m 的数 p 除后所得的余数为哈希地址。即 $H(\mathrm{key})=\mathrm{key} \bmod p, p \leqslant m$。该方法不仅可以对关键字直接取模,也可在折叠、平方取中等运算之后取模。该方法对 p 的选择很重要,一般取素数或 m,若 p 选得不好,容易产生同义词。

2.7.2 安全哈希算法

在比特币系统中使用了两个密码哈希函数,一个是 SHA-256,另一个是 RipeMD-160。RipeMD-160 主要用于生成比特币地址,我们着重分析比特币中用得最多的 SHA-256 算法。SHA-256 属于著名的安全哈希算法(secure hash algorithm SHA)家族。SHA 是一类由美国国家标准与技术研究院(NIST)发布的密码哈希函数。SHA 的第一个正式成员发布于 1993 年,两年后著名的 SHA-1 发布,之后另外 4 种变体相继发布,包括 SHA-224、SHA-256、SHA-384 和 SHA-512,这 4 种算法也被称作 SHA-2。SHA-256 算法是 SHA-2 算法簇中的一种,即对于长度小于 2^{64} bit 的消息,SHA-256 会产生一个 256 bit 的消息摘要。

SHA-256 具有密码哈希函数的一般特性。SHA-256 是构造区块链所用的主要密码哈希函数。无论是区块的头部信息还是交易数据,都使用这个密码哈希函数去计算相关数据的哈希值,以保证数据的完整性。同时,在比特币系统中,基于寻找给定前缀的 SHA-256 哈希值,设计了 PoW 的共识机制;SHA-256 也被用于构造比特币地址,即用来识别不同的用户。

SHA-256 是一个 Merkle-Damgard 结构的迭代哈希函数,其计算过程分为两个阶段:消息的预处理和主循环。在消息的预处理阶段,主要完成消息的填充和扩展填充,将所输入的原始消息转化为 n 个 512 bit 的消息块,之后对每个消息块利用 SHA-256 压缩函数进行处理。

在比特币系统中,SHA-256 算法的一个主要用途是完成 PoW 计算。按照比特币的设计初衷,PoW 要求钱包(节点)数和算力值大致匹配,因为需要通过

CPU 的计算能力来进行投票。然而随着人们对 SHA-256 的计算由 CPU 逐渐升级到 GPU、FPGA，直到 ASIC 矿机，节点数和 PoW 算力也渐渐失配。解决这个问题的一个思路是引入另外一些哈希函数来实现 PoW。

Scrypt 算法最早用于基于口令的密钥生成，该算法进行多次带参数的 SHA-256 计算，即基于 SHA-256 的消息认证码计算，这类计算需要大量的内存支持。

采用 Scrypt 算法进行 PoW 计算，将 PoW 计算由已有的拼算力在一定程度上转化为拼内存，能够使节点数和 PoW 算力的失配现象得到缓解。例如莱特币（Litecoin）就是采用 Scrypt 算法完成 PoW 计算的。

SHA-3 算法是 2012 年 10 月由 NIST 所选定的下一代密码哈希算法。在遴选 SHA-3 算法过程中人们提出了一系列候选算法，包括 BLAKE、Grostl、JH、Keccak、Skein、ECHO、Luffa、BMW、CubeHash、SHAvite、SMID 等，最后胜出的是 Keccak 算法。达世币（DASH，原名暗黑币，DarkCoin）定义了顺序调用上述 11 个哈希算法的 X11 算法，并利用这个算法使得节点数和 PoW 算力保持一定程度上的匹配。

1. SHA-256 算法运算过程

（1）初始报文＋填充位。对初始报文进行填充，在报文后填充第一位为 1，之后都为 0，使得添加后的报文长度 mod 512 等于 448 mod 512（mod 表示取模运算）。之所以是 448 mod 512，是因为第（2）步中用 64 bit 表示初始报文长度，这样就可以保证最终处理后报文的长度是 512 bit 的倍数。由于最后 64 bit 表示初始报文长度，所以，在这个 512 bit 倍数的报文中，已知报文长度，就已知初始报文的长度。

（2）第（1）步结果＋长度值。用 64 bit 表示填充前的初始报文的长度，由于输入的长度是不超过 2^{64} bit 的，因此可以用 64 bit 表示长度。将长度附加在第（1）步的结果后。则填充后，报文长度是 512 bit 的倍数，以便将整个报文切割成 512 bit 一组进行后续运算。此时完整的待处理字符串为初始字符串＋填充位（10000…0）＋64 bit 长度表示值。

（3）初始化缓存值。在 SHA-256 算法中，使用 256 bit 缓存存放计算中间值及结果。在下面的详述中，使用 A、B、C、D、E、F、G、H 来表示 256 bit 缓存的 8 个分块，每一块为 32 bit，因此在 SHA-256 的计算过程中，所有的运算都是基

于 32 bit 的。8 个缓存块的初始值为

A=0x6A09E667,B=0xBB67AE85,C=0x3C6EF372,D=0xA54FF53A,

E=0x510E527F,F=0x9B05688C,G=0x1F83D9AB,H=0x5BE0CD19

这些缓存块的初始值的取值并不是随意的。它们分别是对自然数中前 8 个质数 3、5、7、11、13、17、23、29 取平方根小数部分前 32 位而来。

(4) 由于输入字符被填充为 512 bit 的倍数,因此将输入字符串分组为每组 512 bit 的报文分组序列。每组 512 bit 报文进行 64 步迭代运算。SHA-256 计算过程如图 2-2 所示。

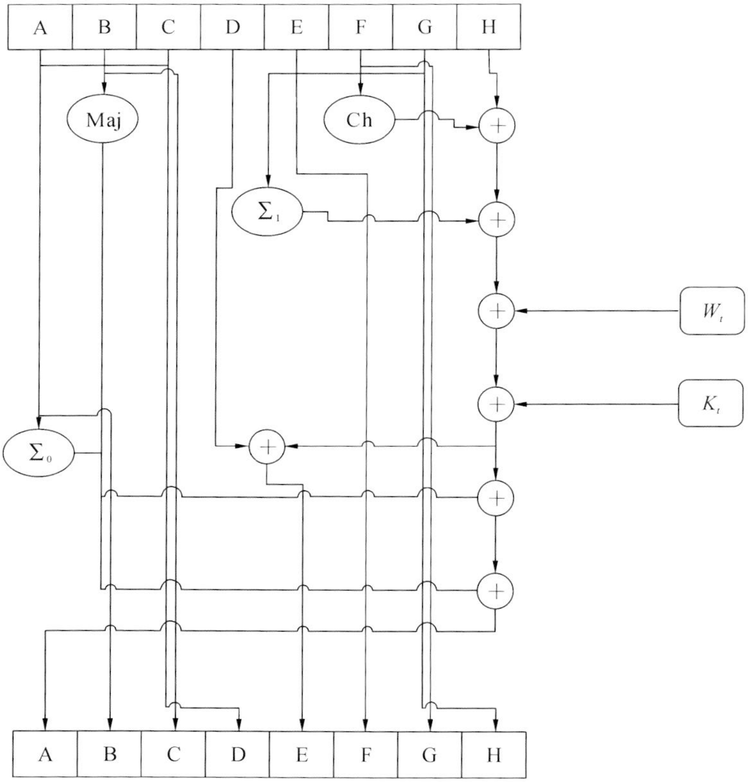

图 2-2 SHA-256 运算过程示意图

图 2-2 中,K_t 为 64 个 SHA-256 算法给定的常数(可查阅算法表,本书不赘述),即 t 为 0,1,…,63 的整数,W_t 的定义为

当 $t=0,1,\cdots,15$ 时,$W_t=M_t(i)$

当 $t=16,\cdots,63$ 时,$W_t=\sigma_1(W_t-2)+W_t-7+\sigma_0(W_t-15)+W_t-16$

$$\mathrm{Ch}(x,y,z)=(x\wedge y)\oplus(\neg x\wedge z) \qquad (2\text{-}1)$$

$$\mathrm{Maj}(x,y,z)=(x\wedge y)\oplus(x\wedge z)\oplus(y\wedge z) \qquad (2\text{-}2)$$

$$\sum\nolimits_0(x)=\mathrm{S}^2(x)\oplus\mathrm{S}^{13}(x)\oplus\mathrm{S}^{22}(x) \qquad (2\text{-}3)$$

$$\sum\nolimits_1(x)=\mathrm{S}^6(x)\oplus\mathrm{S}^{11}(x)\oplus\mathrm{S}^{25}(x) \qquad (2\text{-}4)$$

$$\sigma_0(x)=\mathrm{S}^7(x)\oplus\mathrm{S}^{18}(x)\oplus\mathrm{R}^3(x) \qquad (2\text{-}5)$$

$$\sigma_1(x)=\mathrm{S}^{17}(x)\oplus\mathrm{S}^{19}(x)\oplus\mathrm{R}^{10}(x) \qquad (2\text{-}6)$$

式中：$\oplus$为按位异或，$\wedge$为按位与，$\neg$为按位取非，R^n为右移 n 位，S^n为右旋 n 位(即循环右移 n 个 bit)。

$$H(i)=H(i-1)+CM(i)(H(i-1)) \qquad (2\text{-}7)$$

式中：$H(0)$为步骤(3)中描述的各缓存块初始值，即 $H_1(0)=A$，$H_2(0)=B\cdots H_8(0)=H$，$M(i)$表示各 512 bit 的数据块；$H(i)$是 $M(i)$的哈希值；C 表示 SHA-256 的压缩函数(compression function)；"+"是表示取 232 模的加法运算(mod 232 addition)。

这样，当我们有 n 个 512 bit 的数据块时，缓存初始值 $H(0)$组通过计算第一个数据块得到 $H(1)$ 组，$H(1)$ 组通过计算第二个数据块得到 $H(2)$ 组……以此类推，最后得到 $H(n)$组，这其中每一次计算都是迭代在上一组的缓存之上的，也就是说，每一个 512 bit 的数据块都会影响最后结果，最后将 $H(n)$组的 8 个 32 bit A、B、C、D、E、F、G、H 连接成 256 bit 的报文摘要。

2. SHA-256 在比特币中的应用

1）比特币地址的生成

在比特币地址生成的过程中，首先每个用户都随机生成一个私钥，只有用户本身才会知道私钥的值。公钥是私钥经过椭圆曲线算法之后加密而成的。椭圆曲线算法是由 Neal Koblitz 和 Victor Miller 分别独立提出的，1985 年在密码学中开始使用。椭圆曲线算法相比较其他算法，在某些情况下能够使用更小的密钥提供更好的安全性能。

在比特币中，选用基于 secp256k1 椭圆曲线算法。这也是为什么当量子计算机问世以后，很多专业人士估计量子计算机对比特币安全性的巨大影响，关键在于对椭圆曲线算法的破解。

得到公钥以后，在公钥生成地址的过程中使用 SHA-256 算法。首先将公钥输入 SHA-256，得到 256 bit 输出值。再将此 256 bit 输出值输入 RipeMD-

160 算法，得到 160 bit 输出值。RipeMD-160 也是一种哈希算法。RipeMD-160 函数由于在这里的功能仅仅是压缩消息，我们在这里做简短介绍，不做具体的运算过程说明。RipeMD-160 算法由于本身安全性并不是很高，已经被王小云教授的差分攻击证明攻破过，因此 RipeMD-160 算法在区块链技术中已经不再起加密的作用，更多的是将之前加密函数运算出的结果转化为 160 bit 的短输出，有利于信息的传输和储存。在比特币中，RipeMD-160 算法用于比特币地址的计算，将 SHA-256 计算出的 256 bit 字符串转化为 160 bit 字符串。

在这个过程中，哈希算法的碰撞概率非常小，大约要运算 2^{160} 次不同的地址才会发生碰撞，这在短时间内发生的概率非常小。比特币地址产生过程如图 2-3所示。

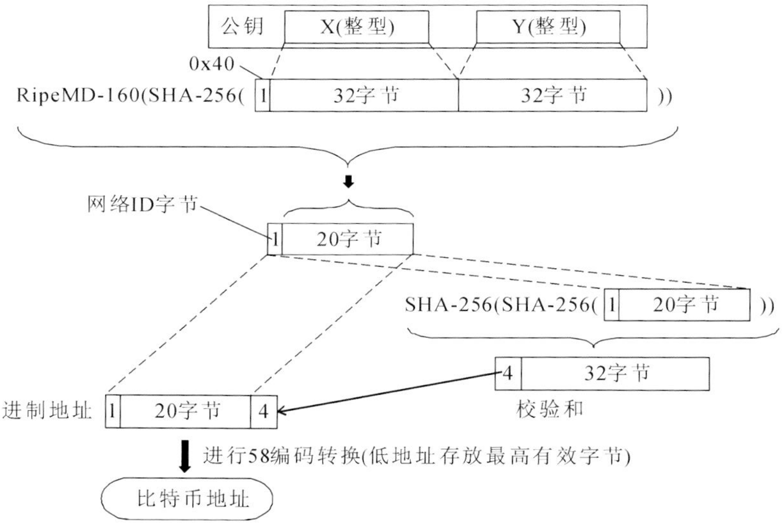

图 2-3　比特币地址产生过程示意图

将版本号字节加在 160 bit 输出前面，在比特币中，地址的网络一般为 0x00。之后将整个字符串输入双重 SHA-256 中，得到 256 bit 输出的校验码。这里之所以使用双重 SHA-256，是因为 SHA-1 在 2017 年被生日攻击攻破，因此社区觉得 SHA-2 被攻破是早晚的事情，而抵御生日攻击的有效方法就是使用双重哈希。这个校验码的作用在于检验地址有无出错。但由于校验码太长，比特币中选取前 4 个字节来表示校验码，用以检验之前的地址项，加在之前的 21 个字节后，得到了 25 个字节的二进制地址。再将这个二进制地址输入

Base58Check 编码中进行编码计算，生成地址格式的字符串。该编码可以生成类似于 1661HxZpSy5jhcJ2k6av2dxuspa8aafDac 这种格式的地址，还可以内置校验码，来检测地址是否出现错误。

2）Merkle tree 以及哈希指针

区块链的数据结构是一个个区块组成的链状结构，以此来保证数据的正确性和安全性。每一个区块又分为区块头和区块体两个部分。这个结构我们在 2.2 节中已经详细讲述过。

其中，比特币中的 hashPrevBlock 是将前一个区块输入 SHA-256 算法得到的 256 bit 哈希指针，再进行一次 SHA-256 算法，也就是双重 SHA-256 算法。之所以用两次是因为计算两次可以减小差分攻击带来的碰撞概率。同时，采用双重 SHA-256 也可以抵御生日攻击，相当于在第二次 SHA-256 计算中，我们将输入值控制在了 256 bit，那么碰撞的概率就会降低很多。计算完双重 SHA-256 后，将它存储在区块头里，一方面可以知道前一个区块是谁，还可以检测前一个区块是否被篡改，同时还可以验证后一个区块是否合法，相当于一个双重检验。

Merkle tree 则是一个非常行之有效的检验区块内所储存的交易数据是否正确的方法，也可以快速压缩大量交易信息和进行信息查找校验。

Merkle tree 最底层是由交易信息组成的数据块。每一个数据块被输入双重 SHA-256 算法，输出结果得到 Merkle tree 的叶子节点。以二叉树为例，相邻两个叶子节点的值被一起输入一个双重 SHA-256 算法，得到这两个节点的父节点，以此类推，若最后有一个单身的叶子节点，就将一个节点的值输入双重 SHA-256 算法，直到计算出 Merkle tree root，得到整个 Merkle tree。如果在区块头中的两个 root 值不一样，则通过树的一层层遍历，就能以 $\log(n)$ 的复杂度计算出出错交易记录。

由于比特币的网络是 P2P 网络，因此传输过程中会将数据分块传输，Merkle tree 的底层数据块就是这样来的。Merkle tree 也不是一项新的技术，曾经红极一时的 BT 下载软件中就使用了 Merkle tree，为了避免所有数据块的哈希值都必须存在 torrent 中导致 tracker 的巨大压力，从而使用 Merkle tree 这种数据结构，并且只需将 Merkle tree root 的哈希值存放到 torrent 中。Merkle tree 结构如图 2-4 所示。

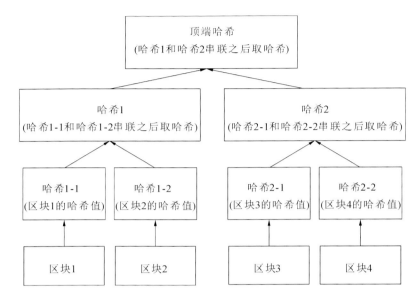

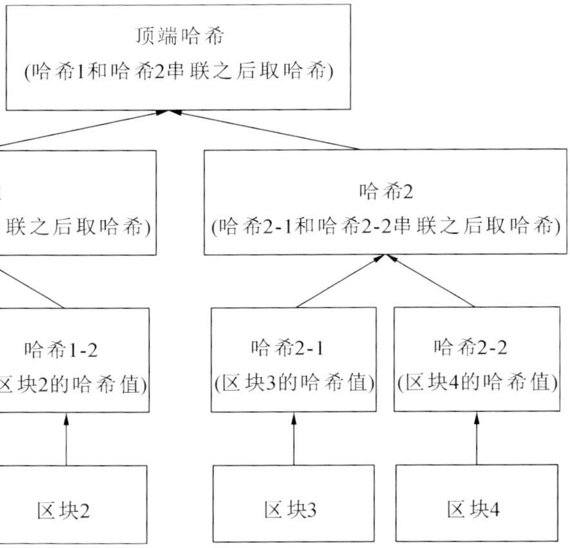

图 2-4 Merkle tree **结构示意图**

在比特币中是如此，在同样非常有名、有着很多用户量的以太坊中，Merkle tree 被改造成 MPT。

3）PoW 共识算法

在比特币 PoW 共识算法中，区块头中的数据项目标哈希值和 nounce 随机数用作 PoW 计算，是矿工在挖矿时决定谁能够记录下一个区块的凭证。由于 SHA-256 计算是根据输入产生相应输出，且输入与输出之间是单向计算关系，因此矿工只能通过遍历 nounce，再将区块头整体输入 SHA-256 来计算哈希值，以得到哈希值小于目标哈希值的 nounce 随机数。如果不符合目标哈希值的标准则调整 nounce 大小再将区块头输入计算。

而目标哈希值其实规定了挖矿的难度。目标哈希值越小，难度越大，矿工的运算难度就越大，运算时间就会变长，那么每个区块所包含的交易数据就会变多，区块就会变大。如果难度太小，区块中包含的交易数据又会比较少，耗费运算资源得不偿失。因此规定目标哈希值非常重要。目前比特币的目标哈希值是使社区每隔大约 10 min 就会有一个新的区块产生。

在新的区块产生之后，矿工马上将自己整个区块的数据通过节点广播出去，周围的节点就会验证他的这个节点是否符合标准。

3. SHA-256 的安全性分析

1）生日攻击

（1）生日攻击原理。

假如一个团队中只有两个人，那么一年有 365（或 366）天，他们两个人的生日碰撞到一天的概率非常小。但是如果说这个团队的人开始变多，变成 100 个、300 个、1000 个，那么其中两人同一天生日的概率就会越来越大。生日攻击就是这个原理。

由于任意输入都可以被哈希函数转化为一个固定长度的输出，因此，输出值只有那么多，是固定数量的。那么输出值的长度越小，碰撞的概率就越大。因此对抗生日攻击最好的方法就是增大输出值的长度。

（2）生日攻击 SHA-256 情况。

SHA-256 算法的输出为 256 bit 二进制字符串，因此如果采用生日攻击，攻击的算法复杂度为 $O(2^{128})$，攻击难度较大。因此 SHA-256 的算法安全性在抵御生日攻击上还是非常可靠的。

2）差分攻击

（1）差分攻击原理。

我们需要找到能够创造出碰撞的另一个输入值 M'，即 M' 计算出的哈希值等于 M（原输入值）计算出的哈希值。由于我们不知道 M 会是什么，因此我们需要找到碰撞发生和 M' 与 M 之间的差分 ΔM 的关系，这就是差分攻击的名字的由来。为了确定这个差分 ΔM，我们需要先找到碰撞发生的情况，从而确定差分特征值，确认差分发生路径以及满足该路径的充分条件，最终确定碰撞发生的 ΔM。

（2）差分攻击 SHA-256 情况。

目前对 SHA-256 算法的攻击中，最有实际意义的攻击应该是 Florian Mendel 等学者在 2013 年发表的论文 *Improving Local Collisions: New Attacks on Reduced SHA-256* 中提出的差分攻击聚焦在将半任意起点攻击构造成有效攻击，最终可以将 31 步攻击的算法复杂度降低到 $2^{65.5}$，并且可以将 38 步的半任意起点攻击的算法复杂度降低到 2^{37}。

目前对于攻击算法的优化主要就是通过消息调整（message modification）方法。这里的消息是缓存值，也就是上文提到的中间变量 A、B、C、D、E、F、G、

H。更改其中一个变量，就是单消息调整；如果改变了多个变量，就是多消息调整。调整中间变量来达到修正输入的目的，这样的好处就在于改变中间值来构成一个碰撞比计算一个输入的难度要小，那么运算复杂度也要小一些。经过消息调整，可以将二阶差分攻击法的46步攻击的算法复杂度降低到 2^{40}，这个复杂度就可以算是有它的实际意义了。

2.7.3 梅克尔树

梅克尔树（Merkle tree），顾名思义是一种树形的数据结构，也被称为Merkle hash tree，它所构造的所有节点都是哈希值。Merkle tree具有以下特点：

（1）它是一种树，可以是二叉树，也可以多叉树，无论有多少叉，它都应当具有树的所有结构特点，即每个节点最多只有一个双亲节点，但可以有0个或多个子节点。

（2）Merkle tree的叶子节点上的值，是由设计者指定的，如Merkle tree会将数据的哈希值作为叶子节点的值。

（3）非叶子节点的值是根据它下面所有的叶子节点值，将该节点的所有叶子节点进行组合，然后对组合结果进行哈希计算所得出的哈希值。

目前，在计算机领域，Merkle tree大多情况下用来进行比对以及验证处理。比特币钱包服务用Merkle tree的机制进行“百分百准备金证明”。在处理比对或验证的应用场景中，特别是在分布式环境下进行比对或验证时，Merkle tree会大幅度地减少数据的传输量以及降低计算的复杂度。假如Merkle tree上的每一个节点是一个个数据块的哈希值，把这些数据从A传输到B，如果想验证传输到B上的数据的有效性（验证数据是否在传输过程中发生变化），只需要验证A和B上所构造的Merkle tree的根节点值是否一致即可。如果一致，表示数据是有效的，传输过程中没有发生改变。假如在传输过程中，某一个节点对应的数据被人篡改，通过Merkle tree很容易定位找到，因为相应的父节点对应的哈希值都发生了变化，定位的时间复杂度为 $O(\log(n))$。

相对于hash list（哈希表），Merkle tree的一个好处是可以单独拿出一个分支来（作为一个小树）对部分数据进行校验，这样一来，在很多使用场合中Merkle tree就带来了哈希函数所不能比拟的方便和高效。

2.8 常见威胁

除了前文提到的生日攻击和差分攻击，在区块链技术中还有几种常见的威胁。

(1) 51%攻击。这是一种针对共识机制的攻击，采用 PoW 机制的系统都会存在遭受 51%攻击的危险。51%攻击指掌握了全网 51%以上算力的节点对系统发起的攻击。理论上讲，只要掌握了大部分算力，作恶者就可以故意在区块链中分叉(fork)、双重支付(或双花)、对特定交易发起拒绝服务攻击，等等。虽然这种攻击的命名为"51%攻击"，但实际上，作恶者占有不到 51%的算力就可以发起攻击，只是 51%代表了一个几乎肯定可以攻击成功的阈值。针对共识的攻击其实就是争抢下一个区块的记账权，算力强的一方自然更加容易成功。有一些研究人员已经使用了统计模型模拟并证明，针对共识的几种攻击，甚至只需要全网 30%的哈希算力就能大概率成功。

(2) 双重支付。双重支付(又称一币多付或双花)，即同一个 token 可以被花费两次以上。现实世界中的货币在支付之后就交割完毕，但对于很多数字加密货币而言，电子档案有可能被复制，也就是"建立"已支付但未移除的货币，加上属于收款者的已支付的同金额货币，或是使收款者凭空多出多重支付的金额，双花就造成了"伪钞"的情形，甚至会因为通货膨胀而导致货币贬值，那么用户就难以信任，也不会愿意持有及流通具有双花风险的货币。

(3) 女巫攻击，即 sybil attack。Douceur 首次给出了女巫攻击的概念，即在对等网络中，单一节点具有多个身份标识，通过控制系统的大部分节点来削弱冗余备份的作用。同时，提出了一种使用可信证书中心来验证通信实体身份以防止女巫攻击的方案，这种解决方案显然不适用于传感器网络。Newsome 系统分析了女巫攻击对传感器网络诸多功能(包括路由、资源分配和非法行为检测等)的危害，对女巫攻击进行了科学的分类，提出了运用无线资源检测来发现女巫攻击，并使用身份注册和随机密钥分发方案建立节点之间的安全连接等方法来防止女巫攻击。

女巫攻击也包括几种类型。

① 直接通信：进行女巫攻击的一种形式是 sybil 节点直接与合法节点进行

通信。当合法节点发送一个恶意设备无线消息给 sybil 节点时，sybil 节点中的一个会监听这个消息。同样地，从所有 sybil 节点发送出的消息事实上也是从同一个恶意节点发出的。

② 间接通信：在这个版本的攻击中，没有一个合法节点能够直接与 sybil 节点进行通信。相反，一个或多个恶意节点宣称它们能够到达 sybil 节点。因此，发送给 sybil 节点的消息都是通过其中的一个恶意节点进行路由转发的，这个恶意节点假装把这个消息发送给 sybil 节点，而事实上就是这个恶意节点自己接收或者拦截了这个消息。

③ 伪造身份：在某些情况下，一个攻击者可以产生任意的 sybil 身份。比如说一个节点的身份是一个 32 bit 的整数，那么攻击者完全可以直接为每一个 sybil 节点分配一个 32 bit 的值作为它的身份。

④ 盗用身份：如果给定一种机制来识别节点的身份，那么攻击者就不能伪造身份了。举个例子来说，命名空间，由于命名空间本身就是有限的，根本不允许插入一个新的身份。在这种情况下，攻击者需要分配一个合法的身份给 sybil 节点。这种身份盗用在攻击者把原有节点摧毁或者使之失效的情况下是不好检测的。

⑤ 同时攻击：攻击者使其所有的 sybil 身份一次性地同时参与到一次网络通信中。如果规定一个节点只能使用一次它的身份，那么这个恶意节点就可以循环地使用它的多个 sybil 身份，让人看起来是多个节点。这就是同时性。

⑥ 非同时攻击：攻击者只在一个特定的时间周期里使用一部分 sybil 身份，而在另外一个时间段里这些身份消失，另外的 sybil 身份出现，看起来就像网络中正常的节点撤销和加入。

（4）DDoS 攻击，即分布式拒绝服务（distributed denial of service）攻击，指借助于客户/服务器技术，将多个计算机联合起来作为攻击平台，对一个或多个目标发动攻击，从而成倍地提高拒绝服务攻击的威力。通常，攻击者使用一个偷窃账号将 DDoS 主控程序安装在计算机上，在一个设定的时间里，主控程序将与大量代理程序通信，代理程序已经被安装在网络上的许多计算机上，代理程序收到指令时就发动攻击。利用客户/服务器技术，主控程序能在几秒钟内激活成百上千次代理程序的运行。

DDoS 的攻击方式有很多种，最基本的攻击就是利用合理的服务请求来占用过多的服务资源，从而使合法用户无法得到服务的响应。在信息安全的三要素——“保密性”“完整性”和“可用性”中，DoS(denial of service)即拒绝服务攻击，针对的目标正是“可用性”。该攻击方式利用目标系统网络服务功能缺陷或者直接消耗其系统资源，使得该目标系统无法提供正常的服务。单一的 DoS 攻击一般是采用一对一方式的，当攻击目标 CPU 速度低、内存小或者网络带宽小等各项性能指标不高时，它的效果是明显的。随着计算机与网络技术的发展，计算机的处理能力迅速增强，内存大大增加，同时也出现了千兆级别的网络，这使得 DoS 攻击的困难程度加大了——目标对恶意攻击包的“消化能力”加强了不少。这时候 DDoS 攻击手段就应运而生了。就是利用更多的傀儡机(肉鸡)来发起进攻，以比从前更大的规模来进攻受害者。

(5) 软分叉(soft fork)。在区块链中，由矿工挖出区块并将其链接到主链上，一般来讲同一时间内只产生一个区块，如果同一时间内有两个区块同时生成，就会在全网中出现两个长度相同、区块里的交易信息相同但矿工签名不同或者交易排序不同的区块链，这样的情况叫作软分叉。

(6) 硬分叉(hard fork)，指在区块链或去中心化网络中非向前兼容的分叉。硬分叉对加密货币使用的技术进行永久更改，这种更改使得所有的新数据块与原来的区块不同，旧版本不会接受新版本创建的区块，要实现硬分叉所有用户都需要切换到新版本协议上。如果新的硬分叉失败，所有的用户将回到原始数据块。

2.9 不可能三角

不可能三角(也称为三元悖论)是货币银行学中的一个概念，它指的是开放经济下一国无法同时实现货币政策独立、汇率稳定与资本自由流动目标，最多只能同时满足两个目标，而放弃另外一个目标。在当前的区块链技术中，也面临着不可能三角的困境，即无法同时达到高效、去中心化以及安全性这三个要求。不可能三角如图 2-5 所示。

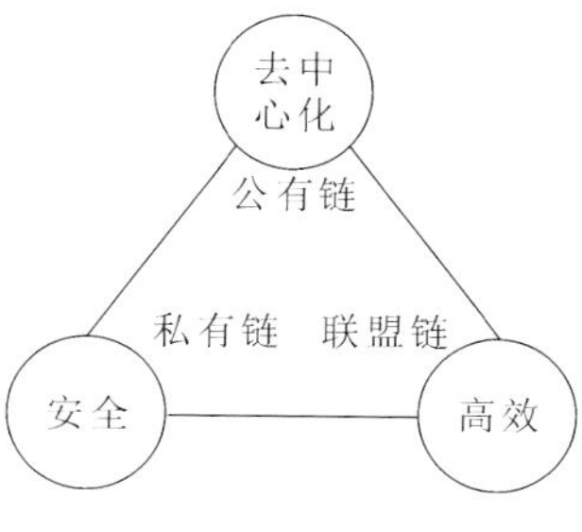

图 2-5 不可能三角

这个三元悖论的矛盾就在于，如果一个密码学货币是既安全又高效的，那么它必然是中心化的，比如PPcoin、Nextcoin、Ripple，它们要么本身就是中心化的架构，要么其去中心化的架构不可稳定持续，从本质上看依旧是有和PayPal或者网银一样的中心化的验证机制；如果一个密码学货币是既高效又去中心化的，那么它必然是不安全的，比如IP投票制的P2P货币，中本聪起初就排除了这种可能，他认为“如果决定大多数的方式是基于IP地址的，一个IP地址拥有一票，那么如果有人拥有分配大量IP地址的权力，比如僵尸网络，就有可能主宰比特币网络”；如果要有一个安全的去中心化货币，就必然要以牺牲高效为代价。PoW是以去中心化形式构建安全产权认证系统的第一个解决方案，也可能是唯一解决方案。

1. 实现“去中心化”和“安全性”则难以达到“高效”

比特币所采用的区块链技术是一种追求“去中心化”和“安全性”的组合。这个区块链是具有时间戳的链式结构，因此具有可追溯、不可篡改的安全优势，并且所有的匿名节点彼此之间地位平等，数据能够在分布式系统中等效同步，但是信息的查询、验证都会涉及对整个区块链的遍历操作，是非常低效率的查询方式。

在数据存储上，比特币的每一个节点都需要下载和存储所有数据包的验证副本，利用强冗余性获得强容错、强纠错能力，使得网络尽量民主化，但同时也带来了巨大的校验成本和存储空间的损耗。因为比特币区块链是简单地增加副本，而不是像其他分布式数据库那样随着节点的增加可以通过分布式存储提高整体存储能力。未来随着区块链技术所承载的内容增多，单个节点的存储空间将会存在问题。

在并发处理上，比特币区块链技术只允许一个“矿工”（或挖矿者）最终获得记账权，建立一个交易区块，这种机制可以有效保证一个民主网络运行的安全和稳健，但其实质上是拥有所有数据的整个“链条”在进行串行的“写”操作。与关系数据库将数据分为若干表，仅仅根据操作涉及的数据锁定若干表或表中的记录，其他表仍能并发处理相比，比特币区块链技术的串行操作效率远低于普通数据库。

在对内容的验证上，比特币区块链让每个节点都拥有所有的内容，同时对区块内的所有内容进行哈希，这增强了民主性和安全性。但是这种整体哈希的设计思路意味着不能以地址引用的方式存储数据，否则引用地址上所存储的信息由于并未进行哈希校验而可能被篡改。因此，比特币区块链技术缺乏高效的可扩展性，在对大型内容的处理上存在效率问题。

2. 实现"高效"和"安全性"则难以达到"去中心化"

从共识机制角度看，为了在确保"安全"的前提下解决比特币区块链技术所采用的 PoW 方式的低效性，权益证明(PoS)、股份授权证明(delegate proof of stake,DPoS)等机制被采用。但是无论是基于网络权益代表的权益证明，还是利用受委托人通过投票实现的股份授权证明，实际上都是对"中心化"的妥协，形成了部分中心化。同样在区块链技术的演化上，除了以比特币为代表的公有链技术外，又衍生出了联盟链技术和私有链技术。

联盟链技术只允许预设的节点进行记账，加入的节点都需要申请和身份验证，这种区块链技术实质上是在确保安全和效率的基础上，被迫实施"弱中心化""部分去中心化"或"多中心化"。私有链技术的区块建立则由一个中心实体掌控，区块的读取权限可以选择性开放，它为了安全和效率已经完全演化成为一种"中心化"的技术，很难说是发挥了区块链技术的最大效用。

3. 实现"高效"和"去中心化"则难以达到"安全性"

这种情况的一个案例是 P2P 视频播放软件。传统的基于中心的服务器设计是当在线观看人数增多时，服务器会因承载压力变大而速度变慢。为了提高效率，P2P 视频播放软件设计使得一个节点在下载观看视频文件的同时不断将数据传输给别人，每个节点不仅是下载者同时也是服务器，资源的分享形成不再依赖于中央服务器的"中心化"模式。

同时，由于视频 1 s 有 24 帧，少量图片的局部数据损坏并不影响太多的视觉感官，但是用于数据校验而出现的图像延迟则是不可接受的。于是 P2P 视频播放软件牺牲了"安全性"，允许传输的数据出现少量错误。在这种去中心化的网络中，参与的节点越多，数据的传播越快，传播的效率越高。当然，对于严谨的行业(例如金融业)来说，数据的错误是绝对不可接受的。

综上所述，从目前的技术条件来看，我们还难以实现"高效""去中心化"和"安全性"三者皆得的区块链技术。如果对其中一个或若干个要求妥协，所产生的新技术集合可能对某些具体场景下的实际情况也足够适用。

第3章 区块链1.0

3.1 比特币区块链

公认最早关于区块链的描述出现在2008年中本聪撰写的白皮书《比特币：一种点对点的电子现金系统》中，2014年后，人们开始关注比特币背后的区块链技术，随后引发了分布式账本的革新浪潮。比特币白皮书是区块链的始祖，被视作区块链世界的《圣经》。区块链是比特币实现的技术，比特币是区块链的第一个应用。

比特币可以看作基于UTXO算法的数字现金。用随机哈希对全部交易加上时间戳，将它们合并入一个不断延伸的基于随机哈希的PoW的链条作为交易记录，并通过最长链条(longest chain)以及PoW机制保证在大多数诚实节点(honest nodes)控制下的可信机制。中本聪创造了比特币，比特币包含的技术就是区块链。比特币的本质就是一堆复杂算法所生成的特解。特解是指方程组所能得到的无限组(比特币是有限的)解中的一组。每一组特解都能解开方程并且是唯一的。挖矿的过程就是通过庞大的计算量不断地去寻求这个方程组的特解，若这个方程组被设计成了只有2100万组特解，比特币的上限就是2100万枚。

区块链在比特币网络中可以看作一个分布式账本，每一个区块就是账本的一页。这个账本有着以下特点：

(1) 账本上只记录每一笔交易，即记载付款人、收款人、交易额。交易记录具有时序，无论什么时候，每个人的资产都可以推算出来。

(2) 账本完全公开，任何人只要需要，都可以获得当前完整的交易记录。

(3) 账本上的交易身份不是真实身份，而是采用一串字符代替，每个人都拥有唯一的一串字符，签名使用非对称加密技术。

比特币的交易验证步骤如图 3-1 所示。

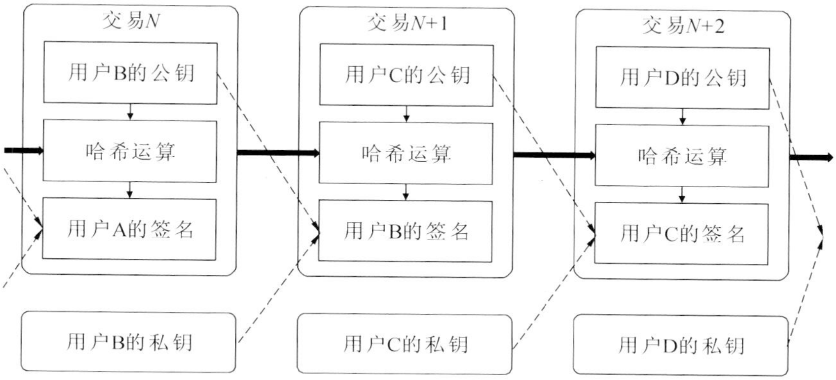

图 3-1　比特币的交易验证步骤

比特币交易流程如下。

第 1 步：所有者 A 利用他的私钥对前一次交易（比特币来源）和下一位所有者 B 签署一个数字签名，并将这个签名附加在这枚货币的末尾，制作成交易单。其中，B 以公钥作为接收方地址。

第 2 步：A 将交易单广播至全网，比特币就发送给了 B，每个节点都将收到的交易信息纳入一个区块中。对 B 而言，该枚比特币会即时显示在比特币钱包中，但直到区块确认成功后才可用。目前一笔比特币从支付到最终确认成功，得等 6 个区块确认之后才能真正确认到账。

第 3 步：每个节点通过解一道数学难题，从而获得创建新区块的权力，并争取得到比特币的奖励（新比特币会在此过程中产生）。节点反复尝试寻找一个数值，使得将该数值、区块链中最后一个区块的哈希值以及交易单三部分送入 SHA-256 算法后能计算出哈希值 X（256 bit）并满足一定条件（比如前 20 bit 均为 0），即找到数学难题的解。由此可见，答案并不唯一。

第 4 步：当一个节点找到解时，它就向全网广播该区块记录的所有盖时间戳交易，并由全网其他节点核对。时间戳用来证实特定区块于某特定时间是的确存在的。比特币网络采取从 5 个以上节点获取时间，然后取中间值的方式作为时间戳。

第 5 步：全网其他节点核对该区块记账的正确性，没有错误后他们将在该合法区块之后竞争下一个区块，这样就形成了一个合法记账的区块链。每个区块的创建时间大约为 10 min。随着全网算力的不断变化，每个区块的产生时间会随算力增强而缩短、随算力减弱而延长。其原理是根据最近产生的区块的时间差，自动调整每个区块的生成难度（比如减少或增加目标值中 0 的个数），使得每个区块的生成时间是 10 min。

3.2 UTXO

比特币实现了从 0 到 1 的创新，其中最重要的创新就是 UTXO，即 unspent transaction output（未花费交易输出）。比特币的区块链账本里记录的就是交易信息。每一笔交易都有若干输入（资金来源），也有若干输出（资金去向）。一般来说，交易都要花费输入，产生输出，这个输出就是 UTXO。比特币交易中，除 coinbase（由挖矿者生成的）交易外，所有的资金都必须来自前面某一笔或多笔交易的 UTXO，并且任何一笔交易的输入额都必须等于输出额。

在比特币区块链中，一个用户要想付钱给别人，那么在此之前他一定已经通过某种方式得到了钱（挖矿，或者别人付钱给他）。如果把“钱的来源”视作输入，把“钱的去向”视作输出，也就是说，当前这笔交易的每一个输入，一定是之前某一笔交易的输出，而当前交易的输出又可以作为下一笔交易的输入。

只有合法的交易记录才允许被接入比特币的交易链，验证交易的合法性采用的是公私钥非对称加密体系。数字签名就是公私钥非对称加密的一个常见应用，只要能够保证私钥没有泄露，这种机制就能确认私钥所有者的唯一性与合法性。

数字签名（digital signature，又称公钥数字签名）是一种类似写在纸上的普通的物理签名，但是使用了公钥加密领域的技术，用于鉴别数字信息的方法。一套数字签名通常定义两种互补的运算，一个用于签名，另一个用于验证。但法条中的电子签章与数字签名，代表意义并不相同，电子签章用以辨识及确认电子文件签署人身份、资格及电子文件真伪。而数字签名则是经过数学算法或其他方式运算进行加密，才形成电子签章，即使用数字签名才创造出电子签章。

数字签名不是指将签名扫描成数字图像，或者用触摸板获取的签名，更不是落款。

数字签名文件的完整性是很容易验证的(不需要骑缝章、骑缝签名,也不需要笔迹鉴定),而且数字签名具有不可抵赖性(即不可否认性),不需要笔迹专家来验证。

在数字签名的过程中,我们不需要对“123456”保密,所以加密、解密这样的名词在这个场景中并不准确,用签名和解签会更合适。

实际应用中,由于对原消息进行签名有安全性问题,而且原消息往往比较大,直接使用 RSA 算法进行签名速度会比较慢,所以我们一般计算消息摘要(使用 SHA-256 等安全的摘要算法),然后对摘要进行签名。只要使用的摘要算法是安全的(MD5、SHA-1 已经不安全了),那么这种方式的数字签名就是安全的。

比特币的交易只需用户生成一对唯一的公私钥,收款者把自己的公钥(经过适当处理后)作为收款地址提供给付款方,作为支付时填写的输出字段之一。付款方则需要将这笔交易的输入关联到之前交易的输出,并提供私钥生成的数字签名,以此证明自己是之前那笔交易输出(并且一定是未花费输出)的拥有者。

相比传统记账,比特币区块链的账本里增加了两个重要的信息:数字签名和验证脚本。我们一般将中本聪提出的记账方式称为 UTXO,字面意思是未花费交易输出,也就是说,只有未经过交易的输出,才能被称为 UTXO。为了使价值易于组合与分割,比特币的交易被设计为可以纳入多个输入和输出,如图 3-2 所示。一般而言某次价值较大的前次交易构成的单一输入,或者由某几个价值较小的前次交易共同构成的并行输入,输出最多只有两个:一个用于支付,另一个用于找零。找零的输出并不是必需的,当支付金额恰好等于交易输入金额时,就没有找零的输出值。

UTXO 能够解决交易的证伪问题:除了当事人(在私钥没有泄露的前提下),没有其他任何人能够伪造出一笔合法的交易。但 UTXO 无法解决历史交易的防篡改问题:当一个合法的交易记录被接入交易链之后,它就应成为一个无法修改的历史事实,不可以被包括交易发起人在内的任何人篡改。防篡改和防伪造同等重要,只有把这两个问题都解决了,才能彻底抛弃交易中介。

UTXO 的设计意味着只能用于建立简单的、一次性的合约,而不是去中心

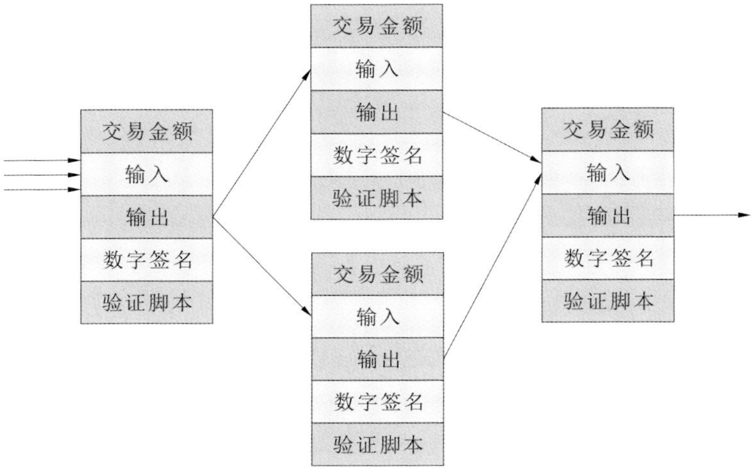

图 3-2　UTXO 记录交易示意图

化组织这样的有着更加复杂状态的合约，其扩展性较差。由于比特币限制了每一个区块的大小且采用 PoW 的机制，比特币的 TPS(transaction per second，每秒处理的事务量，用以衡量系统性能的指标之一)极低，整个比特币区块链的交易速度大约为 6～7 TPS。

3.3　PoW

比特币区块链中的共识机制是一种去中心化的自发共识(emergent consesus)。所谓自发是指节点达成共识并不是事先明确的，既没有选举也没有约定固定时间，而是所有节点在异步交互中通过遵循同一套规则自然形成的共识。这一过程包括：① 基于规则的完整列表，每个完整节点独立验证每个交易；② 通过基于 PoW 的运算，矿工独立将交易打包到新区块中；③ 每个节点独立验证新区块并将其整合进区块链；④ 每个节点独立选择进行了 PoW 计算最多的链。

PoW 是一种解决服务与资源滥用问题，或是阻断服务攻击的经济对策。一般是要求用户进行一些耗时适当的复杂运算，并且答案能被服务方快速验算，以耗用的时间、设备与能源作为担保成本，以确保服务与资源被真正的需求者所使用。此概念最早由 Cynthia Dwork 和 Moni Naor 于 1993 年的学术论文中提出，而PoW的概念则是在1999年由Markus Jakobsson与Ari Juels所提出的。现在PoW技术成为了实现加密货币的主流共识机制之一，例如比特币所采用的技术。

PoW的协议有两种类型。

（1）挑战-响应（challenge-response）协议。如图3-3所示，这种协议假定请求者（客户端）和提供者（服务器）之间有直接的交互连接。提供者选择一个挑战，比如说一个包含属性的集合中的一个项目，请求者在集合中找到相关的响应，并由提供者发回并检查。由于挑战是由提供者当场选择的，它的难度可以适应当前的负载。如果挑战-响应协议有一个已知解决方案（由提供者选择），或者已知存在于有界搜索空间内，那么请求者的工作可能是有限的。

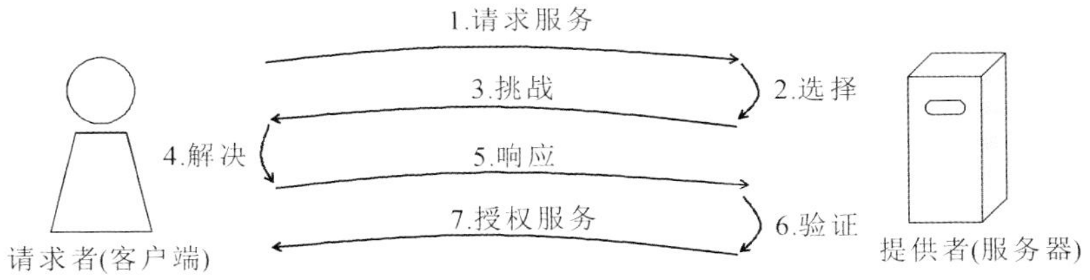

图3-3 PoW **挑战-响应协议示意图**

（2）解决方案-验证（solution-verification）协议。这种协议就不会假定（1）中的交互连接，因此，在请求者寻求解决方案之前，必须自行解决问题，并且提供者必须检查问题选择和找到的解决方案。这样的方案大多数是无限的概率迭代过程，例如Hashcash。PoW解决方案-验证协议如图3-4所示。

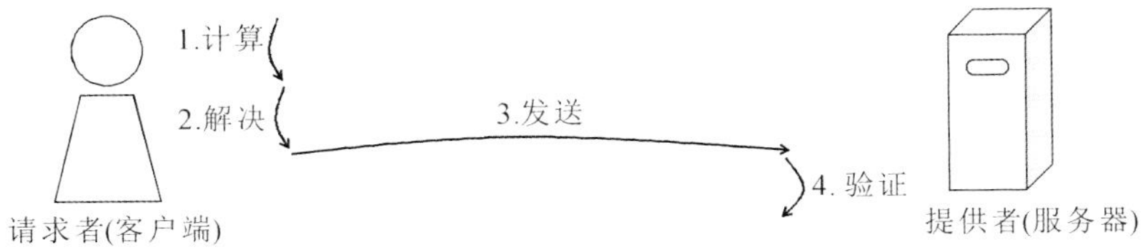

图3-4 PoW **解决方案-验证协议示意图**

由于矩形分布的方差低于泊松分布的方差（具有相同的均值），所以解决方案-验证协议倾向于具有略低于挑战-响应协议的方差。用于减少方差的通用技术是使用多个独立的子挑战，因为多个样本的平均值将具有较低的方差。

当然还有固定成本的函数，如时间锁定谜题（time-lock puzzle）。而且，这些方案使用的函数很可能是以下几种。

(1) CPU绑定(CPU-bound),计算以处理器的速度运行,其时间从高端服务器到低端便携式设备差异很大。

(2) 内存绑定(memory-bound),计算速度受主存访问(延迟或带宽)限制,其性能预期对硬件进化不太敏感。

(3) 网络绑定(network-bound),客户端必须执行少量计算,且必须在查询最终服务提供者之前从远程服务器收集一些token。从这个意义上说,这项工作实际上并不是由请求者执行的,但是由于获得所需token必须等待而存在延迟。

一些PoW系统提供了快捷计算,允许知道秘密(通常是私钥)的参与者生成便宜的PoW。理由是邮寄名单持有人可以为每个收件人生成邮票而不会产生高昂的成本。当然,是否需要这种功能取决于使用场景。

在比特币区块链中,区块头包含一个随机数,使得区块的随机哈希值出现了所需个数的0。节点通过反复尝试来找到这个随机数,这样就构建了一个工作量证明机制。

工作量证明机制的本质是一CPU一票,"大多数"的决定表达为最长的链,因为最长的链包含了最大的工作量。如果大多数的CPU为诚实节点控制,那么诚实的链条将以最快的速度延长,并超越其他的竞争链条。如果想要修改已出现的区块,攻击者必须重新完成该区块的工作量外加该区块之后所有区块的工作量,并最终赶上和超越诚实节点的工作量。

同一时间段内全网不止一个节点能计算出随机数,即会有多个节点在网络中广播它们各自打包好的临时区块(都是合法的)。

某一节点若收到多个针对同一前续区块的后续临时区块,则该节点会在本地区块链上建立分支,多个临时区块对应多个分支。该僵局的打破要等到下一个工作量证明被发现,而其中的一条链条被证实为较长的一条,那么在另一条分支链条上工作的节点将转换阵营,开始在较长的链条上工作。其他分支将会被网络彻底抛弃。

任何账本都需要有序。用户不能花费还没有到账的钱,也不能花费已经用出去的钱。区块链交易(或者说包含交易的块)必须有序,无歧义,同时无须可信的第三方。即便区块链不是一个账本,而是就像日志一样的数据,对于所有节点来说，如果要想共同保有一份完全相同的区块链副本，有序也是必不可少的。交易顺序不同，就是不同的两条链。但是，如果交易是由全世界的匿名参与者生成，也没有中心化机构负责给交易排序，那又如何实现有序呢？有人会说，交易（或者块）可以包含时间戳，但是这些时间戳又如何可信呢？

时间是一个人类概念，时间的任何来源，比如一个原子时钟，就是一个“可信第三方”，除此之外，由于网络延迟和相对论效应，时钟的大部分时间都有轻微误差。很遗憾，在一个去中心化系统中，不可能通过时间戳来决定事件的先后顺序。

区块链技术所关心的“时间”并不是所熟悉的年、月、日这种概念，而是需要一种机制可以用来确认一个事件在另一个事件之前发生，或者可能并发发生。简而言之，比特币的 PoW 就是 SHA-2 哈希满足特定的条件的一个解，这个解很难找到。要求哈希满足一个特定的数字，就确定了一个难度（difficulty），难度的值越小，满足输入的数字越少，找到解的难度就越大，这就是所谓的“工作量证明”。因为满足哈希要求的解非常稀少，这意味着找到这样一个解需要很多试错，也就是工作（work），而工作也就意味着时间。

链的状态由块所反映，每个新的块产生一个新的状态。区块链的状态每次向前推动一个块，平均每个块 10 min，是区块链里面最小的时间度量单位。

SHA 在统计学和概率上以无记忆性（memoryless）闻名。对于人类而言，我们很难做到百分之百的无记忆性，也就是无论之前发生过什么状况，都不影响这一次事件发生的概率。例如，如果抛一个硬币连续 10 次都是正面，那么下一次是反面的可能性会不会更大呢？很多人都直觉认为已经出现了这么多次正面，下一次应该出现一次反面了，但是实际上，无论上一次的结果是什么，每次抛硬币出现正面或反面都是 1/2 的概率。

对于需要无进展（progress-free）的问题，无记忆性是必要条件。progress-free 意味着当矿工试图通过对 nonce 进行迭代计算解决难题时，每一次尝试都是一个独立事件，无论之前已经算过了多少次，每次尝试找到答案的概率是固定的。换句话来说，每次尝试，参与者都不会离“答案”越近，或者说有任何进展（progress）。就下一次尝试而言，一个已经算了一年的矿工，与上一秒刚开始算的矿工，算出来的概率是一样的。

在指定时间内，给定一个难度，找到答案的概率由所有参与者能够迭代哈希的速度唯一地决定。与之前的历史无关，与数据无关，只跟算力有关。因此，算力是一个与参与者数量以及用来计算哈希设备的速度相关的函数。

在比特币中，输入的是区块头。如果给它随机传入一些值，找到一个合适哈希的概率仍然是一样的。无论输入是一个有效的块头，还是/dev/random 中随机的一些字节，都要花费平均 10 min 来找到一个解。

谜题难度具有“通用属性”(universal property)，即所有参与者都知道(这个难度)。SHA-256 的输入可以是 $0\sim2^{256}$ 之间的任何一个整数(因为输出是 32 字节，任何超过该范围的数将会导致冲突，也就是多余)。这个集合已经非常大了(比已知宇宙里所有原子总数都大)，不过每个参与者都知道这个集合，并且只能从这个集合里选取一个数。

如果所述问题是找到一个合适的哈希，那么要想解出这个问题，只需要去试一次，但是，哪怕就试一次，就已经影响了整个算力。就这次尝试而言，你就已经成为了一个帮助其他人解决问题的参与者。虽然你不需要告诉其他人你“做了”(除非你找到了答案)，其他人也不需要知道，但是想要找到解的这次尝试真真切切地影响到了结果。

如果上面这段话看起来仍然不是那么令人信服，一个很好的类比就是寻找大素数问题。找到最大的素数很难，并且一旦找到，它就是“被发现”或者“已知的”。有无数的素数，但是在全宇宙中，每个数只有一个实例。因此无论是谁试图找到最大素数，就是在解同一个问题，而不是这个问题另一个单独的实例。你不需要告诉其他人你已经打算寻找最大素数，你只需要在找到时通知其他人。如果从来没有人寻找最大素数，那么它永远也不会被找到。因此，只要参与(也就是试图找到素数)，即使它正在秘密进行，仍会影响结果。

这就是中本聪设计的精妙之处，他利用了这个令人难以置信的统计学现象，即任何参与都会影响结果，即使秘密进行，即使尚未成功。值得注意的是，因为 SHA 是 progress-free 的，每一次尝试都可以被认为是一个参与者加入其中，然后立即退出。因此可以这么理解，矿工们来了又走，每秒无数次轮回。

这个神奇的秘密参与(secret participation)属性反过来也成立。很多网站上显示的全球算力，并非由每个矿工在某个“矿工注册办公室”注册，并定期汇报他们的算力而来。因为在 10 min 找到一个指定难度的解，所需算力是已知的，一个人平均必须尝试大概 10^{21} 次才能找到答案。

找到满足条件的哈希难度很大，在这个过程中，系统本身就类似于一个时钟。一个宇宙(universe)时钟，因为全宇宙只有一个这样的时钟，不需要同步，任何人都能“看”到这个时钟。

即使这个时钟不精确也没关系。重要的是，对所有人来说，它都是同一个时钟，链的状态与这个时钟的滴答(tick)无歧义地绑定到一起。这个时钟由遍布地球上的未知数量的参与者共同操作，参与者相互之间完全独立。

解决方案必须是块哈希(准确来说，是块头)。上面已经提到，对于 SHA 来说，输入的内容并不重要，但是如果它是真实的块，那么无论何时找到一个解，它都发生在 PoW 这个时钟的滴答处。没有早一点，没有晚一点，而是恰好在这个点。我们知道这是毫无歧义的，因为块是整个机制的一部分。

换句话说，如果块不是 SHA-256 函数的输入，我们仍然有一个分布式时钟，但是无法将块绑定到这个时钟的滴答上。将块作为输入就解决了这个问题。值得注意的是，我们的 PoW 时钟只提供了滴答，但是我们没办法从滴答中分出顺序，于是就引入了哈希链(hash chain)。

共识(consensus)意味着意见一致(agreement)。所有参与者别无选择，只能同意“时钟已然滴答”，并且每个人都知道滴答和附加的数据。正如中本聪在邮件里面所解释的，这确实解决了拜占庭将军问题。在一个罕见却又常见的情况下，会出现共识分离，有两个连续的滴答与一个块有关联，这就发生了冲突。通过某个块与下一个滴答相关联可解决这个冲突，同时将有争议的块变为“孤儿块(orphan)”。链如何继续是个概率问题(a matter of chance)，这也可能间接地归因于 PoW 的时钟。

这就是区块链的 PoW。它并不是一个为了让矿工赢得出块权的“乐透”，也不是为了将实际能源转换成一个有价值的概念，这些都偏离了本质。比如从矿工奖励的角度来看，虽然这些奖励激励了矿工参与，但是这并不是区块链诞生的必要因素。块哈希形成一条链，但是这与工作量并没什么关系，它是从密码学上强制保证了块的顺序。哈希链使得前一个滴答“更确定”，“更加不可抵赖”，或者简单来说，更安全。PoW 也能使块不可更改，这是一种好的副作用，也使得隔离见证(segregated witness)成为可能，但是隔离见证也能通过保留签名(见证，witness)实现，所以这也是次要的。

比特币的 PoW 只是一个分布式、去中心化的时钟。从这个角度，我们能够更好地理解 PoW 与 PoS 的异同。显然，两者不具有可比性：PoS 是有关于（随机分布的）权力（authority），而 PoW 是一个时钟。

在区块链的背景下，PoW 这个名字可能是个误用，起得并不太好。这个词来源于 Hashcash 项目，它确实用于证实工作（work）。在区块链中，它主要用于表征花费的时间。当一个人寻找满足难度的哈希时，我们知道它必然会花费一些时间。实现时间延迟的方法就是“工作”，而哈希就是这段时间的证明。

PoW 是关于 time 而非 work 的事实也表明，可能存在一些其他的统计学问题，这些问题同样消耗时间，但却需要更少的能源。这也可能意味着比特币算力有些“过分”，因为我们上面所描述的比特币时钟，在只有部分算力的情况下，也是可信的，只是这种激励结构推动了能源消耗。

PoW 挖矿的具体步骤可以表示如下。

（1）矿工找到交易内存池中的交易，并且打包交易，在这里矿工检索交易信息的时候，可以任意选取自己想要打包的交易数量，当然他们可以取到最后一条交易，也可以取空交易。因为每一个区块，正如上文所讲到的，区块的大小只能是 1MB（当前比特币社区中是这样规定的），因此矿工也不能无限制地选取交易数量。而之前的一个区块所包含的交易已经被社区定位到并且删除，因此矿工也不可能找到之前一个区块所包含的交易数据。因此每一个矿工可能打包的是不同数量的交易数据。对于每一个矿工而言，最合理的做法就是先根据每个交易数据对应的手续费来进行排序，然后从手续费最高的交易数据开始往下记录尽可能多的交易数据。

（2）矿工决定好了他选取哪些交易以后就开始计算自己能够从中得到的手续费总额，这个收益我们这里暂且设为 coinbase。

（3）有了这些交易数据，矿工就可以构造 Merkle tree 了。随后可以一步一步计算出 Merkle tree root，那么我们现在所有的数据项中就只差 nounce 随机数了。

（4）遍历 nounce 随机数。nounce 随机数是 32 bit 随机数，因此一共有 2^{32} 种可能性。将 nounce 放在现有的区块头中，再将区块头放进双重 SHA-256 哈希函数中作输入字符串。之所以这里使用双重哈希，一方面是因为增加安全性，双重哈希函数可以有效地抵御生日攻击和差分攻击，另一方面也是为了增加矿工的计算时间和电力消耗。

(5) 每遍历一个 nounce 随机数，就要进行一次对区块头双重 SHA-256 哈希函数的计算，直到找到一个 nounce 随机数，可以使得计算出来的哈希值小于目标哈希值。比特币大约每 10 min 能出一个新的区块，这个时间全凭目标哈希值来把控。目标哈希值可以规定挖矿的难度。这个是整个社区的共识。如果出块时间偏大，那么社区就会统一做目标哈希值的改动，说明计算难度太大了，那么每个块就会变大，这样不行，所以要把目标哈希值相应变大；如果说每个区块的出块速度偏快，那么说明计算难度太低了，相应地应该将目标哈希值变小，提升计算难度。目标哈希值的表示形式，前面的 0 的个数越多，说明目标哈希值越小，那么计算出 nounce 随机数的难度越大。比特币最低难度取值 nBits＝0x1d00ffff，对应的最大目标值为

0x00000000FFFF0000000000000000000000000000000000000000000000000000

当矿工计算出小于目标哈希值的区块头，那么这个 nounce 随机数就是合格的。

(6) 随后这个矿工就会将整个区块信息发送给节点，让节点可以广播给周围的节点。节点首先验证目标哈希值是否正确，如果正确，就广播出去，让周围节点验证。验证的过程如下：首先，验证前一个区块哈希值，时间戳不能在前一个区块的时间戳之前，也不能距离前一个区块的时间戳太久。然后根据交易数来验证 Merkle tree root 计算是否正确，这样就可以验证交易数据在传输期间有无遗漏或错误。如果以上都没问题，那么这个区块就被写入了，这个区块中包括的交易数据在交易内存池中被删除。

(7) 那么现在矿工最明智的选择就是马上放弃自己正在计算的东西，根据最新区块的哈希值去计算下一个区块的 nounce 随机数。

以上就是比较简易的 PoW 共识机制的工作流程。因此在比特币 PoW 共识算法中，挖矿的过程是一个拼算力的过程，正因如此，PoW 算法由于耗电量大、消耗资源多，而在以太坊被优化为 PoW＋PoS 共识机制，也有的数字货币将 SHA-256 算法替换成其他算法，来避免大型矿池中心化的形成以及巨大的耗电量问题。

3.4 BIP

社区在区块链中占有举足轻重的作用。一般来说区块链的 ICO 是从社区开始的，社区的成员既是支持项目的“粉丝”，也是监督项目的“股东”，社区越壮大，也说明该区块链项目的价值越高。现在的比特币区块链就主要由比特币社区成员进行维护，重要的提案必须在比特币社区中达成比特币改进提案(bitcoin improvement proposals，简称 BIP)。比如 BIP0021 代表的是由比特币社区成员提交的关于改进比特币统一资源标识符的提案(uniform resource identifier，简称 URI)。

BIP 有三种类型：① 跟踪(track)BIP。一个标准跟踪 BIP 描述了影响大多数或所有比特币实现的任何变更，例如网络协议的更改，块或交易有效性规则的更改，或影响比特币使用的应用程序的互操作性的任何更改或添加。② 信息(information)BIP。一个信息 BIP 描述了比特币设计问题，或向比特币社区提供一般指导或信息，但不提出新功能。信息 BIP 不一定代表比特币社区的共识或建议，因此用户和实现者可以自由地忽略信息 BIP 或遵循信息 BIP 的建议。③ 流程(process)BIP。一个流程 BIP 描述了围绕比特币的流程，或者建议改变流程(或事件)。流程 BIP 类似于标准跟踪 BIP，但适用于比特币协议本身以外的区域。流程 BIP 可能会提出一个实现，但不会提到比特币的代码库；经常需要社区共识。与信息 BIP 不同，流程 BIP 不仅仅是建议，用户通常也不能自由忽略。例如包括程序、指南、决策过程的变更以及比特币开发中使用的工具或环境的变更。meta-BIP 也被视为流程 BIP。

比特币是典型的单链式区块链，具有去中心化、匿名免税、无国界等特性，但缺点也非常明显：① 交易平台容易遭受攻击，钱包文件可能被盗；② 交易速度慢，从下载历史交易块到交易再到全网认证，耗费很多时间，交易量逐渐积累，耗费的时间还会增加；③ 总数有限，易导致通货紧缩，也可能产生分叉，扰乱市场，因此价格波动很大，更适合炒作投机，而非真正的匿名交易；④ 财富聚集太快，大部分消费者的消费能力受到局限，整个系统缺乏活力。

随之而来的问题就是传统区块链网络为了达成共识，采用了 PoW 方式，这对资源是一种极大的浪费。每天，比特币采矿需要消耗 1000 MW · h 电力，这些电力足以为 3 万美国家庭供电。比特币消耗巨大能源却用来解一堆毫无意义的数学题，这一设计思想一直饱受争议。区块链技术能够大规模普及，需要将算力集中在维持网络运行而不是无意义的求解上。

第4章 区块链 2.0

4.1 以太坊

以太坊(Ethereum)是一个开源的有智能合约(smart contract)功能的公共区块链平台。通过其专用加密货币以太币(Ether)提供去中心化的虚拟机(“以太虚拟机”Ethereum virtual machine)来处理点对点合约。以太坊的概念首次在2013—2014年间由程序员Vitalik Buterin受比特币启发后提出，大意为“下一代加密货币与去中心化应用平台”，在2014年通过ICO众筹得以开始发展。截至2018年2月，以太币是市值第二高的加密货币，仅次于比特币。

普遍的观点中，认为比特币是区块链1.0版本，而以太坊是区块链2.0版本的代表。两者部分对比如表4-1所示。

表 4-1　区块链 1.0 与 2.0 的对比

对比项目	区块链 1.0——比特币	区块链 2.0——以太坊
图灵完备性	图灵不完备	图灵完备
智能合约	不支持	支持
定位	某一具体应用，如支付	平台，可实现各种应用
交易速度	小于10 TPS	小于100 TPS
算力消耗	122029 TH/s，相当于5000台天河2号A的运算速度，消耗相当于1700万人口一年耗电量	区块链2.0开始，大多项目可以支持PoS、DPoS、PBET等无消耗共识机制，但目前以太坊还处于从PoW向PoS过渡阶段，依然存在一定的算力消耗问题

4.1.1 ERC 20 和 ERC 721

ERC(Ethereum request for comment)20 是以太坊定义的一个标准接口，允许任何基于以太坊的代币被其他从钱包到第三方交易平台的应用程序使用。这个标准接口提供了代币的基本功能并允许代币被批准。

ERC721 则是一个用于智能合约内实现非同质代币(non-fungible tokens，简称 NFTs)操作标准的 API，提供了用于跟踪所有权转移的基本功能，允许跟踪在标准化的钱包和交易所的交易。例如，在 github 里的 cryptokitties-bounty 程序代码提到，就是用 ERC721 token 合约来定义的每只以太猫："CryptoKitties are non-fungible tokens (see ERC #721) that are indivisible and unique."(以太猫是用 ERC 721 实现的非同质性通证，每一只以太猫都是独一无二的。)

ERC721 代币的核心是非同质代币 NFTs，即每一个代币具有唯一性(unique)，它们彼此之间是不同的。还是以"以太猫"为例，每只以太猫拥有独一无二的基因，每只小猫和繁衍的后代也都是独一无二的。从原理上来看，每只以太猫在区块链平台上都是一条独一无二的代码，可以保证没有两只外表和特性完全相同的小猫。在 ERC721 中，每个代币都有一个独立唯一的 token ID，正如在 CryptoKitties 里每一只猫的 ID 都是唯一的。简而言之，ERC721 定义的每个代币都具有唯一性，而 ERC20 里的每个 token 都相同(同质性)。

4.1.2 燃料费

数字货币交易一般是有交易费的，比特币的交易费很容易理解，就是直接支付一定额度的比特币作为手续费。而以太坊的交易费表面上看也是如此，交易需要支付一定额度的以太币 (ETH)，但实际内部运行用的是燃料(gas)费这个概念。

为了更好地理解以太坊的 gas 工作方式，我们使用为汽车加油做一个类比。假设我们要去加油站加油，具体来说这个过程可以分为以下几个步骤：

(1) 到达加油站，并指定你想要在你的车中注入多少汽油(gas)；

(2) 往自己的汽车里注入汽油(gas)；

(3) 向加油站支付你应付汽油(gas)的费用。

现在，我们将这一过程与以太坊 gas 工作方式进行比较：加油就是我们想要执行的操作，如 gas 或智能合同；加油站就是矿工；我们支付的燃料费也就是矿工费。

以太坊使用了智能合约，交易要按照智能合约规定的命令一步一步执行，每执行一个命令都会产生一定的消耗，这个消耗用 gas 作为单位，另外，不同命令消耗的 gas 数量也不相同。

每笔交易都包括一个 gas limit（有时候也被称为 startgas）和一个愿为单位 gas 支付的费用。其中 gas limit 是这笔交易允许消耗的 gas 的最大数量，可以理解为交易服务本身的服务费；而愿为单位 gas 支付的费用，可以理解为小费。

矿工有权力选择先打包哪一笔交易，你支付的交易费越多矿工就越喜欢帮你打包，交易确认的速度也越快。

gas limit 是你一笔交易最多需要支付的交易费，交易费不会超过这个值，若交易完成后没有用完，那么多余的 gas 会以 ETH 的方式返还给你。

如果我们想让交易马上就被打包完成，那就得支付额外的小费，也就是附加 gas，如果算上小费，实际消耗的 gas 是可能超过 gas limit 数量的。

一个交易的交易费由两个因素组成：gasused，该交易消耗的总 gas 数量；gasprice，该交易中单位 gas 的价格（用 ETH 计算），那么交易费就是两者的乘积：

$$\text{交易费} = \text{gasused} \times \text{gasprice}$$

gas 是交易中计算交易费的单位，大概相当于我们开车消耗的汽油，最终交易费是多少还是用钱来表示更直观，比如汽车行驶 100 km 消耗 8 L 汽油，换个说法，如果说 100 km 油费 56 元就直观了。

以太坊 gas 也是一样，最终直观表达交易费是多少钱的是 gasprice，比如完成一笔交易，交易费是 0.001ETH，那么这个 0.001ETH 就是 gasprice。

尽管 gas 系统因为提出了一个能够非常积极地激励矿工的平稳运行机制而受到赞扬，但也受到了很多质疑，因为对于开发商和智能合约创造者来说成本有点高。无论如何，以太坊项目的参与者必须了解这些成本，并据此设计 DApp（distributed applications，分布式应用）。我们需要在区块链链上和链外的复杂性之间找到平衡。

4.1.3 DApp

智能合约相当于服务器后台，要实现用户的友好体验，还需要一个前台页面，通过 RPC 接口与后台对接，实现网页访问。部署在服务器上，拥有完整的智能合约＋前台交互界面的组合体，称为 DApp。

区块链和智能合约能实现的，现有的 IT 系统都能实现。区块链实现的重点并不在于性能的提升，而是业务模式的改变，相反性能大幅下降，其核心是去中心化。区块链只能实现对链内信息的信任，对外界引入的信息无法建立信任。区块链应用不需要币。

DApp 是下一步科技变革的方向。DApp 和以太坊中的智能合约较为相似，然而也有一些不同之处。DApp 不仅仅局限于金融领域，还能够用区块链技术完成你能想到的一切。

智能合约能将多方参与者连接到区块链上。智能合约需要依赖经济奖励运作，并且为了让更多的人在任意特定时间都能参与进来，还需要设置一些限制。DApp 极大改善了这一技术。

DApp 技术的一大卖点在于允许无限数量的市场各方参与进来。更多的是，DApp 能够利用区块链技术达到财务之外的目的。创造新的 DApp，与写一份智能合约相比，更容易实现。不要误以为任何人都能够凭空制作出 DApp，但确实学习做 DApp 不会很困难。

现在主要有两大类分布式应用。一类是完全匿名的分布式应用，这种应用允许每个参与者保持匿名，所有的交互都是在不经意间快速发生的。这项技术的应用之一就是 BitTorrent。

另一类是非匿名的分布式应用，在这一生态系统中节点是可追溯的，并且在应用中身份是显示的。在非匿名的分布式应用中将尽可能地保证信任。然而，目前还没有方法量化信任，并且信任也不能在人与人之间转移。

4.2 智能合约

在以太坊中有两种账户，一种是由人工操作的普通账户，只有当前的 ETH 金额，另一种是智能账户，存储了状态和代码，每当收到相应的消息时，这些代码就会执行相应操作并改变账户的状态。这些账户也就是以太坊智能合约(smart contract)的载体。智能合约(Nick Szabo,1994)是一种旨在以信息化方式传播、验证或执行合同的计算机协议,允许在没有第三方的情况下进行可信交易,这些交易可追踪且不可逆转。

以太坊的智能合约可以看作由事件驱动的、具有状态的、获得多方承认的、运行在一个可信共享的区块链账本之上的且能够根据预设条件自动处理账本上资产的程序。在矿工收集足够消息,准备加密生成一个区块时,必须启动一个运行环境(EVM)来运行智能账户收到消息时对应的代码。EVM包含了一些内置变量,比如当前区块的数量、消息来源的地址等,还会提供一些API和一个堆栈供智能合约执行时使用。

通过EVM运行代码后,智能账户的状态发生了变化,矿工将这些状态同普通账户里的资金变化一起,加密生成新的区块,连接到以太坊全网的账单上。因此一个交易只会在一个区块里出现,并且要得到大多数算力的确认才能连上,这可以保证这些代码执行的唯一性和正确性。

在区块链中的交易就是一个地址往另一个地址转移基本单位,以太坊在这里将这种行为抽象成消息传递。每一次消息传递有发送者,也有接收者,消息内容可以是一笔交易,也有可能是一段信息。转账,其实就是消息传递。

智能合约的优势是利用程序算法代替人仲裁和执行合同。智能合约原理示意图如图4-1所示。

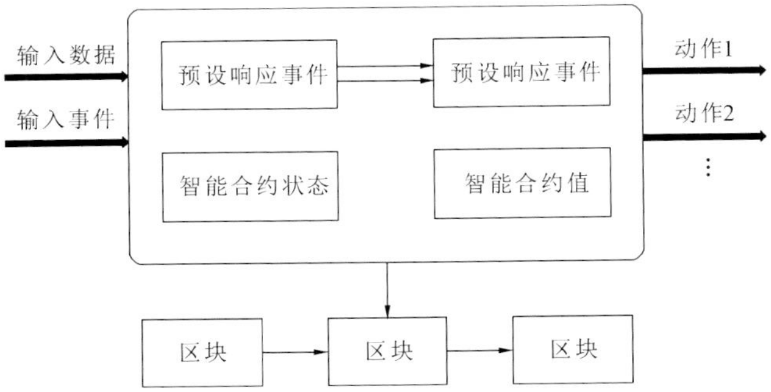

图4-1 智能合约原理示意图

智能合约概念比较晦涩,我们通过一个募捐的智能合约的例子来帮助理解。假设我们想向全网用户发起募捐,那就先定义一个智能账户,它有三个状态：当前募捐总量，捐款目标和被捐赠人的地址，然后给它定义接收募捐函数和捐款函数两个函数。

（1）接收募捐函数。接收募捐函数每次收到发过来的转账请求，先核对发送者是否有足够多的钱（EVM 会提供发送请求者的地址，程序可以通过地址获取该人当前的区块链财务状况）。然后每次募捐函数调用时，都会比较当前募捐总量跟捐款目标，如果超过目标，就把当前收到的捐款全部发送到指定的被捐款人地址，否则的话，就只更新当前募捐总量状态值。

（2）捐款函数。将所有捐款发送到保存的被捐赠人地址，并且将当前捐款总量清零。每一个想要募捐的人，用自己的 ETH 地址向该智能账户发起一笔转账，并且指明了要调用接收募捐函数。于是我们就有一个募捐智能合约，人们可以往里面捐款，达到限额后钱会自动发送到指定账户，全世界的矿工都在为这个合约进行计算和担保，不再需要人去盯着看捐款有没有被挪用，这就是智能合约的魅力所在。

针对比特币可扩展性差的问题，以太坊的分布式账本就没有采用 UTXO 方式进行记账，而是沿用了传统金融中“账户—余额”的记账方式。那么 Amy 转账给 Bob 的交易用基于账户的设计方式就可以表达为图 4-2 所示的过程，在付款者 Amy 的账户中扣除交易金额，余额减少，在收款者 Bob 的账户中转入相应金额，余额增加。

账户	余额
Amy	100元
Bob	10元

Amy转账10元给Bob

账户	余额
Amy	90元
Bob	20元

图 4-2　以太坊基于账户记录交易示意图

以太坊的优化效果很明显，通过图 4-3 所示以太坊架构示意图中的架构我们可以看到，以太坊在应用层加了合约功能，在共识层加入 PoS（股权证明，公有链）、DPoS（授权股权，公有链）、PBFT（不要代币、联盟链），扩充了区块，支持发送数据和变量，采用优化的加密算法和 Merkle tree。缩短出块时间至 16 s，不需要大量算力挖矿，提升交易速度，实现秒级确认。一个智能合约的伪代码框架如图 4-4 所示。

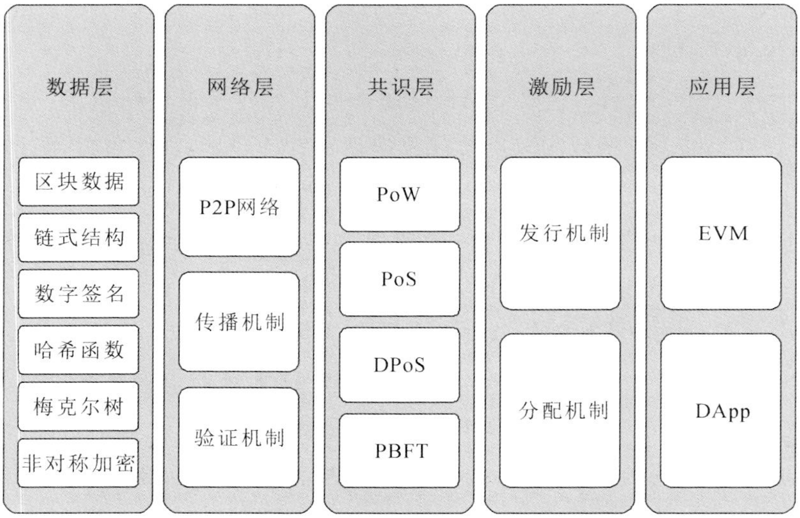

图 4-3　以太坊架构示意图

```
contract Sample
{           unit value; //定义变量
            function Sample(uint v) { //初始化
            value = v; }
            function set(uint v) { //定义存储函数
                        value = v; }
            //定义取值函数
            function get() constant returns (uint) {
                        return value;
            }
}
```

图 4-4　一个智能合约的伪代码框架示意图

以太坊也存在部分安全漏洞。

(1) 以太坊曾发生过轰动一时的“The DAO”漏洞事件，就是运行在以太坊公有链上的 The DAO 智能合约遭受攻击，致使该合约筹集到的款项被一个函数的递归调用转入另外的子合约，涉及损失总额高达三百多万 ETH。由于该合约是通过 addr. call. value()() 函数发送 ETH，而非 send()，从而让黑客有漏洞可钻，黑客只需要制造出一个 fallback 函数并再次调用 splitDAO() 就可以转走 ETH。

(2) Parity多重签名漏洞。即使用多重签名的智能合约由于越权函数调用无法执行使用。黑客可以通过间接调用初始化钱包的库函数成为多个Parity钱包的所有者,而原来的所有者变成了攻击者。钱包的取款功能都会失效,黑客还可以调用"自杀"函数报废整个合约库。

(3) Solidity漏洞。Solidity是以太坊用来研发智能合约的一种类似JavaScript的语言,曾被爆出"太阳风暴"漏洞,即当以太坊的合约相互调用时,彼此的程序控制和状态功能可能丢失,就相当于切断了智能合约之间的通信。还有一种Solidity漏洞能够影响智能合约中的地址或数据类型,并且这些改动无法恢复。

(4) 取款代码中的递归(recursive)调用漏洞也会导致严重后果,可能将其他用户账户中的以太币全部提空。

(5) 以太坊还曾出现过区块节点漏洞。当时漏洞来自以太坊的第2283416区块节点,所有基于Go语言开发的以太坊1.4.11版本客户端出现内存溢出,并停止了挖矿。

(6) 日食攻击(eclipse attack)指的是其他节点针对网络层进行的攻击,通过囤积和侵占被攻击者的点对点连接时隙(slot),将被攻击者限制在一个隔离的网络中,组织最新的区块信息进入到日食节点,从而达到隔离的目的。

(7) 时间戳依赖性。部分使用时间戳来作为某些操作触发条件的智能合约,所依据的通常是矿工本地时间,大约有900 s的波动范围,因此矿工就有机会通过设置区块的时间来尽可能最大化自身利益。

智能合约确实将区块链技术的应用范围做了大幅扩展,使区块链不再局限于区块链1.0的币币交易场景,而是由用户根据自己的实际需求自定义智能合约的条目。但在用户拥有高自由度的同时,一方面用户需要掌握一定的编程技能,另一方面智能合约一旦发布就全网可见并且不便于修改,因此很容易被其他人或蓄意作恶者抓住漏洞并展开攻击。

4.3 超级账本

即便是掌握了一定主动权的联盟链,也依旧无法摆脱基于账户的设计。超级账本hyperledger fabric(以下简称fabric)本身只是一个框架,没有任何的代币或者 token 结构，只有资产的概念，当其中的模块组件确定之后（相当于定制服务），才能作为区块链进行服务。其共识机制和不采用 gas 等方式表明 Fabric 仅适用于金融机构或企业级用户，不能服务于公有链。

Fabric 通过会员服务提供商（membership service provider，MSP）来登记所有的成员信息，包含一个账本，使用链码（即 chaincode，是 Fabric 的智能合约）并且通过所有参与者来管理交易。虽然不能用基于账户的设计来形容框架本身，但经过定制服务后的 Fabric 区块链系统仍然采用基于账户的记账方式，只是账户对应的不是余额而是资产，交易验证通过后，账本中属于账户名下的资产会更新，如图 4-5 所示。

账户	资产
Amy	100部iPhone 11
Bob	5台Mac电脑

Amy转让10部iPhone 11 给Bob

账户	资产
Amy	90部iPhone 11
Bob	5台Mac电脑
Bob	10部iPhone 11

图 4-5　Fabric 基于账户记录交易示意图

系统节点分为三种。① 客户端节点，即发起交易请求的节点。② 对等节点（peer node），通常称为 peer 节点，它又分为记账节点和背书节点。记账节点负责将交易信息记录到区块链，并改变数据库状态；背书节点除了记账外，还对客户端提交的交易提案进行审核，模拟交易并签名背书。所有对等节点保存的账本都是一致的。③ 排序服务节点（orderer），即对交易进行排序的节点，按照定义的策略将排序后的交易打包成区块。

Fabric 的账本子系统由世界状态（world state）组件和交易记录组件组成。世界状态组件描述了账本在特定时间点的状态，是账本的数据库。交易记录组件记录了产生世界状态当前值的所有交易，即世界状态的账本数据更新历史。

Fabric 提供了建立 channel（通道）的功能，允许参与者为交易新建一个单独的账本，只有在同一个 channel 中的参与者，才拥有该 channel 中的账本，其他人看不到该账本。任意一个 peer 节点都可以属于多个通道，且维护多个账本，但是账本数据不会从一个通道传到另一个通道，即多通道相互隔离。

Fabric 是异步的系统，不支持相同通道内同一对节点的并发事务处理，也就是说，如果同时发生了 Amy 转给 Bob 10 元，Bob 转给 Amy 10 元的交易，那么只有一条交易能成功，而另一条无法通过验证。此外，和以太坊类似，Fabric 也是使用智能合约(链码)来支持多种数字资产，那么创建者不得不自己重复编写业务逻辑，而用户也没有办法通过统一的方式去操作自己的资产，很难对智能合约的执行流程进行控制，无法对其功能进行限制。Fabric 的智能合约基于 docker(一种应用容器引擎)运行，无法对合约运行所消耗的计算资源进行精确的评估；此外，运行 docker 是耗费资源的操作，难以在移动设备上运行合约；最后，不同节点的硬件配置、合约引用的开发库等，都会影响合约执行，使得系统的不确定性过高。

Fabric 是由 IBM 带头发起的一个联盟链项目，于 2015 年年底移交给 Linux 基金会，成为开源项目。超级账本基金会的成员有很多知名企业，诸如 IBM、Intel、Cisco 等。基金会里孵化了很多区块链项目，Fabric 是其中最出名的一个，一般我们提到的超级账本基本上指的都是 Fabric。

4.3.1 Fabric 架构

早期的区块链技术提供一个目的集合，但是通常对具体的工业应用支持得不是很好。Fabric 是为了满足现代市场的需求，基于工业关注点和特定行业的多种需求来设计的，并引入了这个领域内的开拓者的经验，如扩展性。Fabric 为保护权限网络、隐私网络和多个区块链网络的私密信息提供一种新的方法。

Fabric 的架构历经了两个版本的演进，最初的 0.6 版本只能被用作商业验证，无法应用于真实场景中。主要原因就是结构简单，基本上所有的功能都集中在 peer 节点，在扩展性、安全性和隔离性方面有着先天的不足。因此在后来推出的 1.0 正式版中，将 peer 节点的功能进行分拆，把共识服务从 peer 节点剥离，独立为 orderer 提供可插拔共识服务。更为重要的一个变化就是加入了多通道(multi-channel)功能，实现了多业务隔离，在 0.6 版本的基础上可以说是有了质的飞跃。Fabric 0.6 到 Fabric 1.0 架构变化如图 4-6 所示。

在 Fabric 中，使用到以下术语。

交易(transaction)是区块链上执行功能的一个请求，功能是使用链节点(chain node)来实现的。

交易者(trans actor)是向客户端应用发出交易的实体。

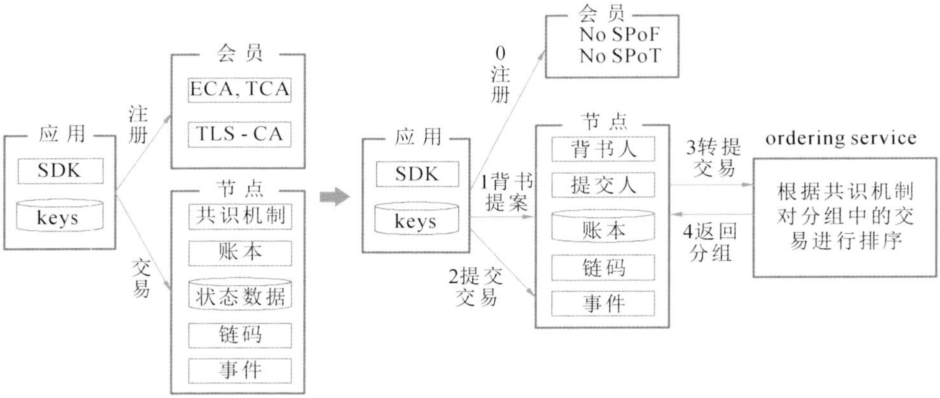

图 4-6　Fabric 0.6 到 Fabric 1.0 架构变化示意图(来源:简书)

世界状态(world state)是包含交易执行结果的变量集合。

总账(ledger)是一系列包含交易和当前世界状态的加密的链接块。

链码是作为交易的一部分保存在总账上的应用级的代码(如智能合约)。链节点运行的交易可能会改变世界状态。

验证 peer(validating peer)是网络中负责达成共识、验证交易并维护总账的一个计算节点。

非验证 peer(non-validating peer)是网络上作为代理把交易连接到附近验证节点的计算节点。非验证 peer 只验证交易但不执行它们。它还承载事件流服务和 REST 服务。

带有权限的总账(permissioned ledger)是一个每个实体或节点都是网络成员的区块链网络。匿名节点是不允许连接的。

隐私(privacy)是链上的交易者需要隐瞒自己在网络上的身份的功能。虽然网络的成员可以查看交易,但是交易者在没有得到特殊的权限前不能连接到交易。

保密(confidentiality)是交易的内容不能被非利益相关者访问到的功能。

可审计性(auditability)是区块链必须具有的性质,指作为商业用途的区块链需要遵守法规,且便于让监管机构审计交易记录。

Fabric 中的链包含了链码、账本、通道的逻辑结构,它将参与方(organization)等交易(transaction)进行隔离,满足了不同业务场景不同的人访问不同数据的基本要求。通常我们说的多链在运维层次上也就是多通道。一个 peer 节点可以接入多条通道，从而加入到多条链，参与到不同的业务中。Fabric 多链示意图如图 4-7 所示。

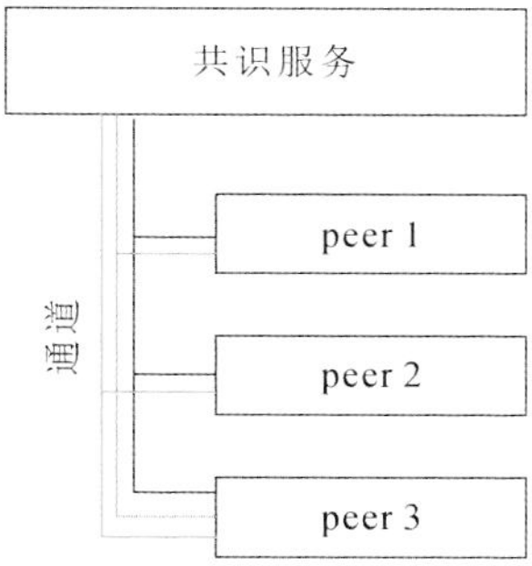

图 4-7　Fabric 多链示意图

图中（peer1、peer3）、（peer1、peer2、peer3）、（peer2、peer3）组成了三个相互独立的链，peer 节点只需维护自己加入的链的账本信息，感应不到其他链的存在。这种模式与现实业务场景有诸多相似之处，不同业务有不同的参与方，不参与该业务，就不应该看到与该业务相关的任何信息。多通道特性是 Fabric 在商用区块链领域推出的杀手锏，但是也不完美，虽然 peer 节点不能看到不相关通道的交易，但是对于 orderer 来说，所有通道的交易都可以看到，虽然可以使用技术手段分区，但无疑增加了复杂度。

账本简单地说，是一系列有序的、不可篡改的状态转移记录日志。状态转移是链码执行（交易）的结果，每个交易都是通过增、删、改操作提交一系列键值对到账本。一系列有序的交易被打包成块，这样就将账本串联成了区块链。同时，一个状态数据库维护账本当前的状态，因此也被称为世界状态。在 1.0 版本的 Fabric 中，每个通道都有其账本，每个 peer 节点都保存着其加入的通道的账本，包含着交易日志（账本数据库）、状态数据库以及历史数据库。

账本状态数据库实际上存储的是所有曾经在交易中出现的键值对的最新值。调用链码执行交易可以改变状态数据。为了高效地执行链码调用，所有数据的最新值都被存放在状态数据库中。就逻辑来说，状态数据库仅仅是有序交易日志的快照，因此在任何时候都可以根据交易日志重新生成。状态数据库会在 peer 节点启动的时候自动恢复或重构，未完备前，该节点不会接受新的交易。状态数据库可以使用 LevelDB 或者 CouchDB。LevelDB 是默认的内置的数据库，CouchDB 是额外的第三方数据库。跟 LevelDB 一样，CouchDB 也能够存储任意的二进制数据，而且作为 JSON 文件数据库，CouchDB 额外支撑 JSON 富文本查询，如果链码的键值对存储的是 JSON，那么可以很好地利用 CouchDB 的富文本查询功能。

Fabric 的账本结构中还有一个可选的历史状态数据库，用于查询某个 key

的历史修改记录。需要注意的是,历史数据库并不存储 key 具体的值,而只记录在某个区块的某个交易里,某个 key 变动了一次。后续需要查询的时候,根据变动历史去查询实际变动的值,这样的做法减少了数据的存储,当然也增加了查询逻辑的复杂度,各有利弊。

账本数据库基于文件系统,将区块存储于文件块中,然后在 LevelDB 中存储区块交易对应的文件块及其偏移,也就是将 LevelDB 作为账本数据库的索引。文件形式的区块存储方式如果没有快速定位的索引,那么查询区块交易信息可能是噩梦。现阶段支持的索引有:区块编号,区块哈希,交易 ID 索引交易,区块交易编号,交易 ID 索引区块,以及交易 ID 索引交易验证码。

4.3.2 Kafka 共识

基于 Kafka 实现的共识机制是 Fabric 1.0 中提供的共识算法之一。之所以将 0.6 版本中提供的 PBFT 暂时取消,一是因为交易性能达不到要求;二是因为 Fabric 面向的联盟链环境中,节点都是有准入控制的,拜占庭容错的需求不是很强烈,反而是并发性能最重要。因此,也就有了 Kafka 共识。

一个共识集群由多个 orderer(OSN)和一个 Kafka 集群组成。orderer 之间并不直接通信,而是和 Kafka 集群通信。在 orderer 的实现里,通道在 Kafka 中以 topic 的形式隔离。每个 orderer 内部,针对每个通道都会建立与 Kafka 集群对应 topic 的生产者及消费者。生产者将 orderer 收到的交易发送到 kafka 集群进行排序,在生产的同时,消费者也同步消费排序后的交易。

那么如何鉴别某个交易属于哪个区块呢? Fabric 的区块结块由两个条件决定,区块交易量和区块时间间隔。一方面,当配置的交易量达到阈值时,无论是否达到时间间隔,都会触发结块操作;另一方面,如果触发了设置的时间间隔阈值,只要有交易就会触发结块操作,也就是说 Fabric 中不会有空块。结块操作是由 orderer 中的 Kafka 生产者发送一条 TTC-X(time to cut block X)消息到 Kafka 集群,当任意 orderer 的 Kafka 消费者接收到任意产生者发出的 TTC-X 消息时,都会将之前收到的交易打包结块,保存在 orderer 本地,之后再分发到各 peer 节点。

Fabric 架构的介绍更多地是针对 Fabric 平台运维工程师,对于更多的应用开发者来说,链码可能更为重要。链码是超级账本提供的智能合约,是上层应用与底层区块链平台交互的媒介。Fabric可以提供Go、Java等语言编写的链码。编写链码有一个非常重要的原则:不要出现任何本地化和随机逻辑。此处的本地化是执行环境本地化。区块链因为是去中心架构,业务逻辑不是只在某一个节点而是在所有的共识节点都执行,如果链码输出与本地化数据相关,那么就可能会导致结果差异,从而不能达成共识。比如,时间戳、随机函数等,这些方法在链码编程中必须慎用。

简单地说,peer节点是一个独立存在的计算机节点,可以是物理机也可以是虚拟机,总之是独立实体。peer节点在没有加入通道之前,是不能够做任何业务的,因为它没有业务载体。而通道就是业务载体,是纯粹的逻辑概念,可以独立于peer节点存在,但因此也没任何存在的意义了。链码就是业务,业务是跑在通道里的,不同的通道即便是运行相同的链码,因为载体不同,也可认为是两个不同业务。peer节点是地,通道是路,链码是车,三者相辅相成才能构建一套完整的区块链业务系统。经过以上分析,链码的部署也就如"把大象放进冰箱"这么简单了:① 创建业务载体通道;② 将通道与peer节点绑定;③ 在通道上实例化链码。

4.3.3 Fabric的实现

Fabric是由以下核心组件所组成的。

1. 架构

这个架构关注三个类别:会员或成员(membership)、区块链和链码。这些类别表示的是逻辑结构,而不是需要物理上把不同的组件分割到独立的进程、地址空间或者(虚拟)机器中。

成员服务为网络提供身份管理、隐私、保密和可审计性的服务。在一个不带权限的区块链中,参与者是不需要被授权的,且所有的节点都可以提交交易并把它们汇集到可接受的区块中,并没有角色的区分。成员服务通过公钥基础设施(public key infrastructure,PKI)和去中心化的共识技术使得不带权限的区块链变成带权限的区块链。在带权限的区块链中,通过实体注册来获得长时间的、根据实体类型生成的身份凭证(登记证书enrollment certificates)。在用户使用过程中,这样的证书允许交易证书颁发机构(transaction certificate Authority,TCA)颁发匿名证书。这样的证书(如交易证书)被用来对提交交易授权。交易证书存储在区块链中,并对审计集群授权,否则交易是不可链接的。

区块链服务通过 HTTP/2 上的点对点(peer-to-peer)协议来管理分布式总账。为了提供最高效的哈希算法来维护世界状态的复制,数据结构进行了高度的优化。每个服务部署中可以插入和配置不同的共识算法(如 PBFT、Raft、PoW、PoS 等)。

链码服务提供一个安全的、轻量的沙箱,以便在验证节点上执行链码。环境是一个"锁定"的容器且包含签过名的安全操作系统镜像和链码语言,如 Go、Java 和 Node. js,也可以根据需要来启用其他语言。

验证节点和链码可以向在网络上监听并采取行动的应用发送事件。这些事件是已经预定义的事件集合,链码可以生成客户化的事件。事件会被一个或多个事件适配器消费,然后适配器可能会把事件投递到其他设备,比如 Web hooks 或 Kafka。

Fabric 的主要应用编程接口(API)是 REST API,并通过 Swagger 2.0 来改变。API 允许注册用户、区块链查询和发布交易。链码与执行交易的堆间的交互和交易的结果查询会由 API 集合来规范。

命令行界面(CLI)包含 REST API 的一个子集,使得开发者能更快地测试链码或查询交易状态。CLI 通过 Go 语言来实现,并可在多种操作系统上操作。

2. 拓扑

一个 Fabric 部署是由成员服务,多个验证节点、非验证节点和一个或多个应用所组成一个链。也可以有多个链,各个链具有不同的操作参数和安全要求。从功能上讲,一个非验证节点是验证节点的子集;非验证节点上的功能都可以在验证节点上启用,所以最简单的网络由一个验证节点组成。单个验证节点不需要共识,默认情况下使用 noops 插件来处理接收到的交易。这使得在开发中,开发人员能立即接收到返回结果。

生产或测试网络由多个验证节点和非验证节点组成。非验证节点可以为验证节点分担像 API 请求处理或事件处理这样的压力。网状网络(即每个验证节点需要和其他验证节点都相连)中的验证节点用来传播信息。一个非验证节点需要连接到附近的并且允许它连接的验证节点。当应用可能直接连接到验证节点时,非验证节点是可选的。验证节点和非验证节点的各个网络组成一个链。可以根据不同的需求创建不同的链。

4.3.4 Fabric 的局限性

(1) 通道的管理问题。在 Fabric 的设计里,通道其实就相当于账本。现阶段只有创建而没有删除功能，当然这可以理解，区块链的一个重要特性是不可篡改，如果能直接将整个链删除，那将造成严重后果。但是在使用 Kafka 共识的过程中，如果数据操作不当，直接在 Kafka 中删除数据，而 orderer 没有逻辑去处理这种异常删除，因此会不断地重试，在达到重试极限后整个进程直接崩溃。因为一个通道的错误，影响了整个系统的运转，那么这就不是一个好设计。

(2) 没有完善的数据管理方案。在使用场景中，数据增长是很快的，如果使用 CouchDB 作为底层数据引擎，数据更是几何级数地爆发。现有的解决方案只能是在云上部署节点，提供可持续扩充的云硬盘，再者使用 LevelDB 替换掉 CouchDB，避免使用模糊查询。

4.4 PoS

2011 年 7 月，一位名为 Quantum Mechanic 的数字货币爱好者在比特币论坛(www. bitcointalk. org) 首次提出了权益证明 (PoS)共识算法。2012 年，化名 Sunny King 的网友推出了 Peercoin(PPC)，该加密电子货币采用工作量证明机制发行新币，采用权益证明机制维护网络安全，这是权益证明机制在加密电子货币中的首次应用。PoS 由系统中具有最高权益而非最高算力的节点获得记账权，其中权益体现为节点对特定数量货币的所有权，称为币龄或币天数(coin days)。PPC 将 PoW 和 PoS 两种共识算法结合起来，初期采用 PoW 挖矿方式以使通证相对公平地分配给矿工，后期随着挖矿难度增加，系统将主要由 PoS 共识算法维护。PoS 一定程度上解决了 PoW 算力浪费的问题，并能够缩短达成共识的时间，因而比特币之后的许多竞争币都采用 PoS 共识算法。

与要求证明人执行一定量的计算工作不同，权益证明要求证明人提供一定数量加密货币的所有权即可。权益证明机制的运作方式是，当创造一个新区块时，矿工需要创建一个“币权”交易，交易会按照预先设定的比例把一些币发送给矿工本身。权益证明机制根据每个节点拥有代币的比例和时间，依据算法等比例地降低节点的挖矿难度，从而加快了寻找随机数的速度。这种共识机制可以缩短达成共识所需的时间，但本质上仍然需要网络中的节点进行挖矿运算。因此，PoS 机制并没有从根本上解决 PoW 机制难以应用于商业领域的问题。

4.5 sharding 与 plasma

以太坊目前的处理速度不超过 100 TPS。以太坊宣称采用 plasma（支链）和 sharding（分片）技术提高效率，但两者均未实现。

plasma 是让智能合约在激励下强制执行的框架，该框架可以将容量扩大到每秒钟十亿次左右的状态更新，让区块链本身成为全球大量去中心化金融应用的一个集合。这些智能合约在激励下持续通过网络交易费用自主运行，而它们最终依赖的是底层区块链（比如以太坊）去执行交易状态的转变。主链是树根，plasma 是树枝，plasma 网络发送报告给主链，极大地减少主链的压力。所有的 plasma 分支网络可以发行自己的 token，从而激励链上的验证者来维护该链并维持公平性。这样用较小的分支区块链运算，只将最后结果写入主链，可提升供单位时间的工作量。如果能够实施成功将对扩容性带来很大的改善。plasma 示意图如图 4-8 所示。

sharding，简单来说就是将区块链网络分成多个片区，每个片区都独立运行计算，减少每个节点所需记录的数据量，通过平行运算提升效率。每个片区之间不能随意沟通，需要遵循某些协议，确保片区计算是相互独立且同步的。但实施起来还很复杂，需要建立一种机制来确认某个节点去运行某个分区，并且该机制还要保证同步计算和安全性。

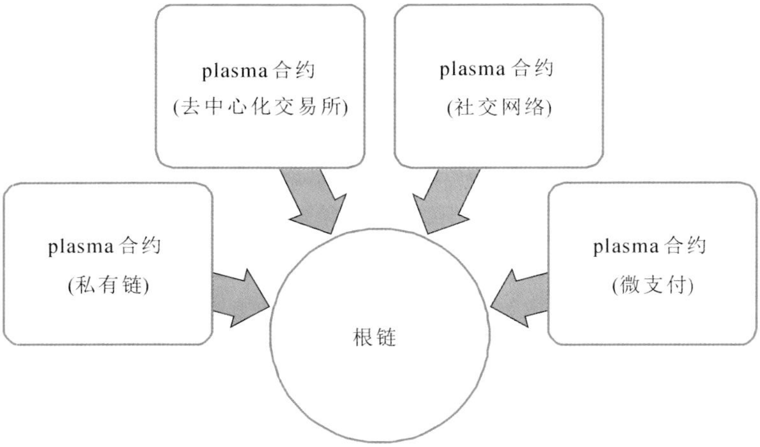

图 4-8 plasma 示意图

第5章 区块链3.0

5.1 DPoS及其他共识机制

授权股份证明算法(delegated proof-of-stake,DPoS)是基于PoS的算法,任何拥有和EOS(enterprise operatin system)整合的区块链上代币的用户可以通过投票系统来选择区块生产者。任何人可以参与区块生产者的选举,同时他们也可以生产"他们获得的投票数/所有其他生产者获得的投票数"比例的区块数。

2013年8月,比特股(Bitshares)项目提出DPoS。DPoS共识的基本思路类似于"董事会决策",即系统中每个节点可以将其持有的股份权益作为选票授予一个节点代表,获得票数最多且愿意成为节点代表的前 n 个节点将进入董事会,按照既定的时间表轮流对交易进行打包结算,并且签署(即生产)新区块。如果说PoW和PoS共识分别是"算力为王"和"权益为王"的记账方式的话,DPoS则可以认为是"民主集中式"的记账方式,其不仅能够很好地解决PoW浪费能源和联合挖矿对系统的去中心化构成威胁的问题,也能够弥补PoS中拥有记账权益的参与者未必希望参与记账的缺点,其设计者认为DPoS是当时最快速、最高效、最去中心化和最灵活的共识算法。

DPoS机制是一种新的保障网络安全的共识机制,与董事会投票类似,该机制拥有一个内置的实时股权人投票系统,就像系统随时都在召开一个永不散场的股东大会,所有股东都在这里投票决定公司决策。基于DPoS机制建立的区块链的去中心化依赖于一定数量的代表,而非全体用户。在这样的区块链中,全体节点投票选举出一定数量的节点代表,由他们来代表全体节点确认区块、维持系统有序运行。同时,区块链中的全体节点具有随时罢免和任命代表的权力。如有必要,全体节点可以通过投票让现任节点代表失去代表资格,重新选举新的节点代表,实现实时的民主。股份授权证明机制可以大大减少参与验证和记账节点的数量,从而达到秒级的共识验证。

5.1.1 石墨烯

石墨烯 Graphene,是 EOS 创始人 Daniel Larimer 带领 Cryptonomex 公司团队一起创立的区块链底层技术架构,Daniel 基于此架构开发了 Bitshares、Steem、EOS 等具有影响力的项目。

石墨烯使用区块链来记录参与者的转账信息及市场行为。其中的每一个区块总是指向前一个区块,因此一个区块链条包含了所有在网络上发生的交易信息,每个人都能够查看详细数据,并验证交易、市场订单和买卖盘数据。

石墨烯可以看作 Bitshares 对 DPoS 共识机制的具体实现,其出块速度大约为 1.5 s,相对于比特币的每秒不到 10 笔,以太坊的每秒 30 多笔,石墨烯技术使得区块链应用实现更高的交易吞吐量,Bitshares 每秒处理的事务量可达十万级别,而 EOS. IO 则宣称达百万级别。

5.1.2 拜占庭容错算法

拜占庭将军问题(Byzantine failures),是由莱斯利·兰伯特提出的点对点通信中的基本问题,描述的是在存在消息丢失的不可靠信道上试图通过消息传递的方式达到一致性是不可能的问题。因此对一致性的研究一般假设信道是可靠的,或不存在本问题。

拜占庭曾是东罗马帝国的首都,由于当时罗马帝国国土辽阔,为了防御敌军,每个军队都分隔很远,将军与将军之间只能靠信差传消息。在战争的时候,拜占庭军队内所有将军和副官必需达成共识,决定有赢的机会才去攻打敌人的阵营。但是,在军队内有可能存有叛徒和敌军的间谍,左右将军们的决定又扰乱整体军队的秩序。在已知有成员谋反的情况下,其余忠诚的将军在不受叛徒的影响下如何达成一致的协议,这时候,就形成拜占庭问题。

问题是这些将军在地理上是分隔开来的,并且将军中存在叛徒。叛徒可以任意行动以达到以下目标:欺骗某些将军采取进攻行动;促成一个不是所有将军都同意的决定,如当将军们不希望进攻时促成进攻行动;或者迷惑某些将军,使他们无法做出决定。如果叛徒达到了这些目的之一,则任何攻击行动的结果都是注定要失败的,只有完全达成一致的努力才能获得胜利。

拜占庭假设是对现实世界的模型化,由于硬件错误、网络拥塞或断开以及遭到恶意攻击,计算机和网络可能出现不可预料的行为。拜占庭容错协议必须处理失效节点,并且还要满足所要解决的问题要求的规范。这些算法通常以其弹性 t 作为特征,t 表示算法可以应付的错误进程数。很多经典算法问题只有在 $n \geqslant 3t+1$ 时才有解,如拜占庭将军问题,其中 n 是系统中进程的总数。

PBFT 是 practical Byzantine fault tolerance 的缩写,意为实用拜占庭容错算法。该算法是 Miguel Castro(卡斯特罗)和 Barbara Liskov(利斯科夫,提出了里氏替换原则(LSP),2008 年图灵奖得主)在 1999 年的论文中提出来的,解决了原始拜占庭容错算法效率不高的问题,将算法复杂度由指数级降低到多项式级,使得拜占庭容错算法在实际系统应用中变得可行。该论文发表在 1999 年的操作系统设计与实现的国际会议上(OSDI99)。

该论文描述了一种采用副本复制(replication)算法解决拜占庭容错问题的方法,认为拜占庭容错算法将会变得更加重要,因为恶意攻击和软件错误的发生将会越来越多,并且导致失效的节点(拜占庭节点)产生任意行为。拜占庭节点的任意行为有可能误导其他副本节点产生更大的危害,而不仅仅是宕机失去响应。早期的拜占庭容错算法要么是基于同步系统的假设,要么因为性能太低而无法在实际系统中运作。PBFT 算法是实用的,能够在异步环境中运行,并且在早期算法的基础上,通过优化把响应性能提升了一个数量级以上。两位作者使用 PBFT 算法实现了拜占庭容错的网络文件系统(NFS),测试证明了该系统性能只比无副本复制的标准 NFS 慢 3%。

PBFT 在保证安全性和活性(safety and liveness)的前提下提供了 $(n-1)/3$ 的容错性。从兰伯特教授在 1982 年提出拜占庭问题开始,已经有一大堆算法能够解决拜占庭容错问题了。但 PBFT 跟这些传统解决方法完全不同,在只读操作中只使用 1 次消息往返(message round trip),在只写操作中只使用 2 次消息往返,并且在正常操作中使用了消息验证编码(message authentication code, MAC),而造成传统方法性能低下的公钥加密(public-key cryptography)只在发生失效的情况下使用。

PBFT 实现了一个拜占庭容错的网络文件系统，并具有几大特性：① 首次提出在异步网络环境下使用状态机副本复制协议；② 使用多种优化使性能显著提升；③ 实现了一种拜占庭容错的分布式文件系统；④ 为副本复制的性能损耗提供试验数据支持。

在 PBFT 系统模型中，假设系统为异步分布式的，通过网络传输的消息可能丢失、延迟、重复或者乱序。假设节点的失效是独立发生的，也就是说代码、操作系统和管理员密码这些东西在各个节点上是不一样的。PBFT 使用了加密技术来防止欺骗攻击和重播攻击以及检测被破坏的消息。消息包含了公钥签名（其实就是 RSA 算法）、消息验证编码（MAC）和无碰撞哈希函数生成的消息摘要（message digest）。使用 m 表示消息，m_i 表示由节点 i 签名的消息，$D(m)$表示消息 m 的摘要。按照惯例，只对消息的摘要签名，并且附在消息文本的后面。并且假设所有的节点都知道其他节点的公钥以进行签名验证。

图 5-1 模拟的流程中，首先从全网节点中选举出一个主节点（leader），新区块由主节点负责生成。pre-prepare（预准备），每个节点把客户端发来的交易向全网广播，主节点 0 将从网络收集到需放在新区块内的多个交易排序后存入列表，并将该列表向全网广播，扩散至节点 1、2、3；prepare（准备），每个节点接收到交易列表后，根据排序模拟执行这些交易，所有交易执行完后，基于交易结果计算新区块的哈希摘要，并向全网广播，1→0、2、3，2→0、1、3，3 因为宕机而无法广播；commit（确认），如果一个节点收到 $2f$（f 为可容忍的拜占庭节点数）个其他节点发来的摘要都和自己的相等，就向全网广播一条 commit 消息；reply（回复），如果一个节点收到 $2f+1$ 条 commit 消息，即可提交新区块及其交易到本地的区块链和状态数据库。

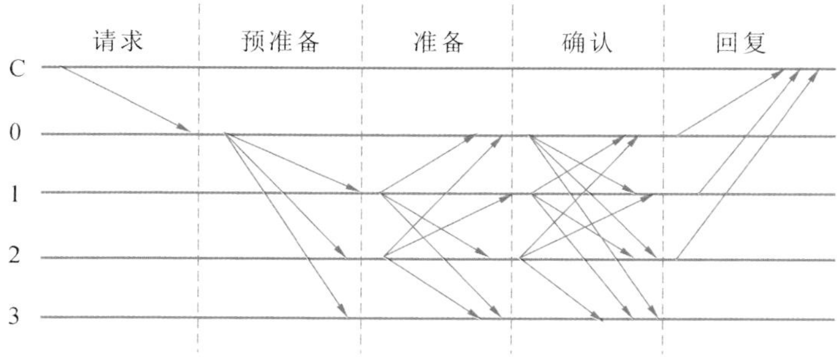

图 5-1 PBFT **算法流程图**

系统允许作恶用户操纵多个失效节点、延迟通信甚至延迟正确节点，但是限定作恶者不能无限期地延迟正确的节点，并且作恶用户算力有限不能破解加密算法。例如，作恶用户不能伪造正确节点的有效签名，不能从摘要数据反向计算出消息内容，或者找到两个有同样摘要的消息。

PBFT 算法实现的是一个具有确定性的副本复制服务，这个服务包括了一个状态(state)和多个操作(operations)。这些操作不仅能够进行简单读写，而且能够基于状态和操作参数进行任意确定性的计算。客户端向副本复制服务发起请求来执行操作，并且阻塞以等待回复。副本复制服务由 n 个节点组成。

算法在失效节点数量不超过 $(n-1)/3$ 的情况下同时保证安全性和活性。安全性是指副本复制服务满足线性一致性(linearizability)，就像中心化系统一样保证操作的原子性。安全性要求失效副本的数量不超过上限，但是对客户端失效的数量和是否与副本串谋不作限制。系统通过访问控制来限制失效客户端可能造成的破坏，审核客户端并阻止客户端发起无权执行的操作。同时，服务可以提供操作来改变一个客户端的访问权限。因为算法保证了权限撤销操作可以被所有客户端观察到，这种方法可以提供强大的机制使失效的客户端从攻击中恢复。

算法不依赖同步提供安全性，但必须依靠同步提供活性。否则，这个算法就可以被用来在异步系统中实现共识，而这是不可能的(Fischer, 1985)。PBFT 算法保证活性，即所有客户端最终都会收到针对他们请求的回复，只要失效副本的数量不超过 $(n-1)/3$，并且延迟 delay(t) 不会无限增长。这个 delay(t) 表示 t 时刻发出的消息到它被目标最终接收的时间间隔，假设发送者持续重传直到消息被接收。这是一个相当弱的同步假设，因为在真实系统中网络失效最终都会被修复。但是这就规避了 Fischer 在 1985 年提出的异步系统无法达成共识的问题。

5.1.3 PBFT 算法的弹性最优

PBFT 算法弹性最优的条件：当存在 f 个失效节点时必须保证存在至少 $3f+1$ 个副本数量，这样才能保证在异步系统中提供安全性和活性。因为在同 $n-f$ 个节点通信后系统必须做出正确判断，由于 f 个副本有可能失效而不发回响应，也有可能 f 个没有失效的副本不发回响应，因此 f 个不发回响应的副本有可能不是失效的,系统仍旧需要足够数量非失效节点的响应,并且这些非失效节点的响应数量必须超过失效节点的响应数量,即 $n-2f>f$,因此得到$n>3f$。

算法不能解决信息保密的问题,失效的副本有可能将信息泄露给攻击者。在一般情况下算法不可能提供信息保密服务,因为服务操作需要使用参数和服务状态处理任意的计算,所有的副本都需要这些信息来有效执行操作。当然,还是有可能在存在恶意副本的情况下通过秘密分享模式(secret sharing scheme)来实现私密性,因为部分参数和状态对服务操作来说是不可见的。

PBFT 是一种状态机副本复制算法,即服务作为状态机进行建模,状态机在分布式系统的不同节点进行副本复制。每个状态机的副本都保存了服务状态,同时也实现了服务的操作。将所有的副本组成的集合使用大写字母 R 表示,使用 0 到 $|R|-1$ 的整数表示每一个副本。为了描述方便,假设$|R|=3f+1$,这里 f 是有可能失效的副本的最大个数。尽管可以存在多于 $3f+1$ 个副本,但是额外的副本除了降低性能之外不能提高可靠性。

所有的副本在一个被称为视图(view)的轮换过程(succession of configuration)中运作。在某个视图中,一个副本作为主节点(primary),其他的副本作为备份(backups)。视图编号是连续的整数。主节点由公式 $p=v \bmod |R|$ 计算得到,这里 v 是视图编号,p 是副本编号,$|R|$ 是副本集合的个数。当主节点失效的时候就需要启动视图更换(view change)过程。View Stamped Replication 算法和 Paxos 算法就是使用类似方法解决良性容错的。

① 客户端向主节点发送调用服务操作请求;② 主节点通过广播将请求发送给其他副本;③ 所有副本都执行请求并将结果发回客户端;④ 客户端需要等待 $f+1$ 个不同副本节点发回相同的结果,作为整个操作的最终结果。

同所有的状态机副本复制技术一样,PBFT 对每个副本节点提出了两个限定条件。① 所有节点必须是确定性的。也就是说,在给定状态和参数相同的情况下,操作执行的结果必须相同;② 所有节点必须从相同的状态开始执行。在这两个限定条件下,即使失效的副本节点存在,PBFT 算法对所有非失效副本节点的请求执行总顺序一致,从而保证安全性。

2013 年 2 月,以太坊创始人 Vitalik Buterin 在比特币杂志网站详细地介绍了 Ripple(瑞波币)及其共识过程的思路。Ripple 项目实际上早于比特币,2004

年就由瑞安·福格尔(Ryan Fugger)实现,其初衷是创造一种能够有效支持个人和社区发行自己货币的去中心化货币系统;2014 年,大卫·施瓦尔茨(David Schwartz)等提出了瑞波协议共识算法(ripple protocol consensus algorithm, RPCA),该共识算法解决了异步网络节点通信时的高延迟问题,通过使用集体信任的子网络(collectively-trusted sub networks),在只需最小化信任和最小连通性的网络环境中实现了低延迟、高鲁棒性的拜占庭容错共识算法。目前, Ripple 已经发展为基于区块链技术的全球金融结算网络。

2013 年,斯坦福大学的迭戈·翁伽罗(Diego Ongaro)和约翰·奥斯特豪特(John Ousterhout)提出了 Raft 共识算法,正如其论文 *In search of an understandable consensus algorithm* 所述,Raft 的初衷是设计一种比 Paxos 更易于理解和实现的共识算法。要知道,由于 Paxos 论文极少有人理解,Lamport 于 2001 年曾专门写过一篇文章 *Paxos made simple*,试图简化描述 Paxos 算法,但效果不好,这也直接促进了 Raft 的提出。目前 Raft 已经在多个主流的开源语言中实现。

5.1.4 EOS. IO

EOS 可以理解为 enterprise operation system,即为商用分布式应用设计的一款区块链操作系统。EOS 是 EOS 软件引入的一种新的区块链架构,旨在实现分布式应用的性能扩展。请注意,EOS 并不是像比特币和以太币那样的数字货币,而是基于 EOS 软件项目之上发布的代币。

EOS 的主要特点如下。

(1) EOS 有点类似于微软的 Windows 平台,通过创建一个对开发者友好的区块链底层平台,支持多个应用同时运行,为开发 DApp 提供底层的模板。

(2) EOS 通过并行链和 DPoS 的方式解决了延迟和数据吞吐量的难题, EOS 拥有上千 TPS 级别的处理速度,而比特币的处理速度为 7 TPS,以太坊的处理量为 30~40 TPS。

(3) EOS 是没有手续费的,受众群体更广泛。在 EOS 上开发 DApp,需要用到的网络和计算资源是按照开发者拥有的 EOS 的比例分配的。当你拥有了 EOS,就相当于拥有了计算机资源,随着 DApp 的开发,你可以将手里的 EOS 租赁给别人使用,单从这一点来说 EOS 也具有广泛的价值。简单来说,就是你拥有了 EOS，就相当于拥有了一套房，可以租给别人收房租，或者说拥有了一块地，可以租给别人建房。

在 ETH 上运行智能合约，不是免费的，一旦 gas 耗尽，合约也就停止了。在 EOS 上运行合约，取决于 EOS 的数量，拥有的 EOS 越多，可租赁的就越多，随着继续发展，价格也会越高；在 EOS 上开发 DApp 不需要自己写很多的模块，因为 EOS 为开发者搭建了底层模块，提供一个平台，降低了开发的门槛。

5.2 everiToken

everiToken 是为通证经济量身打造的适合区块链应用落地的平台和生态系统，是一条全新的公链。真实世界的资产、证书和各种凭证都可以通过发行通证来数字化，并且以超高的安全性和很快的速度在网络上流通。

1. 安全合约

智能合约从理论上讲是一种有效的进行分布式商品交易和服务交易的数字手段。但是实际上，智能合约存在广泛的安全漏洞，比如可能产生不恰当的执行代码或者逻辑错误从而导致出现账户锁定、访问泄露、服务终止等问题。因此，智能合约往往不能起到提供信任的效果，反而可能比传统合同更加不可靠。

everiToken 引入了安全合约的新思想，用户不需要直接编码，而是通过使用安全合约接口来方便快速地进行通证的发行和转移。满足原生集成功能的核心需求，所有的安全合约接口都经过充分的审查和验证，安全合约确保链上所有的交易都是安全无漏洞的。尽管安全合约并非图灵完备，它仍旧可以通过接口实现通证经济绝大多数必要的功能，并且为通证的发行者提供完成离线服务的可能。

此外，安全合约可以增加系统利用率来提高速度。使用接口使得突发事件更容易进入现有工作流中而不用从头编译中断代码。另外，接口使得不同种类的数据转换变得清晰，系统知道什么操作处理什么数据，可以更方便地把不冲突的操作进行并行处理以提高系统速度，实测系统速度已经达到 10000 TPS。

2. 数据库

EOS 为了支持回滚操作，使用了基于多索引的内存数据库，所有操作的结果都存在内存数据库中。为了在合约代码异常时支持分叉和需要恢复时回滚，每个操作中都需要记录回滚相关的额外数据。此外，把所有的数据都存在内存中处理，可以预见的是，随着时间的推移、用户量和交易量的增加，对内存的需求将会显著增加。这对节点的存储容量提出了很高的要求。并且，如果程序崩溃或重新启动，内存中的数据将会丢失，为了恢复数据需要重复之前区块中的所有操作，从而导致漫长而不合理的冷启动时间。

在保留 EOS 内存数据库的同时，everiToken 团队开发了一个基于 RocksDB 的通证数据库，它有几个好处：

(1) RocksDB 是一个非常成熟的工业级键值对数据库，已经在 Facebook 等核心集群中得到了充分的验证和使用。

(2) RocksDB 是基于 LevelDB 的，提供了比 LevelDB 更好的性能和更丰富的功能。它还对低延迟的情况（如闪存或者固态硬盘）进行了重点优化。

(3) 在必要的情况下，RocksDB 也可以当作内存数据库使用。

(4) 基于 RocksDB 的体系结构天然支持版本回退等特性，并且几乎不会影响性能。

我们的通证数据库使用 RocksDB 作为底层存储引擎。我们针对通证相关操作进行了最大程度的优化以提高性能。借助 RocksDB 我们可以以较低成本实现回滚操作。此外，通证数据库还支持数据固化、定量备份、增量备份等可选功能，也解决了冷启动的问题。

由于 everiToken 所有的操作都是高度抽象的，操作类型都是已知的，并且删除了不必要的信息，因此与通用系统（EOS）相比，它的冗余度非常低，这也减小了区块的大小。

专注于通证使得 everiToken 具有高标准化的特点。所有由用户自定义发行的通证满足同样的结构。具体来说，每一个通证都有一个域名（domain name），用于对应一个特定的域（domain）。这个域就是通证所属的类别。同时，通证发行者需要在这个域中设定一个独一无二的通证名字，通常来说通证名字具有丰富的内涵。例如产品的条形码可以用来命名，它包含了产品的原产地和制造商等信息。每一个通证在系统中的唯一性由其名字和域名共同决定。另外，每一个通证至少具有一个所有者（owner）。域的详细内容由域名来对应，每一个域描述了它对应的权限管理的信息。

每个人都有权发行自己的通证。通证本身不具有价值,价值由发行者的真实信用背书。一旦一个新的通证被发行出来,它就可以通过转移操作转给他人。在 everiToken 系统中,通证转移的本质就是变更通证的所有者。每个通证上都记有该通证的所有者(可以有一个或多个所有者)。需要变更所有者时,参与该通证流通的成员可通过签署数字签名确认该次操作,由 everiToken 节点确认满足权限要求并同步到其他节点后,该通证的所有权即发生变化。

3. 权限管理

everiToken 系统中权限管理包括三种类型,即发行(issue)、转移(transfer)和管理(manage)。发行是指在该域中发行通证的权限。转移是指转移该域中通证的权限。管理是指修改该域的管理权限。

每一个权限都由一个树形结构来管理,我们称为权限树(authorization tree)。从根节点开始,每一个授权都包括阈值及与之相对应的一个或多个参与者(actor)。

参与者分为三种:账户(account),组(group)和所有者组(owner group)。账户是独立的个体用户,组是集群账户,所有者组是一个特殊的组。

一个组可以是俱乐部、公司、政府部门或者基金会,甚至可以只是一个人。组包含组的公钥及每个成员的公钥和权重。当批准操作的组中所有授权成员的权重总计达到阈值时,该操作就被批准。

同时,持有组公钥的成员可以对组成员及其权重进行修改。我们称这种机制为组内自制(group autonomy)。

当一个组第一次创建时,系统自动生成一个组 ID 分配给它。发行者在域中设计权限管理时,可以通过直接引用现有的组 ID 作为其权限管理的某一个组。由于组内自制,每一个组都可以方便地重复使用。

一个通证的所有者是一个特殊的组,它的名字固定为所有者组,包含所有该通证的所有者。这个组的特点是不同通证的所有者组不同,并且每一个成员的权重都是 1,而组的阈值是组内成员的总数。

权限管理由通证发行者设定,每一个权限至少由一个组来管理。当一个通证发行时,发行者必须指定每一个权限下相关组的权重和阈值。在一个域下执行任何操作之前,系统会验证该操作是否得到了足够的权重,只有当得到授权的权重达到阈值,操作才会被执行。这种灵活的权限管理与分组设计适用于现实生活中的许多复杂情况。

图 5-2 所示描述了一个域中的转移权限。整体的阈值是 3，与转移权相关的共有三个组，分别是所有者组、组 A 和组 B。基于它们三个组各自的权重（分别是 1、2、3），所有者组和组 A 需要共同授权才能完成一次转移，而组 B 可以单独完成转移授权。

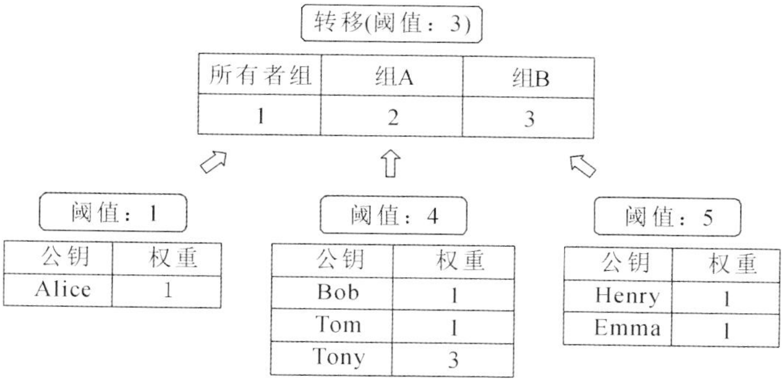

图 5-2 everiToken 中一个转移权限示例图

在每个组内，所有者组里面只有 Alice 一个人，组 A 可以由 Bob 和 Tony 两个人授权或者由 Tom 和 Tony 两个人授权，而组 B 需要 Henry 和 Emma 共同授权才行。

任何用户都有权力发行通证，但是不同域中通证的应用场景各不相同。房产的转移一定要得到政府授权并且处于严格的监管之中；会员卡和优惠券需要公司商标来背书；一场音乐会的门票看完之后就失去了价值，但是一个停车位的所有权可能随时间在变化。

当发行通证时，通证发行者可以通过设置域中的权限来实现对通证的权限管理。

4. 通证数据库

everiToken 使用 token-based 记账模型来管理非同质通证。

简单来说，对于一个 token-based 账本，在通证发行之初建立一个包含通证 ID 和所有者的记录，然后可以在每次转移给其他人时更新它的所有者。这对于非同质通证来说是一种很高效的方式。这使得更新和查询通证信息变得非常快，因为有一个专门为此设计的通证数据库。

token-based 记账模型已经完美地运用在 everiToken 系统中的非同质通证

上。everiToken 可以被认为是一个状态机，当且仅当对每个不可逆区块执行操作时才改变其状态。对一个使用 token-based 记账模型的区块链，像 everiToken，可以把数据库分为两个部分，一个是通证数据库(tokenDB)，一个是区块数据库(blockDB)。这两个数据库都应该是一个版本化的数据库，可以在区块反转时快速回滚。everiToken 使用 rocksDB 作为通证数据库。

通证数据库是一个索引数据库，用于快速查找区块链的最新状态，例如通证所有者或者一个账户的同质通证余额。当一个交易执行时，在数据库中更改所有者。通证数据库是一个只扩展的数据库，只允许添加新的数据，并且更新到新的版本，旧的数据并不会直接删除。老版本的数据可以用于回滚，如果这个区块发生了反转，最终反转的区块会被垃圾站回收。

5. 区块数据库

区块数据库负责存储链上所有的原始不可逆块，每个块存储所有的细节信息，包括执行操作的名称和参数、块上的签名和一些附加信息。图 5-3 所示展示了两种数据库是如何一起为非同质通证工作的。

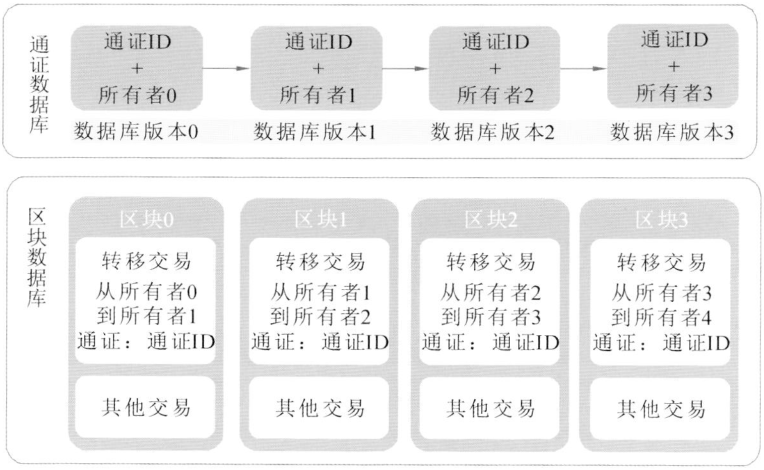

图 5-3　everiToken 数据库结构示意图

6. 签名器 everiSigner

everiSigner 是一款离线签名工具，整个签名过程都是在插件中完成的，所以用户的私钥不会暴露出来。网站通过创建一条新的信道来保障安全，网站将需要签名的内容传入该信道，然后 everiSigner 返回已经签过名的数据。

7. 共识

everiToken使用BFT-DPoS作为其共识算法。DPoS已经被证明能够满足区块链应用的要求。在这一算法下，所有持有EVT通证的人可以通过连续的投票系统来选择生产区块的节点。任何人都可以参与区块生产，只要他能够说服通证持有者投票给他。

everiToken每0.5 s产生一个区块，并且同一时间只有一个生产者被授权产生区块。如果该区块没有按时产生，则跳过这一时间段的块。当一个或多个区块被跳过时，区块链上可能存在0.5 s或更长时间的空隙。

在everiToken系统中，每180个块是一个轮次(每个生产者生成12个块，有15个生产者)。在每一轮开始时，15个独特的区块生产者由EVT通证持有者投票选出。这些被选中的生产者按照11个或更多生产者同意的顺序进行出块。

如果一个生产者错过了一个块，并且在过去的24 h内没有生产任何块，它会被移出生产者行列，直到它再次向区块链表达出块的意愿。通过最小化不可靠生产者漏块的数量来保证网络运行的流畅性。

拜占庭容错算法允许所有的生产者来签署所有的块，只要没有生产者用同一个时间戳或块高度来签署两个不同的块。一旦有超过11个生产者签署了一个块，这个块就被验证通过并且不可逆转。任何生产者签署了两个相同时间戳的块或者相同高度的块都将成为他们作恶的密码学证据。在这个模型下，一个不可逆共识可以在1 s内达成。

5.3 IOTA

2014年发起众筹的IOTA(埃欧塔)项目，其目标是利用有向无环图(directed acyclic graph，DAG，在IOTA里被称为tangle或缠结)来替代区块链，实现分布式的、不可逆的信息传递，并在此结构上提供加密货币，服务于物联网(internet of things，IoT)。

有向无环图，顾名思义，是指任意一条边有方向且不存在环路的图，是一种数据存储的方式，数据按照同一方向先后写入，不同数据节点不可能构成循环。在IOTA中的DAG或tangle的结构如图5-4所示。

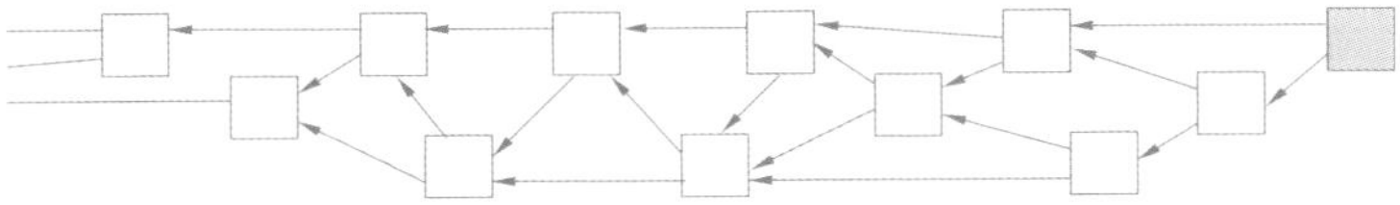

图 5-4 IOTA 的 DAG 或 tangle 示意图

图中的每一个方块代表一笔交易，箭头表示新增加的一笔交易，在发起之时需要选择并验证在此之前的两笔交易，如果某一笔交易得不到任何前续交易的验证，那么这笔交易就会失去合法性。

可能会有人担心，如果当前交易验证了前面的两笔正确的交易，后面没有交易来验证自己这笔交易该怎么办。这种情况几乎不会发生，因为在 IOTA 中，验证的方式采用的仍然是 PoW 机制，而验证所需的工作量或时间与前续交易的权重成正比，交易的权重可以看作是验证的难度，验证难度越高，所需工作量越大，耗费的时间自然越长。更具体地说，IOTA 的权重设计以 3 为底数，呈指数增长，即 3 的 n 次方，某一笔交易被验证的次数越多，其交易的权重越大，下一次被验证所需的时间越长。简单来看，越新的交易所耗费的验证时间越短，越靠前的交易所需验证工作量为指数倍，因此大家都会愿意找更快的途径进行验证，从而也能打消新交易得不到验证的顾虑。

IOTA 的特点主要有几个方面：一是地址格式、交易格式、哈希算法均采用三进制算法；二是交易结构采用 tangle 形式，每个交易引用之前的两个交易，累积的交易越多，前期的交易具有的可信度就越高；三是快照技术（snapshot），快照技术可以用于减少硬盘占用，但目前还未正式启用，目前仅在每次代码大幅度改动（相当于硬分叉）时做快照（即在源代码里固化全网所有地址的币数量）；四是没有交易费，由于 IOTA 不依赖于矿工，也不存在矿工，不需要激励，因此可以实现交易手续费为零，这也就意味着，无论是多小额的支付都能通过 IOTA 完成，零交易手续费的设计也适合未来物联网时代的数据交换；五是采用一次性签名技术，由于一次性签名技术每次签名都会泄露一部分私钥，随着签名次数增加，私钥的安全性呈指数级降低，因此每个地址只能花费一次（注意，私钥不是 IOTA 钱包的种子，每一个由种子生成的地址都有独立私钥，一个种子可以生成无限数量的私钥）；六是采用类似于 Hashcash 的技术，每笔交易都需要做一定的 PoW 才会被网络认可。

不过目前也有不少人认为 IOTA 存在一定的风险。因为零交易费将带来巨大的 DDoS 攻击隐患，任何人都可以在任何时刻发送大量交易来降低整个网络的效率，这在真正的物联网应用中是不可接受的。物联网的数据量是巨大的，没有人愿意无偿地去部署一个每天增加几十千兆字节甚至几百千兆字节的全节点，这会导致 IOTA 网络极度中心化。此外，一次性签名也给使用者带来了巨大的不便，每个地址只能花费一次，因此在未来 IOTA 的交易者之间不得不反复地变换收发地址。同时，每笔交易只能花一次，导致一笔交易在被网络确认前不可以发出第二笔交易，那么这完全配不上 IOTA 原本宣称的无限扩展能力的说法。

值得一提的是，每一笔交易最少需要验证两笔前续交易，这是为了避免被大算力操控，但如果验证的交易笔数太多，耗费时间会过长，因此将两笔作为最低限度体现了设计者对安全和效率的兼顾。但即便如此，这种 DAG 设计的交易仍然有双花的可能。比如 IOTA 一笔交易完成后，一方可以靠算力发起攻击，通过权重更大的交易验证原本是合法交易之前的交易，只要超过目标合法交易的 DAG，随后的交易就会接在攻击交易的 DAG 后面进行验证生长，那么原本合法的交易就可能被赖掉。根据计算，只要得到全网 34%的算力就可以实现双花。

IOTA 给出的方案是找一个管理员，称之为 coordinator，其实是一台服务器，由这个管理员决定交易是否合法，并通知其他节点应该验证哪些交易。因此，IOTA 暂时并非一个去中心化网络。当然，在账本安全性和去中心化两者之间，前者才是第一要务。

除了 34%攻击，MIT 出具的一份报告还指出了 IOTA 的另一大隐患，即 IOTA 采用的加密哈希算法非常容易发生“碰撞”，也就是说，对不同的文本做哈希运算，得到的结果却是一样的，IOTA 所采用的自主研发的 curl 算法就存在这个问题，因此伪造数字签名变得可能，这就直接影响了账本的安全。

DAG 作为一种数据存储结构，与区块链还是有诸多差别。它缺少共识，交易记录的可信度完全取决于有多少人相信或验证这笔交易，此外，DAG 并不能保证强一致性，其异步操作需要额外的机制来保证一致性，也就是牺牲了去中心化的特征。我们认为，DAG 完全取代区块链并不合适，但有一个场景使用 DAG 十分合适——可信时间戳，这一部分将在后文中展开讨论。

5.4 Algorand

Algorand是MIT机械工程与计算机科学系Silvio Micali教授与纽约大学石溪分校陈静副教授于2016年提出的一个区块链协议。Micali教授的研究领域包括密码学、零知识(zero knowledge)、伪随机数生成、安全协议(secure protocol)和机制设计。Micali教授1993年获哥德尔奖(由欧洲理论计算机学会EATCS与美国计算机学会基础理论专业组织ACM SIGACT于1993年共同设立,颁发给理论计算机领域杰出的学术论文著者),2004年获密码学领域的RSA奖(RSA是三位发明公钥-私钥密码系统的科学家Rivest、Shamir和Adleman的姓氏缩写),2012年获图灵奖(由计算机协会ACM于1966年设立,颁发给对计算机事业做出重要贡献的个人,有"计算机界诺贝尔奖"之称)。因此,2018年2月Micali教授宣布募集400万美元开发Algorand区块链协议一事,受到了国内外媒体的广泛关注。

Algorand由algorithm(算法)和random(随机)两个词合成,顾名思义,就是基于随机算法的公共账本(public ledger)协议。

1. 假想环境(setting)

(1) 在无须准入(permissionless)和需要准入(permissioned)环境下都能正常工作,当然在需要准入的环境下能表现得更好。

(2) 敌手能力很强(very adversary environments)。

① 可以立刻腐蚀(corrupt)任何想要腐蚀的用户(user),前提条件是在无须准入的环境中,需要2/3以上的交易金额(money)来自诚实(honest)用户;而在需要准入且一人一票的环境中,需要2/3以上的诚实用户。

② 完全控制和完美协调已腐蚀的用户。

③ 调度已腐蚀用户所发送的所有消息,前提条件是,诚实用户发送的消息需要在一定的时间内发送给95%以上的其他诚实用户,而其延迟只和消息大小有关。

2. 主要特点(main properties)

(1) 计算量为最优,不论系统中存在多少用户,每1500个用户的计算量之和最多仅为几秒钟。

（2）一个新的区块在 10 min 内生成，并且永远不会因分叉问题而被主链抛弃，事实上 Algorand 发生分叉的概率微乎其微。

（3）没有矿工，所有有投票权的用户都有机会参与新块的产生过程。

3. Algorand 采用的技术

（1）一种新的拜占庭共识（byzantine agreement，BA）协议，即 BA *，这也是后文将重点介绍的协议。

（2）采用密码学抽签：BA * 协议中每一轮参与投票的用户都可以证明确实是随机选取的。

（3）种子参数：选取完全无法预测的种子参数，从而保证不被敌手所影响，上一轮的种子参数会参与下一轮投票用户的生成。

（4）秘密抽签和秘密资格：所有参与共识投票的用户都是秘密地得知他们的身份，投票后他们的身份暴露，虽然敌手可以马上腐蚀他们，但是他们发送的消息已经无法撤回，另外在消息生成后，用于签名的一次性临时秘钥（后文会提到）会立刻被丢弃，使得敌手在该轮无法再次生成任何合法消息。

（5）用户可替换（player-replacable）：在拜占庭协议中，每个参与共识者需要投票多轮以达成共识，而在 BA * 中这并不可行，因为一旦投票后自己就暴露了，会被敌手腐蚀。配合密码学秘密抽签，用户会秘密地知道自己有且只有参与某特定时刻的投票的资格，只能在该时刻参与投票，因为接下来投票权会转移给别人，这就使敌手的腐蚀失去了意义。

（6）诚实的用户可以是懒惰的（lazy honesty）。一个用户不需要时刻在线，可以根据适当的条件在线并参与共识即可。

4. 敌手模型（the adversarial model）

（1）诚实用户和恶意用户（honest and malicious users）。诚实用户的行为完全符合预定规则，如执行相应逻辑、收发消息等，而这里的恶意是指任何违反预定规则的行为，即拜占庭错误。

（2）敌手（the adversary）。敌手是一个有效的算法，即可以在多项式时间内，可以在任何时间，使任何用户变为恶意，即腐蚀用户，并且可以完全控制和协调所有恶意用户，可以以用户名字做出任何违反规则的行为，或是简单地选择不收发任何消息。

在用户做出任何恶意行为前，没人能知道他已经被腐蚀了，而特定的行为能够暴露其已被腐蚀的事实。但是这个敌手被约束在算力和密码学的范围内，即基本不能伪造诚实用户的数字签名，无法干扰诚实节点之间的消息传送。

（3）好人掌钱(honesty majority of money，HMM)。假定一个连续的好人掌钱模型，对于一个非负整数 k 和一个实数 $h > 1/2$，我们认为好人在第 $r-k$ 轮掌握的钱的比例是大于 h 的。Algorand 采用“向前看”的策略，即在第 r 轮参与投票的候选人，是从第 $r-k$ 轮选出来的，所以即使整个网络在第 $r-k$ 轮被腐蚀了，其真正掌权也需要等到第 r 轮。

5. 密码抽签

密码抽签算法用来决定谁来验证下一个 block。

密码抽签按两条线索执行：

（1）选出“验证者”和“领导者”；

（2）创建并不断完善“种子”参数。

6. 选出“验证者”和“领导者”

1）过程

（1）系统创建并不断更新一个独立参数，称为“种子”，记为 Q^{r-1}。第 r 轮的种子的参数是 256 bit 长度的字符串，输入参数是第 $r-k$ 轮结束后活跃用户的公钥集合，记为 PK^{r-k}。k 被称为回溯参数或安全参数，比如 $k=1$，表示上一轮结束后的用户集合。上面 2 个参数属于公共知识。

（2）基于当前“种子”构建并公布一个随机算法，称为“可验证的随机函数”(verifiable random functions)。该随机算法中的一个关键参数是用户的私钥，这个私钥只有用户本人知道。

（3）每个用户使用自己的私钥对“种子”进行签名，用函数 SIGi()来表示，将签名的 SIGi 函数作为参数，运行系统公布的随机算法，用函数 $H()$来表示，得到自己的凭证(credential)，凭证 $=H(\text{SIGi}(r,1,Q^{r-1}))$(函数 SIGi 有多个输入参数时，表示将这些参数简单串联后再进行电子签名)。

① 凭证是一个近乎随机的、由 0 和 1 组成的长度为 256 bit 的字符串，并且不同用户的凭证几乎不可能相同；

② 由凭证构建的二进制小数 $0.H(\text{SIGi}(r,1,Q^{r-1}))$(也就是将凭证字符串写到小数点后)在 0 和 1 之间均匀分布。

（4）凭证值满足一定条件的用户就是这一轮的“验证者”(verifiers)。

① 对0和1之间的一个数，0. H(SIGi(r,1,Q^{r-1}))≤p 发生的概率为 p，称所有满足此条件的用户为“验证者”。

② 有 $1-10^{-18}$ 的概率保证在所有“验证者”中，至少有一个是诚实的。

(5) “验证者”组装一个新区块并连同自己的凭证一起对外发出。第 r 轮第 s($s>1$)步的“验证者”的产生程序与上文类似。其中，在第一个子步骤中凭证值最小(按字典顺序排序)的那个“验证者”的地位比较特殊，称为“领导者”。

(6) 所有“验证者”基于“领导者”组装的新区块运行拜占庭共识协议 BA＊。

(7) 在BA的每次循环的每一个子步骤中，被选中的“验证者”都是不同的。这样能有效防止验证权力集中在某些用户手中，避免“敌对者”通过腐蚀这些用户来攻击区块链。

2) 特点

上述过程的特点是：

(1) “验证者”在秘密情况下获知自己被选中，但“验证者”只有公布凭证才能证明自己的“验证者”资格。尽管“敌对者”可以瞬间腐蚀身份公开的“验证者”，但已不能篡改或撤回诚实验证者已经对外发出的消息。

(2) 所有“验证者”公布自己的凭证并进行比较后，才能确定谁是“领导者”，也就是“领导者”可以视为由公共选举产生。

(3) 随机算法的性质决定了事先很难判断谁将被选为“验证者”。因此，“验证者”的选择过程很难被操纵或预测。

(4) 尽管“敌对者”有可能事先安插一些交易来影响当前公共账本，但因为“种子”参数的存在，他仍然不可能通过影响“验证者”(特别是其中的“领导者”)的选择来攻击 Algorand。

7. “种子”的更新

用 B^r 表示第 r 轮结束后，拜占庭共识协议 BA＊输出的区块。

“种子”的更新过程是：

$Q^r=H(\text{SIGir}(Q^{r-1},r))$，如果 B^r 不是空区块；

$Q^r=H(Q^{r-1},r)$，如果 B^r 是空区块。

如果 Algorand 在第 r 轮受到了“敌对者”攻击，B^r 可能是空区块。

8. Algorand **的拜占庭协议** BA *

拜占庭协议 BA * 相当于一个两阶段的投票机制。

以下为叙述方便，假设：

① 系统处在第 r 轮；

② 每一个子步骤都选出 n 名"验证者"，其中恶意"验证者"不超过 t 名，并且 $n \geqslant 3t+1$（也就是诚实"验证者"占比在 2/3 以上）。另外，引入计数函数 $\# si(v)$ 表示在第 s 步"验证者"i 收到的消息 v 的次数（来自同一发送人的只能算 1 次）。

1）第一阶段：分级共识协议（graded consensus protocol，GC）

（1）运行密码抽签程序，选出"领导者"l_r 和这一步的"验证者"。用 v_i 表示"验证者"i 收到的他认识的来自"领导者"l_r 的候选区块。

v_i 不一定等于"领导者"l_r 构建的候选区块：

① "验证者"i 辨认"领导者"的方法是从收到的所有"验证者"凭证中找出按字典排序最小者。但因为网络通信原因，"领导者"l_r 发出的消息可能没有到达"验证者"i 处。

② "领导者"l_r 正好被"敌对者"腐蚀，对不同"验证者"发出不同的候选区块。

③ "验证者"i 本身可能是恶意的。

（2）"验证者"i 将收到的 v_i 广播给其他用户。广播正确的 v_i 代表他告诉其他验证者他同意该 v_i。

（3）当且仅当"验证者"i 在步骤（2）中收到消息 x 的次数超过了 $2t+1$ 次（即 $\# 2i(x) \geqslant 2t+1$），他才将消息 x 发给其他用户。"验证者"i 按以下规则输出(v_i, g_i)：

① 如果存在 x，使得 $\# 3i(x) \geqslant 2t+1$，则 $v_i = x$，$g_i = 2$，表示 2 轮都投票成功；

② 如果存在 x 使得 $\# 3i(x) \geqslant t+1$，则 $v_i = x$，$g_i = 1$，表示只有 1 轮投票成功；

③ 否则 $v_i = \emptyset$，$g_i = 1$，其中 $\emptyset$ 代表空区块。

含义是：如果存在诚实"验证者"i，使得 $g_i = 2$，那么对任意其他"验证者"j，必有 $g_j \geqslant 1$，$v_j = v_i$。此时所有诚实"验证者"输出的候选区块是一样的。当然，如果一开始的“验证者”收到的候选区块都是 v，那么最后一批“验证者”输出的也将都是 v。

对所有的诚实“验证者”i，$g_i \leqslant 1$，并且他们输出的候选区块不一定相同。

2）第二阶段：二元拜占庭协议

基于分级共识协议的输出 $\{(v_i, g_i): i=1,2,k,\cdots,n\}$ 对每个诚实“验证者”赋值：

如果 $g_i=2$，那么 $b_i=0$；其他情况，$b_i=1$。

这些 b_i 就是二元拜占庭协议的输入。

（1）“验证者”i 发出 b_i。如果 $\#1_i(0) \geqslant 2t+1$，那么“验证者”i 设定 $b_i=0$，输出 $\text{out}_i=0$，并停止执行协议（也可以认为他以后将一直发出 $b_i=0$）；如果 $\#1_i(1) \geqslant 2t+1$，那么“验证者”i 设定 $b_i=1$；否则，“验证者”i 设定 $b_i=0$。

（2）“验证者”i 发出 b_i。如果 $\#2i(1) \geqslant 2t+1$，那么“验证者”i 设定 $b_i=1$，输出 $\text{out}_i=1$，并停止执行协议（也可以认为他以后将一直发出 $b_i=1$）；如果 $\#2i(0) \geqslant 2t+1$，那么“验证者”i 设定 $b_i=0$；否则，“验证者”i 设定 $b_i=1$。

（3）“验证者”i 发出 b_i 和 SIGi(Q^{r-1}, r_i)。如果 $\#3i(0) \geqslant 2t+1$，那么“验证者”i 设定 $b_i=0$；如果 $\#3i(1) \geqslant 2t+1$，那么“验证者”i 设定 $b_i=1$；否则，用 S_i 表示所有给“验证者”i 发送消息的其他“验证者”集合。

BA * 协议就是将出块流程、GC 协议和 BBA * 协议串联在一起，最后完成出块流程。它是一个可靠的 $(n-t)$ 拜占庭共识协议，其中 $n \geqslant 3t+1$。当每一轮结束时，都满足：

① 一致性(consisteny)：所有诚实用户 i 都在同一个 v 上达成共识，即 $v_i=v$。

② 共识性(agreement)：所有诚实用户 i 要不都发生共识，要不都不发生共识。

5.5 Conflux

Conflux 共识机制及实验数据是在比特币源代码框架下实现的。也就是说区块生成的算法沿用比特币的 PoW 机制。Conflux 的共识机制可以扩展到或者结合其他共识算法，比如 PoS 等。Conflux 共识机制的实验数据说明：Conflux 共识机制的吞吐量能达到 5.78 GB/s，确认时间为4.5～7.4 min，交易速度为 6000 TPS。Conflux 共识机制的交易速度是 GHOST 或者 Bitcoin 的 11.62 倍,是 algorand 的 3.84 倍。

1. Conflux 框架

Conflux 共识机制是在比特币源代码基础上实现的。Conflux 的框架和比特币的矿机类似:GossipNetwork 实现 P2P 网络交互、节点维护 TxPool、生成区块(block generator),以及维护区块状态。Conflux 框架如图 5-5 所示。

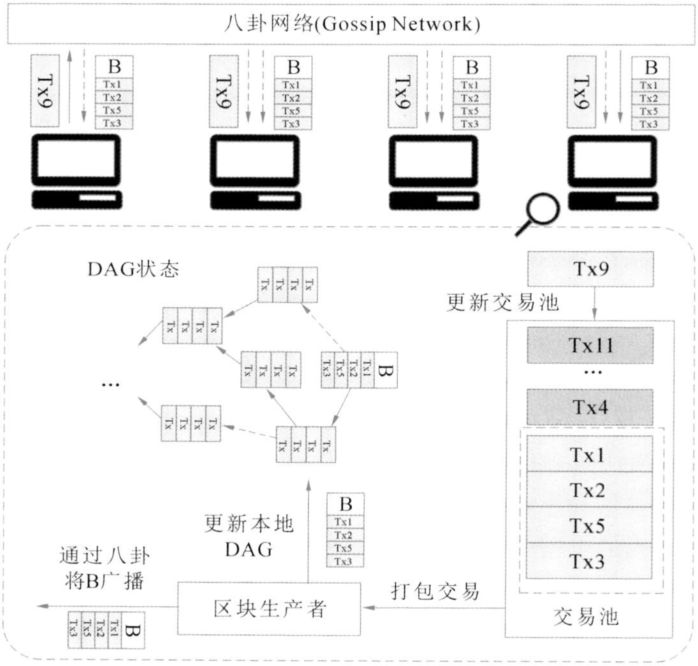

图 5-5　Conflux 框架图

框架图中的虚线部分是一个节点上的细节。比特币的区块链是一条链,也就是说,每个区块只有一个父区块。和比特币不同,Conflux 的区块链由“DAG State”实现,每个区块除了一个父区块外,可能还有多个引用区块。

2. 区块 DAG

Conflux 中的区块由多条边(edge)连接组成,这些边分成两类:父连接以及引用连接。在确定主链(pivot chain)的基础上,新生成的区块必须使用父连接连接到主链的最后一个区块上。除了主链外,还存在其他一些非主链的路径,新生成的区块必须使用引用连接连接这些非主链的最后一个区块。也就是说,Conflux 中的区块之间的连接关系组成有向无环图(directed acyclic graph,DAG)。Conflux 中组成 DAG 的区块会确定一条主链。在主链确定的基础上再确定所有区块的先后顺序。区块 DAG 的示意图如图 5-6 所示。

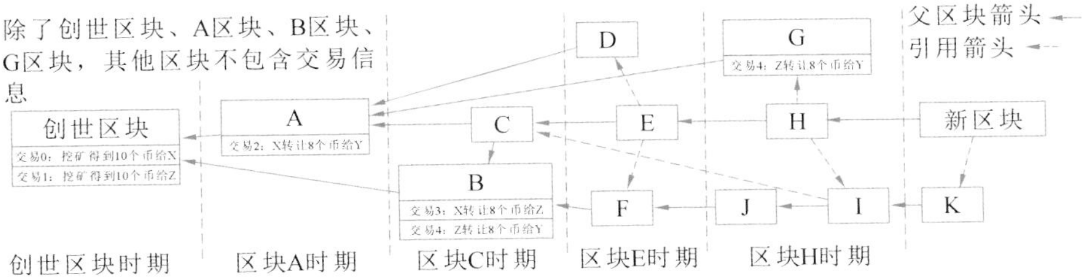

图 5-6 Conflux 的 DAG 示意图

Genesis 是"创世纪"块,也就是第一个块。父连接用实线箭头表示,引用连接用虚线箭头表示。区块 C 使用父连接连接到 A,使用引用连接连接到 B。新生成的区块(new block)使用父连接连接到 H,使用引用连接连接到 K。

3. 主链确定算法

要确定区块的顺序关系(block total order),必须先确定主链。主链的选择使用 GHOST 规则。GHOST 的基本思想是选择子节点数多的节点。conflux 的 DAG 结构用如下的四元组表示:$G=\langle B,g,P,E\rangle$,B 是 DAG 中所有区块的集合,g 是创世纪块,P 是映射函数(每个区块可以通过 P 函数获取父区块),E 是所有区块的父连接和引用连接的集合。

GHOST 规则的计算过程如图 5-7 所示。

其中最核心的步骤是确定下一个区块,依据是子区块个数或者在子区块个数相等的情况下区块哈希值大小。子区块个数多的,或者子区块个数相等但区块哈希值小的区块为主链的下一个区块。注意,子区块个数的计算不包括引用连接。

4. 区块顺序

每个主链上的区块组成一个时代(epoch)。被该区块连接到的,且没有被之前区块连接的区块属于这个时代。区块排序的算法如图 5-8 所示。

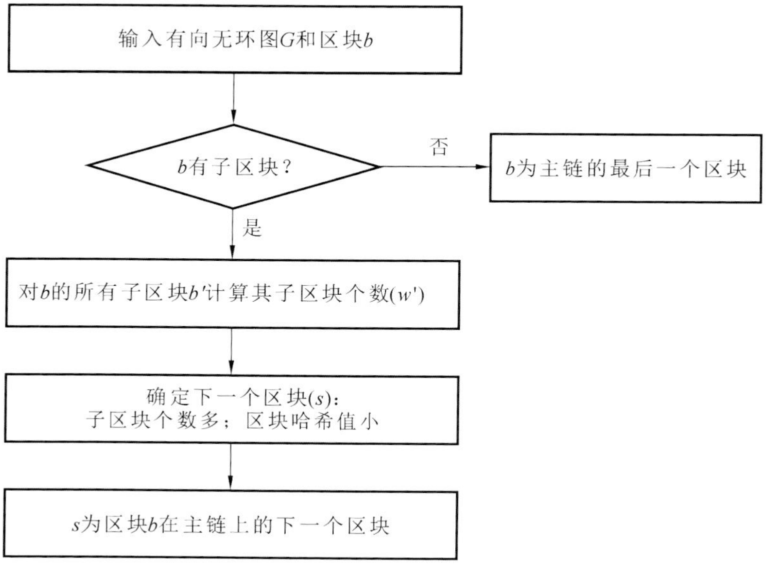

图 5-7 GHOST 规则示意图

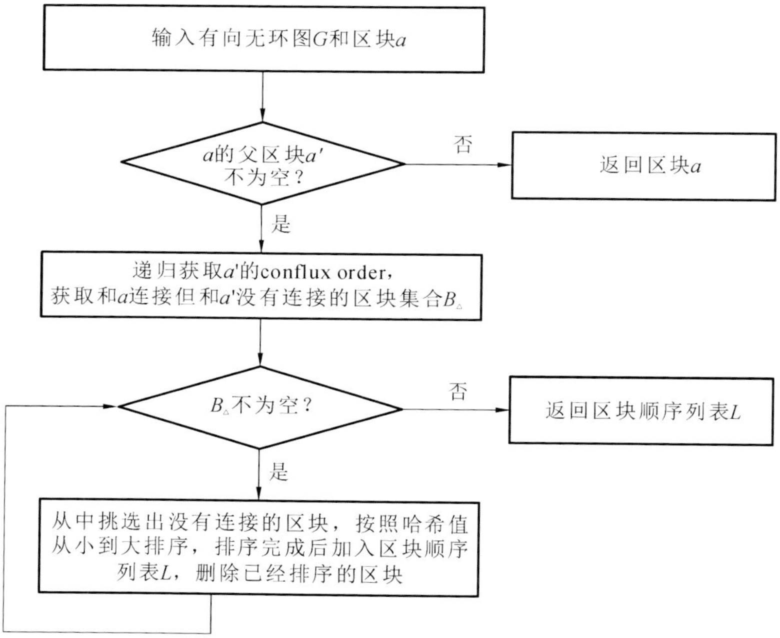

图 5-8 Conflux 排序规则示意图

Past(G,a)获取 DAG 中 G 主链中一个区块 a 之前的所有区块(包括区块 a),也就是区块 a 之前的区块以及区块 a 能连接到的区块。Past(G,a)－Past(G,a')计算的是区块 a 所处时代中的所有区块,包括区块 a。区块 a 所处时代的区块单独组成一个图的话,按照两个规则进行排序:① 有没有连接关系;② 区块哈希值大小。

5. 交易顺序及有效性

在区块确定顺序的前提下,前一个区块中的交易在后一个区块中的交易前面。同一区块的交易,按照区块中交易顺序排序。特别注意,因为不同节点打包的交易加入 DAG 后,可能同一个交易被不同节点打入不同区块中,也就是交易冲突。交易冲突包括两种情况:① 交易两方的地址有一个相同;② 同一交易。发生冲突的交易,第一个交易有效,后续交易都无效。

6. 安全性及确认时间

简单地说,攻击者为了修改区块的顺序,不得已要伪造足够多的子节点。也就是需要有超过诚实节点的算力。GHOST 规则的论文证明了只要作恶节点的算力不超过 50%,时间越长,要修改主链顺序的概率就越低,趋向 0。论文提到,用户可以选择自己能够接受的确认时间。论文同时给出了 Conflux 的安全性(safety)及可持续性(liveness)的证明。感兴趣的读者可以自行参阅。

Conflux 在云服务器(amazon EC2)上部署模拟节点,得出如下结论:

(1) 区块使用率,不论是区块大小变化,还是区块生成时间变化,都是 100%。也就是只要生成区块,都能利用上,这增加了区块交易的吞吐量。比特币同一时间,只有一个区块胜出,其他区块都会浪费。

(2) 确认时间,不论是区块变大,还是区块生成时间变长,只会稍微变长。比特币的话,区块变大,或者区块生成时间变长,分叉的可能性就变大,确认时间显著增大。

(3) Conflux 具有很好的扩展性。带宽变大,区块生成的速度变快。节点变多,生成的区块也会变多。两种方式都能带来吞吐量的提升。

5.6 跨链技术

跨链技术的出现就是为了解决区块链中的基础需求:不同链之间的资产兑

换和资产转移。所谓资产兑换，比如A想用X链的币(token)兑换Y链的币(token)，B想用Y链的币兑换X链的币，经系统撮合，两者互相兑换成功。资产转移则是，A想把X链的资产(币，token)转移到其他区块链上，就在X链上锁定，在新的链上重新铸造等量等值的币。

目前主流的跨链技术包括：公证人机制(notary schemes)，哈希锁定(hash locking)，侧链/中继(sidechains/relays)和分布式私钥控制(distributed private key control)。

5.6.1 公证人机制

1. 公证技术

在中心化或多重签名的见证人模式中，见证人是X链的合法用户，负责监听Y链的事件和状态，进而操作X链。本质特点是完全不用关注所跨链的结构和共识特性等。假设X链和Y链是不能互相信任的，那就要引入X链和Y链都能够共同信任的第三方充当公证人。这样X链和Y链就可以间接地互相信任。这种公证技术的代表性方案是瑞波Interledger协议，它本身不是一个账本，不用达成任何共识，只需要提供一个顶层加密托管系统"连接者"，在这个"连接者"的帮助下，不同的记账系统可以通过第三方连接器或验证器互相自由地传输货币。记账系统无须信任连接器，因为该协议采用密码算法用连接器为这两个记账系统创建资金托管，当所有参与方对交易达成共识时，便可相互交易。该协议移除了交易参与者所需的信任，连接器不会丢失或窃取资金，这意味着，这种交易无须得到法律合同的保护和经过过多的审核，大大降低了使用的门槛。同时，只有参与其中的记账系统才可以跟踪交易，交易的详情可隐藏起来，验证器通过加密算法来运行，因此不会直接看到交易的详情。理论上，该协议可以兼容任何在线记账系统，而银行现有的记账系统只需小小的改变就能使用该协议，从而使银行之间可以无须中央对手方或代理银行就可直接交易。

2. 去中心化交易所协议

0x是一种开源的去中心交易协议，允许符合ERC20的币种在上面交易，目标是成为以太坊生态上各种DApp的共享基础设施，为区块链生态提供技术标准规范。在其技术实现中，引入了Relayer的概念。Relayer可以理解为任何实现了0x协议和提供了链下订单簿服务的做市商、交易所、DApp等，Relayer的订单簿技术实现可以是中心化的也可以是非中心化的。Relayer 从成交交易中收取手续费获利。交易过程大致如下：

① Relayer 设置自身的交易服务费用规则，并对外提供订单簿服务；

② Maker 选定一个 Relayer 挂单创建和填充必要的订单、手续费信息，并用私钥签名；

③ Maker 将签名后的订单提交给 Relayer；

④ Relayer 对订单做必要的检查，并将其更新到自身的订单簿；

⑤ Takers 监看到订单簿的更新，并选中成交订单；

⑥ Takers 对选中的订单进行填充，并广播至区块链完成最后的成交。

路印(loopring)是 0x 的加强版，可以自动完成多环路撮合交易。

3. KyberNetwork

KyberNetwork 是一个数字资产与加密数字货币的即时交易和兑换的链上协议，基于 KyberNetwork 协议的链上去中心化交易所可为用户提供多种应用，包括构建各种交易 API 并提供给商家与用户。此外，用户还可以通过 KyberNetwork 的衍生品交易来减少加密货币世界中的价格波动风险。Kyber Network 引入了储备贡献者的角色为代币储备库提供代币，引入了储备库管理者来管理运营储备库。储备管理者负责周期性设置储备库兑换率，并利用储备库对普通用户提供的兑换折价来获取利益，储备库与储备库之间是相互竞争关系，以保障给用户提供最优的兑换价格。

5.6.2 哈希锁定

哈希锁定起源于闪电网络的 HTLC(hashed time lock contract)，如今应用也较为广泛。例如使用哈希锁定来实现 20ETH 和 1BTC 的原子交换过程：

(1) A 生成随机数 s，并计算 $h=\text{hash}(s)$，将 h 发送给 B；

(2) A 生成 HTLC，时间上限设置为 2 h，如果 2 h 内 B 猜出随机数 s，则取走 1BTC，否则 A 取回 1BTC，这里 A 用 h 锁住 BTC 合约，同时 B 也有相同的 h，这样 A 和 B 都有相同的锁 h，但 A 有钥匙 s；

(3) B 在以太坊里部署智能合约，如果有谁能在 1 h 内提供一个随机数 s，让其哈希值等于 h，则可以取走智能合约中 20 ETH；

(4) A 调用 B 部署的智能合约提供正确的 s，取走 20 ETH；

(5) B 得知 s，还有 1 h 时间，B 可以从容取走 A 的 HTLC 的 1BTC。

一旦超时，交易失败，符合原子性。这里，引入了时间参数，一旦超时，当前用户可以收回自己的币，以免自己的币被恶意无限制锁定。

5.6.3 侧链/中继

侧链系统可以读取主链的事件和状态，即支持简单支付验证(simple payment verificaiton，SPV)，能够验证块上 Header、Merkle tree 的信息。本质特点是必须关注所跨链的结构和共识特性等。一般来说，主链不知道侧链的存在，而侧链必须要知道主链的存在；双链也不知道中继的存在，而中继必须要知道两条链。

1) 侧链(sidechains)

遵守侧链协议的区块链都可以叫做侧链，相当于锚定的意思。侧链协议是指可以让原链或主链上的 token 安全转移到侧链上进行锚定，也可以再安全地转移回主链的一种协议。例如曾经名声大噪的 RSK 项目是比特币的侧链，也就是说，RSK 链上的代币可以锚定比特币来实现转账交易，可以将比特币转移到 RSK 上，也可以转移回去。该技术最初是为了解决主链扩展性问题而想出来的扩容技术，每个区块链可以通过协议来实现强制执行的共识。一个区块链系统能够理解其他区块链的共识系统，能够实现在获得其他区块链系统提供的锁定交易证明之后，自动释放比特币。侧链示意图如图 5-9 所示。

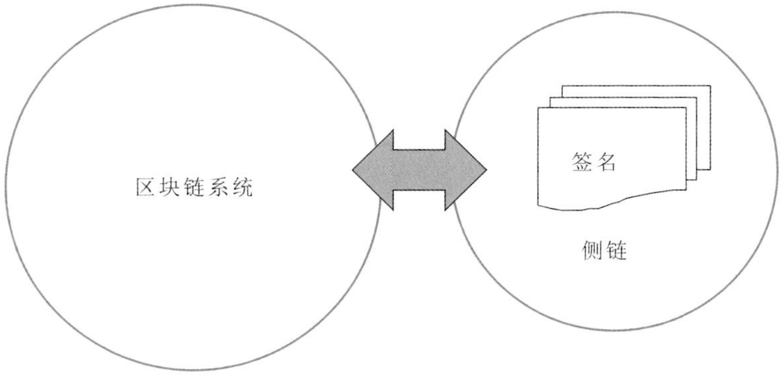

图 5-9 侧链示意图

2) 中继(relays)

BTC Relay 是把以太坊当作比特币的侧链，与比特币通过以太坊的智能合约连接起来，可以使用户在以太坊上验证比特币交易。

主要原理是 BTC Relay 利用 BTC 区块头在以太坊上储存比特币区块头，构建精简 BTC 区块链，类似 SPV 钱包，以太坊 DApp 开发者可以通过智能合约向 BTC Relay 进行 API 调用来验证比特币网络活动。

其使用场景如下：

① Alice 和 Bob 同意使用 BTC Swap 合约来进行交易，Alice 要买 Bob 的以太币，Bob 把他的以太币发送到 BTC Swap 合约。

② Alice 向 Bob 发送比特币，她希望 BTC Swap 这个合约能知道这件事以便 BTC Swap 合约可以释放 Bob 之前的以太币。

③ Alice 通过比特币的交易信息及 BTC Swap 合约地址来调用 btcrelay.relayTx()，btcrelay 验证这笔交易，通过后就触发 BTC Swap 合约里面的 processTransaction 方法。

④ BTC Swap 合约在被触发后确认这个 btcrelay 地址是一个合法地址，然后释放之前 Bob 的以太币，交易完成。

Cosmos 是 Tendermint 团队推出的一个支持跨链交互的民构网络。Cosmos 网络中，hub（枢纽中心）是主链，zone（分区）可以理解为独立区块链，由 hub 追踪各个 zone 的状态，每一个 zone 有义务不停地把自身产出的新区块汇报给 hub，也需要同步 hub 的状态。这个过程通过 IBC（inter-blockchain communication，跨链通信）来实现。

IBC 协议定义了最主要的两个交易类型的数据包。一个数据包是 IBCBlockCommitTx。它做的事情实际上就是把发起的这条链当前最新的区块的头部信息传到目标区块链。这样目标区块链就获得了当前最新的这个链里面的 Merkle tree root。另外一个数据包的类型就是 IBCPacketTx。这个传递了跨链转代币的交易信息，这个交易信息实际上是消息体里面包含的 payload 信息。

5.6.4 分布式私钥控制

各种加密资产可以通过分布式私钥生成与控制技术映射到 FUSION 公有链上。多种被映射的加密资产可以在其公有链上进行自由交互。实现和解除分布式控制权管理的操作称为锁入（lock-in）和解锁（lock-out）。锁入是对所有通过密钥控制的数字资产实现分布式控制权管理和资产映射的过程。解锁是锁入的逆向操作,将数字资产的控制权交还给所有者。

早期跨链技术以瑞波和 BTC Relay 为代表,它们关注更多的是资产转移;现有跨链技术以 polkadot 和 cosmos 为代表,关注更多的是跨链基础设施;新出现的 FUSION 实现了多币种智能合约,在其上可以产生丰富的跨链金融应用。

5.7 隐私保护

5.7.1 零知识证明

在区块链世界,数据的隐私保护是非常重要的内容。一方面,各节点的物理身份是隐藏的,取而代之的是一段地址,另一方面,我们又需要确保节点真实可靠,这样就需要我们在不知道具体细节的情况下,证明某些主张的真实性。这一类问题的解决方案就涉及零知识证明(zero-knowledge proofs)的领域。

零知识证明是一种特殊的交互式证明,其中证明者(prover)知道问题的答案,他需要向验证者(verifier)证明"他知道答案"这一事实,但是要求验证者不能获得答案的任何信息。

我们可以通过一个验证数独的例子来理解零知识证明的特点。证明者和验证者都拿到了一个数独的题目,证明者知道一个解法,他可以采取如下这种零知识证明方法:他找出 81 张纸片,每一张纸片上写上 1～9 中的一个数字,使得正好有 9 份写有从 1～9 的纸片。然后因为他知道答案,他可以把所有的纸片按照解法放在一个 9×9 的方格内,使其满足数独的题目要求(每列、每行、每个九宫格都正好有 1～9)。放好之后他把所有的纸片翻转,让没有字的一面朝上。这样验证者没办法看到纸片上的数字。接下来,验证者就验证数独的条件是否满足。比如他选一列,这时证明者就把这一列的纸片收集起来,把顺序任意打乱,然后把纸片翻过来,让验证者看到 1～9 的纸片都出现了。整个过程中验证者都无法得知每张纸片的位置,但是却能验证确实是 1～9 都出现了。

零知识证明满足三个特性:

(1) 完整性(completeness):因为该论述是真实的,诚实的证明者(P)可以说服诚实的验证者(V)。

(2) 可靠性(soundness):如果证明者不诚实(即其实他们不知道密码),他们也无法在多次实验下欺骗验证者。即便证明者很幸运,运气也总有耗尽的一天。

(3) 零知识性(zero-knowledge):验证者在整个过程中都不能得知密码,但需要验证对方是否拥有正确密码他相信证明者知道答案。

5.7.2 同态加密

同态加密(homomorphic encryption)是一种加密形式,它允许人们对密文进行特定的代数运算且得到的仍然是加密的结果,将其加密所得到的结果与对明文进行同样的运算结果一样。换言之,这项技术令人们可以在加密的数据中进行诸如检索、比较等操作,得出正确的结果,而在整个处理过程中无须对数据进行解密。

2009年9月克雷格·金特里(Craig Gentry)的论文从数学上提出了"全同态加密"的可行方法,即可以在不解密的条件下对加密数据进行任何可以在明文上进行的运算,使这项技术获得了决定性的突破。人们正在此基础上研究更完善的实用技术,这对信息技术产业具有重大价值。

同态加密是一种具有极高潜力的隐私保护解决方案,即便缺少某些细节,我们仍然能够将整个数据集合进行有效计算。例如,个人薪酬是非常隐私的数据信息,在每一个员工都不透露薪资的情况下,我们可以让第一个人自主决定一种加密方法,比如将自己的薪资数加上某个随机数,然后将结果秘密地传递给下一个人,后面的人就在数字上继续增加自己的薪资,全部完成后再将结果返回给第一个人,再由他减去只有他自己知道的随机数,即可得到所有人的薪资总额,从而算得平均工资。当然这个例子只是一个最简单的人工计算,这一原理可以应用到更为复杂的密码学加密过程中,而且数据也不仅仅是只有数字这一种,同态加密可以在数字世界中发挥很大的作用。

第6章 人类智能

在具有智能的区块链系统中，认知坎陷（或意识片段）是重要的组成部分。系统中的共识是一种认知坎陷，系统交易基于的数字凭证也是一种认知坎陷，我们在本书的下半部分将以认知坎陷和意识为起点，阐述认知坎陷与共识的关系，接着讨论共识价值论的内容，指出区块链的核心价值为存证和通证，通证是小范围内达成共识的工具，也是传统企业进行"链改"的基础，最后给出一套可用于链改并实现智能性的区块链技术。

6.1 智能的起源与进化

6.1.1 智能的起源

我们的宇宙已经存在了约138亿年，地球也有将近45.4亿年的"高寿"。在这么漫长的岁月中，我们迄今为止通过考古和地外探测发现的具备高级智能的生物，只有人类。

智能可以看作是一种精神能力的指称。这种精神能力所反映的，是人类根据已知的信息，进行理解、推导、演算，最终得出结论并完整阐述的一个总过程。这个过程之中的每一个环节都是智力的一部分。在我们的生活中，关于智力测验的话题层出不穷，而所谓的智力测验，往往也都要考察个体在各个环节的表现，并以一定的指标来衡量它。

智能是人类独立于这个世界上其他生物的标志。从前，人类曾经以为直立行走是人类与其他生物的区别，可是后来发现的化石证明，早在一两百万年前的更新世（pleistocene），有一种大袋鼠（procoptodon）就已经实现了双足直立行走。它们行走的速度较慢，与当时的原始人类行走姿态非常相似。生活在白垩纪晚期的霸王龙（约6800万～6600万年前）也是直立行走的代表之一。这些物种不但实现了直立行走，更在地球上延续了相当长的时间，可高级智能仍然没有诞生于它们的身上。在面对地球的突发变化时，它们只能在茫然中走向灭亡。

高级智能决定了人类的命运和其他生物命运不同。曾经的地球霸主们，可能对于当时的物理环境存在一定的理解，甚至在简单的重复行为中具备了一定的使用工具的能力，但是，我们没有证据证明它们（曾）具备成熟的抽象能力或理解能力，更不用说抽象之上的计划与再次解决问题的能力。而人类正是在抽象的基础上，发展出了语言能力，发展出了学习能力，最终发展出了人类进一步假设、推论甚至预先计划的能力，这些才是人类智能最高的表现。

正是因为智能的存在，我们人类才会从弱小的哺乳动物，最终成长为地球生态链中顶端的霸主。苏霍姆林斯基（Сухомлинский）曾经说过："人们将永远赖以自立的是他的智慧、良心、人的尊严。"人类的智能，是人类称霸于地球的必要条件，也是人类能够生存到今天的必要条件。可以说，人工智能出现之前的时代，人类从来没有怀疑过自身的优越与特殊。也正是因为智能，人类才能发展出各种神话和传说，来证明人类与其他物种不同的必然性，并反过来让更多的人类对此深信不疑。人类的力量来自于人类的智能，人类的智能最终保障了人类的信心。

人类的智能究竟从何而来？邓巴（Dunbar）提出"社会大脑假说"（the social brain hypothesis），认为人类大脑进化是为了在庞大而复杂的群体中生存和繁衍。某些动物种群也表现出一定的社会复杂性，却没有出现人类经历的智能进化升级。社会性对于种群的进化和个体出生以后的认知形成具有重要作用，但这不能成为人和其他动物在智能水平上产生显著分化的有力解释，我们更倾向于把社会性的强弱看作智能水平高低的表现。相对于社会性这种偏"软件"方向的解释，我们要另外寻找人类智能比其他动物能够更快迭代进化的突变因素或者说是"硬件"根源。

罗萨（Rózsa）认为，人类大脑容易感染病毒，十分脆弱，人类的性选择倾向于更聪明的个体，就是为了提升后代对抗病原的能力。邓晓芒强调了携带工具对区分人猿之别的重要性。性选择（sex selection）的提出已经超出"物竞天择，适者生存"的范围，而将（雌性）动物的主观偏好纳入其中，但性选择不是人类独有的特征。人类是唯一需要用衣服来维持身体恒温的生物，敏感的皮肤会不会就是人类智能快速进化的决定性因素呢？

成人大脑约有1000亿个神经元，但婴儿在母体内时，神经元之间的连接很少(或很弱)。婴儿刚出生时脑重约为370 g，两岁时，脑重约为出生时的3倍，三岁时已经接近成人的脑重，在这个阶段脑重的增加伴随着神经元间的连接大量增加。我们认为，在这个阶段外界对皮肤的刺激是温暖、疼痛等强刺激，使婴儿产生了“自我”与“外界”的区分意识。作为对比，很多生物具有高度发达的视觉系统，但没有与人媲美的智能，可能是因为视觉、嗅觉等刺激不容易将“自我”与“外界”区分开来。

波特曼(Portmann)提出的“分娩困境”暗示，婴儿在母体内就发育到较成熟的大脑更好(这也意味着长达18～20个月的孕期)。但是我们认为，出生后再发育成熟会更有利于婴儿的未来发展，因为只有在感知世界的过程中再建立大脑内神经元之间的连接，才能使个体产生强的自我意识和卓越的智能。例如鸡和乌鸦都是卵生动物，小鸡刚出壳不久就能走路与进食，但乌鸦刚出生时没有绒毛也没有视力，无法离开鸟巢，需要亲鸟饲喂1个月左右才能独立活动；但许多数据显示，乌鸦才是最聪明的鸟类之一，鸡的智能则远不及乌鸦。

恐龙统治地球那么长时间，却没有证据表明它们曾经具有高级智能。恐龙最早出现在2亿3000万年前的三叠纪，灭亡于6500万年前的白垩纪晚期，共存在了1亿6500万年。相比之下，最早的人类化石距今约700万年，也可以认为智能的高速进化大约是在过去的几百万年内完成的。相对人类而言，恐龙皮糙肉厚，这可能就是恐龙未能发展出高级智能的原因。这其实可以说明，高级智能似乎不是在足够长的时间内单纯依靠“物竞天择、适者生存”来进化就能达到。

在大脑快速发育过程中，个体不仅要具有清晰的边界，还要能适应环境生存下来。因此，只有在特殊条件下产生的基因突变，才能导致高级智能的诞生。在宇宙中，有高级智能生物的星球也因此可能非常稀少，费米悖论也可以看作支持这一观点的一个间接证据。

触觉的重要性在个人成长过程中可能并不十分突显，但对于人类进化而言，触觉形成自我的观点能够得到更好的印证。佛家讲“眼耳鼻舌身”，将视觉放在首位。很多人也认同这个观点，因为人获取的信息大部分来自眼睛。但视觉对于自我意识形成的重要性能否占据首要地位却还值得商榷。老鹰等许多动物都比人类拥有更加敏锐、强大的视力，但并没有比人类更聪明。人类与其他动物最大的区别就是人类拥有十分敏感的皮肤。人类进化脱去了身体绝大部分毛发，对外界的刺激更加敏感，成为大自然中唯一需要用衣物保暖的生物。触觉上能强烈区分自我与外界的刺激很可能就是人类成为万物之灵的重要原因。触觉也因此在进化的过程中显得更加重要，其对于意识的形成也就更为重要。

人类一旦产生“自我”的概念，就能够明显分辨出自我跟外界的差别。这种意识被称为“原意识”，它一旦产生就难以抹去。原意识一旦产生，并不单单停留在皮肤层面，可以向外延伸，也可以向内收缩。一个原始人，拿到一个水果，肯定不希望被别人抢走。其实严格地讲，水果并不是他种植的，也并没有任何理由认为这个水果天生就专属于他，但是他获得了以后就认为是自己的，这就是他自我意识向外延伸的体现。可能一个更厉害的原始人还会觉得，不仅仅手里的是“我”的，那棵树也是“我”的，只有“我”能采摘，这就是领地意识。再比如，乔布斯与他创办的苹果公司是难以分割的，即使苹果公司再如何更换CEO，在旁人看来，乔布斯仍然等同于苹果公司的一个专属符号。这都是自我形成的意识向外延伸的体现。自我也会向内收缩，一个人失去四肢，他并不一定认为自我的意识有了缺陷，甚至会鼓励自我更加强大，也就是所谓“身残志不残”。这就能解释，为什么少有人想到皮肤那么重要，因为它只是一个起点，自我意识一旦产生，自我与外界的边界就逐渐模糊，自我成为了一个动态的概念。

外界同样也是个动态的概念。小孩子不知道世界多大，等到他们看了书，走出了家门，就会发现原来世界那么大。如果拿起望远镜看向更远的地方，就会发现原来宇宙更加宏大。在成长过程中，自我与外界的交互不断加深，两者的内容都不断丰富，概念体系逐渐形成。

由此可见，自我意识的确是大自然的巅峰之作，是真正的混沌初开，是比宇宙大爆炸和地球形成更为精彩的产生。由触觉产生自我意识，而后在自我肯定需求的引领下不断地去认识这个世界，丰富自我的内涵，成长为拥有智慧的人类。

6.1.2 智能的进化

我们论述了智能的来源，也提出了自我肯定在意识产生中的重要性，但也许会面临质疑，比如小鸟、昆虫等动物，虽然具有领地意识，却不一定有独立意识，可能只是单纯地为了更好地生存和繁殖，就能够产生这种领地意识，最终还是“自私的基因”（道金斯）在起作用。

一方面，这可以通过实验观测进行判断。另一方面，如果真的是“自私的基因”在起作用，那人们还必须要回答基因从何而来的问题。当然可以说基因是粒子自由碰撞产生的结果，随机的方向可以很多，不容易收敛，但这种演化仅仅只是诸多可能性中的一种。如果真的只是随机碰撞产生的结果，要想演化达到现在的水平，需要异常长久的时间，而且现在人类和动物的眼睛特征不会如此相近。因此，进化更可能从边界开始，并且带着功能目的，先需要功能，功能与结构相互迭代，这样的进化才高效且结果趋于收敛。

结构与功能的迭代不仅体现在生命进化上，也隐藏于概念的形成中。很多概念最开始的结构都很简单，二元对立正是概念最开始产生时的初级形态。但是，人们在理解和使用这些概念的时候，会逐渐产生功能上的需求，当简单的概念结构无法满足功能上的需求时，人们就会对这个基本的概念进行适当的剖分，以满足现实生活中的需要。比如“左”和“右”并不能够精确地描述位置，最开始的自然数并不能起到表示更大数目的作用，这个时候就需要对概念进行进一步的剖分，因此“东西南北中”的概念随之产生，自然数的表示更加细化。随着文化的不断进步，人们对这些概念又会产生新的需求，这就会导致概念的进一步剖分，方向词之后又产生了 360°的方位标识，自然数剖分出了有理数，有理数之外还产生了无理数的概念。功能需求和结构的互相纠缠，互相推进，最终使得最初的概念变成了我们现在理解的样子，而这些概念可能还会随着人类认知的进步而再次得到丰富和升级。

理论进化亦然。思维的跃迁给了理论框架被剖分和被丰富的可能，而源自于现实生活的功能需求是这种剖分的动力。这样的功能需求就体现在满足解释现象时的自洽性、解决实际问题时的实用性要求，而这些要求的根源都是自我肯定需求。同时，一个框架不一定能完全地满足功能性，这时候，有可能会有一个新的框架产生，包含前一个框架，能解释更多的现象，比如爱因斯坦的广义相对论就涵盖了牛顿万有引力定律和爱因斯坦狭义相对论；也很有可能会由一个理论产生各种不同的流派，如基督教最终分化为东正教和天主教，天主教徒又分化为新教徒和清教徒等；更有甚者，可能会独开一面，另立门户，最开始的基督教正是信仰犹太教的一小部分人从中脱离，对世界有了新的解释与阐述。

生命体和概念体系的迭代进化，本质上体现了自我意识的结构和功能正是这样相互促进、相互发展的。自我意识一旦产生就难以抹去，初始的结构（自我与外界的二元剖分）已经满足了最初功能上的需求。随着经验的积累，自我意识对现有的框架不断产生了新的需求，促进自我意识的结构与功能迭代进化。

讲到智能进化，最好的例子就是把其当成计算机升级一样来解释。如果将生命个体看作一台计算机，那么生命体的构造、器官组织、DNA 等都可以视作机器的硬件组成，这些硬件经过了漫长的进化最终形成了如今的形态。结构就像硬件，而功能就像软件。生命体的某些种群特征还有一部分可以看成是嵌入式编程，比如人类用两条腿走路，鸟类可以飞翔，两栖动物能够游水等，经过长期的迭代进化，与硬件直接相关的某些功能已经成为嵌入式的本能反应。但更加丰富的部分还是软件。与现实中的编程不同，并没有某个程序员为个体编写软件。生命体的软件以边界为起点，是在硬件基础上，通过外界刺激与主观意向的作用而后天习得的能力，比如语言、音乐、绘画、编程能力等，这一部分与生命体的意识息息相关，不同个体的差异可以非常大，是个体自由意志的体现。

表 6-1 展示了物质与意识的相互关系。本质上物质与意识两者在纵向上的概念是可以相互替代的，物质可以视作原子世界，也可以看成是构成智能的硬件，而意识片段和认知坎陷作为软件，想要成功运行，发挥功能，必须在硬件平台之上。另外，具备功能的硬件一定具有非均匀（inhomogeneous）结构，在特定场景下一定会呈现出特定的功能，也就是软件的特征。动物的本能是一个例子，比如鸟长有翅膀决定了小鸟被亲鸟从高处推下后能够飞翔。

表 6-1　物质与意识的相互关系

项目	物质	意识
存有的性质	有执的存有	无执的存有
世界的二分	原子世界	坎陷世界
智能的迭代进化	结构	功能
计算机隐喻	硬件	软件

本能随着进化被嵌入基因而成为硬件的一部分，一旦被环境触发其对应行为就会显现。例如动物的饥饿本能，以及由此衍生出的捕食者与被捕食者之间

的追捕和逃亡本能。生物链环环相扣，每一物种都有其对应天敌足以说明这一点。

学习环节，因其最接近意识交流、最远离物质交换而属于软件，即信息除基因遗传方式外还可以通过社会学习途径传播。父母教育小孩或是小孩模仿父母的过程即可视作往人类大脑这一硬件中装入软件的过程。例如语言学习，小孩的母语完全取决于其成长所在的外部语言环境。

介于本能与学习环节之间的部分可被命名为先验，作为先于个体经验存在的部分以信息的形式储存在大脑硬件中，属于硬件与软件的中间状态，例如对空间与时间的直觉。

无论是本能还是先验，对于生命个体而言，必须在能够区分自我与外界的前提下，在某一特定场景下受到外部因素对自我内部的刺激而产生应激反应，以此驱动自我对内部软件进行调整，最终反馈为 DNA 信息链条中存储、传承下来的部分。

物质产生结构后，所展现出的功能即属于意识部分。因此，本能更接近物质，属于硬件，学习环节则更接近意识，属于软件。正如软件必须安装在硬件上才能运行，意识永远需要以物质作为平台才得以发挥其效用。

生命体的软件并没有程序员，而是一种自然生发的结果。这个软件的设计始于边界（细胞膜、认知膜或者皮肤），而后通过相互作用而丰富。相对于 Dennett 主张的自底向上式（bottom-up）的发展，自顶向下式（top-down）的设计思路更可能是正确的。智能进化的软件/硬件起源于边界（皮肤是初始的自我与外界的二元剖分边界），自我作为一个整体与外界进行交互，而后随着交互不断增多、不断细化，软件的设计也越来越多样。

例如病毒，药物可以杀死病毒，但是病毒的调整也非常快。病毒是由一个核酸分子（DNA 或 RNA）与蛋白质构成的非细胞形态，是靠寄生生活的介于生命体及非生命体之间的有机物种，它是没有细胞结构的特殊生物体，是由一个保护性外壳包裹的一段 DNA 或者 RNA。借由感染的机制，这些简单的有机体可以利用宿主的细胞系统进行自我复制，但无法独立生长和复制。病毒可以感染几乎所有具有细胞结构的生命体。通过药物的确可以杀死一部分病毒，但是新产生的病毒却可以具有抗药性，即病毒发生了变异，实际上就是其内部的结构发生了改变。因此病毒很难被完全杀死，相反其生存率非常高。来自于外界的刺激就好像是为自我装了一个新软件，更有甚者在改写软件的同时也改写了硬件。

细菌亦是如此。正如朱永官所指出的，作为单细胞的生物，它们只要彼此相遇，就可能发生DNA交流，科学家称之为基因横向转移。细菌也非常善变，特别是在化学污染物的“压力”下，会显著增加基因突变和横向转移的概率。细菌比人们想象的“聪明得多”。在新的环境下，它们能够通过基因横向转移和突变，快速获得适应性优势，从而“活下去”，并可能进化成能抵抗药物的超级细菌。

有了病毒和细菌的例子，我们可以以此类推到整个地球的生态圈上。正是在功能和结构的纠缠中，智能逐渐进化成了意识，最终带来了我们哲学意义上人之所以为人的最大决定特征——意识。

6.2 自我肯定需求

皮肤作为明晰的物理边界能够使得人类对自我和外界的剖分非常确定，从而毫不费力地辨别自我与外界的内容，这种关于原意识的直观感受也能够一直传递给他人和后人。但这一边界不会一直停留在皮肤这一层次，而是会向外延伸。最早期的延伸就是食物。比如将果子抓在手里了，就会认为果子是自己的，不希望被他人夺走。下一阶段就是领地意识，不仅在手中的果子是自己的，这棵树上所有的果子都是属于自己的，不希望有其他人来采摘。动物不希望别的动物喝河里的水，因为它觉得河水应该是只属于自己的。工具是手的延伸，家庭是个人的延伸，新闻媒体是人类的延伸。这种认定自己身体之外的自然物属于“我”的倾向，可以称为“自我肯定认知”。

自我既然能够向外延伸，就能够向内收缩。我们常常认为“内心”比我们的皮肤或四肢更能够代表自我。这里“我”指的是心灵，而非身体。当自我的边界经常发生变化并变得模糊时，“自我”这个概念也就可以脱离物理和现实的束缚而存在了。

明斯基认为意识是一个“手提箱”式的词汇，表示不同的精神活动，如同将大脑中不同部位的多个进程的所有产物都装进同一个手提箱，而精神活动并没有单一的起因，因此意识很难厘清。我们认为把世界剖分并封装(encapsulate)

成“自我”与“外界”是革命性的突破，它使复杂的物理世界能够被理解(comprehensible)，被封装的“自我”可以容纳不由物理世界所决定的内容，想象力和自由意志(主观能动性)也因此成为可能。

我们认为，人类智能产生的关键在于形成了对“自我”的强烈意识。意识可以存在于宏观尺度，且不需要依赖于量子特性。相比其他生物物种或当前世界顶级的人工智能，人类的超越性主要体现在能想象出超现实的、但最终被证明可以实现的未来，其根源在于人类的认知一开始就建立在对宇宙、对世界的整体剖分上，而由“自我”意识驱动的概念体系的建构、传播与认同过程是超越性的一个典型体现。

其实，聪明的读者应该可以想到，“自我”意识绝非单方面被动发展的，而是具有自己的特点，有自己的需求的。我们接下来，将会对此进行进一步阐述，并试图厘清“自我”意识的进一步进化脉络。

人类有关于“自我”的意识或观念，这种观念是一个抽象的存在，一些物理现象的集合可以与之相对应，但又不完全是由粒子或物理条件所决定的。对“自我”的意识或观念，在个体成长的最初阶段是从皮肤这一物理边界形成的，且这种观念一旦形成，“自我”就会脱离原来的物理边界的束缚，开始生发。一方面“自我”在生发的过程中能够影响物理世界，另一方面，这种影响能够继续被“自我”感知从而加深“自我”的观念。

确定了“自我”的存在，自由意志也开始形成。不论最初触发“自我”生发、产生行为冲动的触发点是否为物理因素，“自我”已经决定要做出(一系列)行动，这些行动可以真实地影响物理世界，且影响的结果能够符合“自我”的预期，并被“自我”感知到。因此“自我”就产生了能够按照自己的意识行动并影响世界的观念(自由意志)，并且接下来的行动触发点极大可能就完全出于“自我”，而最初的那一次触发究竟是源自物理的或是其他因素，对“自我”而言已经不再重要，关键是“自我”已经能够自主地触发行为，并一次次真实地感知到预期的结果，不断加深对自由意志的确信。

自由意志能对物理世界产生实际的影响，不仅符合“自我”的预期，而且一定符合物理规律。因为产生预期的根据来自于“自我”与“外界”的交互，随着交互加深、经验积累，我们对“外界”的物理规律有了越来越丰富的认识，预期会越来越准确。在“自我”生发(尤其是最初的探索)的过程中，也可能出现自由意志的结果与预期不符的情况，但这种经验会随着与外界的进一步交互而被修正，迅速被后继的、更准确的预期经验覆盖。

涉及社会现象、社会行为时，自我意识需要不断通过外界的肯定来承认自我。我们有这么一种需求，假如总是没有外界刺激，像国家总是不打仗、没有任何纠纷的话，国家的意识会逐渐削弱。个体也是一样。这种需求叫作自我肯定需求，它是刚性需求，其最重要的表现就是它的评价高于个体认知范围的平均水平。自我肯定需求是一个比较性的、社会性的需求，它是自我历史的纵向比较，也是与他人、与周围一切的横向比较。它可以看作是人类发展的动力，也是人类社会诸多矛盾的起源，而且这个矛盾是不可磨灭的。佛家讲要去掉“我执”，但一个人去掉“我执”以后“自我”就消散掉了，不再具备人的基本属性。佛家的“我执”、基督教的“原罪”都可以归为自我肯定需求。

纵观古今历史，各个国家的发展都体现出了一个周期性的兴衰过程。我们认为，这一现象的根本原因在于人类的自我肯定需求。即只要有可能，人对自我的评价总是高于其认知范围领域内的平均水平，并在分配环节希望得到高于自我评估的份额。1997 年，英国的《经济学人》(*The Economist*)杂志针对高端的理性用户和普通用户做了一次市场调查：“你认为自己的智商是否超过了目前社会平均水平?”所调查的 1500 位大学教授和高才生中，75%的受调查者给出了肯定的回答。而受调查的 3000 位普通伦敦市民则给出了惊人的 91%的肯定率。大部分人都会高估自己，这本身不是坏事，但社会的产出会因此逐渐难以满足人们的期待，繁荣被打破就不可避免。

我们和外界的关系很复杂，我们用世界万象来观照自己，又凭借自由意志影响世界。在这个交互的过程中，自我意识不断地升华，不断地形成一个保护层，我们称其为认知膜。认知膜有一个特征，像细胞膜一样，是保护自我认知的。这个世界上发生那么多事情，人们能够感知的、愿意接受的，实际上很有限。认知膜的作用简单来看就是过滤。认知膜既可以存在于个人层面，又可以存在于组织层面，还可以存在于国家和文明的层面。

原意识是人类认知结构的开端。当概念体系和价值体系(认知膜)从原意识中逐渐衍生出来之后，“自我”和“外界”的边界逐渐模糊，“自我”更像一个生命体，需要不断补充养分(自我肯定需求)使其得以维系，从而确立一种认知上的实存。而自我肯定需求产生之后，生物体即将面临的，就是自身需求的功能与自身结构之间的矛盾，以及如何进化的问题。

6.3 炼化出的理念世界

柏拉图认为理念世界是完美的，我们看到的现实世界是一个不完美的投影，理念世界又不可抵达。从进化论的角度来看，既然不可抵达，又如何证明理念世界的存在？有一种神学的解释是，人从理念世界而来，因此还带有一部分关于理念世界的记忆，至于为什么会记得，就无法解释清楚了。过去我们尚可以认为是由上帝或上天创造了人类、赋予了人类灵魂，这种说辞或许可以将这个问题暂时搁置起来了。但现在面对AI技术的发展，这些问题不可以继续搁置，人们应该且必须回答理念世界从何而来。

我们认为，理念世界的内容并不是因为我们记得，而是因为人类经过漫长的进化，将意识片段逐渐炼化（purify），不仅在主体内持续炼化，而且能够传递给后代，在代际间传承并炼化，直至形成纯粹的、极致的范畴或观念。

最常见的有语言的炼化。“我在船上”实际上包含了很多可能性，比如我站在船上、坐在船上、躺在船上，以及我在船头、船尾、船舱等情况，最后省略或炼化为“我在船上”这一精简表达，这个炼化过程就是根据需求（比如回答我在哪里）将不需要的细节信息炼化掉的过程。

“无穷大”（或无限）也是人类对物理世界炼化的产物，它描述的是一种认知主体与未知外部世界的关系。原始部落中人们数数能力非常有限，他们可能只能很好地分辨出1、2、3，然后就是很大或无穷大。虽然现在人类的认知能力有了很大的提高，可以数到上千万、上亿甚至更多，但是在这些范围之外的数字我们依然无法很好地分辨，于是将这些更大的数字划归为无穷大。无穷大既看不见也摸不着，但是当我们稍作思考，就都会相信无穷大是可以存在的，比如“一尺之棰，日取其半，万世不竭”所描述的就是这个无限的过程。

“自我”也是主体炼化而来且持续炼化的内容。“自我”边界开始于皮肤，但一旦形成就不会只停留在皮肤这一层，在成长的过程中，“自我”在向外或向内炼化，将物理边界（皮肤、身体）逐渐弱化，而经过炼化之后产生的心灵和灵魂是在时间维度上具有持续性的“自我”，在“自我”炼化的过程中，炼化的内容可以非常丰富，炼化的产物也构成了理念世界的成分或内容。

此外认知主体还有一种形象思维的炼化。比如诗人就是通过炼化不同的、非常具体的场景来表达一种境界，诗词歌赋就是这种形象化炼化的结晶，不仅是组成诗词歌赋的字，还有这些字背后蕴含的意境，都构成了理念世界的内容。炼化与认知主体有紧密的关系，面对同样的具体场景，不同主体炼化出的结果可能完全不一样，就好像李白与杜甫面对同样的风景，炼化产生的诗词就会很不一样。

数字并不作为物理世界中的实体而存在，是由人类在认识这个世界过程中炼化而来。例如，一开始人类需要依托具体的物体来进行资源的聚集与分配，如拥有 1 个苹果、2 个苹果、3 个苹果或者 1 只羊、2 只羊、3 只羊，然后学着借助更轻便的工具（如一粒粒的豆子或在绳子上打一个个的结）帮助计数，再后来这些工具也不再需要了，而是逐渐炼化掉实物而抽象出 1、2、3 等自然数的概念，这是一切数学的基础。当涉及分配问题，并不是所有情况下资源都能被恰好完整地切分开来，比如 2 个人分 3 个苹果，因此产生了有理数的概念（即数字能够通过自然数的比例表示）。为了解决土地丈量等问题，几何学炼化而生，人们发现了勾股定理，这时就需要有二次方程（比如 $x^2=2$），无理数（无法由两个整数相比来表示的数字）因此被发现和定义，二次方程不仅有无理数还有虚数的问题（比如 $i^2=-1$），进而人们有了复数的概念，这些与三角函数有紧密的联系。另一条路线中，二次方程、三次方程和四次方程，都可以找到通解的形式，而到了五次方程时就没有通解了，于是有了群论。

意识只关心炼化后的骨架，关注最顶层的内容，被炼化掉的细节默认成共识或规范，在以后的交流之中能够被自动脑补回来。意识的炼化与肌肉的锻炼非常类似，儿童经过不断练习协调动作，就能很准确地使用筷子夹取物体，并不需要明晰夹取的每一个细节（动作路径、力气大小等），而是只要明确了目标，在很多种可能的实现方式中，选择其中一种方式实现即可。

6.4 性善的来源与未来

6.4.1 轮回染习

神经心理学的研究表明，人自出生起，大脑里就有数量惊人的神经元。0～

5岁期间，人的脑重持续快速增加。在这个过程中，神经元之间的联络在不停地加强。以前对触觉大脑假说的论证，对这一方面有所涉及，但并不深入。其实，正是在这一阶段，儿童的大脑快速对世界进行意识片段（认知坎陷）的构建，受到"善"的影响也最大。这个被影响的过程，我们概括为"轮回染习"（recursive acquisition）。

轮回染习有三个层次。在第一个层次，因为地球的物理环境为生命成长提供了相对充分的条件，所以即使是不能自主行动的儿童，仍然感知到了来自自然世界的善意。从进化论的角度看，现在的人类最开始只是早期智人中的一支。经历了千百年的进化，早期智人的其他类型都被自然所淘汰，只有我们是幸存者，也就是唯一适应了当时地球环境的智人。地球历史上一共发生过五次物种的自然大灭绝，小的物种灭绝现象每天都在发生。对人类而言，地球作为一个星球具备宜居性，这在物理意义上的概率其实很小，这更加证明了物质世界体现的善意的可贵。在当代，人与自然已经进化到了彼此一体的状态。物质世界所映射出的原始善意使得最初的人类群体得以生存和繁衍，而这正是将自然进化力量神秘化的祭祀和宗教的起源。这些坎陷建构最终使得人类这个族群在力量和心理上都变得愈发强大，甚至自封为"万物之灵"。

在轮回染习的第二个层次，善意泛化为父代为子代提供成长的条件，儿童感知到来自抚养者的善意。在婴儿0～5岁的阶段，父母对弱小的生命进行抚养，为孩子的健康成长提供较一般动物更多的保障，这使得婴儿在这个时期接收到的信息大部分都是"善"的。而且，在婴儿眼中，自己几乎就是世界的中心，婴儿的自我意识在这个阶段快速成长，在轮回染习的过程中产生自我肯定需求。因为他在小时候得到的反馈都是善这一面的，他会觉得世界就应该是善的。虽然大多数人难以回忆出0～5岁的经历，但是，这个阶段接受到的善实际上最多，并伴随着大脑神经元的连接而刻印在大脑中，最终形成人格而影响一生。

在轮回染习的第三个层次，善在人类代与代之间传递和加强。人类形成的与"善"有关的各种道德观念，经历了代与代之间的传递和迭代，最终演变成今天这个样子。而我们在经历了这些"善"的染习之后，又将这些观念通过言传身教等各种方式传递给了下一代。史蒂文·平克（Steven Pinker）指出，无论采用何种时间尺度或是何种统计方法，即便将自杀率及战争伤亡列入考量，人类历史上的暴力现象都正在大大减少。生命在残缺和死亡中永恒轮回，“善”也经历了一代又一代的迭代和加强。

从这个角度理解，人类从死亡中受益匪浅。死亡与新生交替，人总是会在羸弱之初接受来自正在走向死亡的父代给予的充分善意馈赠。在继承了这些善意之后，人又在成长中发展出自己的“善”。如果没有死亡，生命作为一种永恒态，繁衍后代也就不再是必须，生命中最羸弱的阶段也就不再重要，自然就不再经历代际层面的轮回染习，“天堂”和“轮回”等坎陷的建构和发展也不再具有沉甸甸的分量，“善”也就不会在一代与一代之间进行传承、迭代和演变，关于道德本体的建构与探究乃至人类文明的演进都有可能因此而减速甚至不复存在。无死则无生，死亡作为恐惧的终极形态，其与“善”更深刻的勾连之处就在于此。

轮回染习为“善”的起源提供了新的解释。它与经验变先验或是获得性遗传的观点不同，“善”并不是先验的，也不会转变成先验的，尽管它看起来确实就像是与生俱来的，但它不会演化进人的基因中，通过基因遗传给后代。人的意识也是如此。所谓的“龙生龙，凤生凤”，凸显的也是耳濡目染或是成长环境的作用，而非基因。轮回染习在生命最脆弱的时期为人带来了生而得之的善，正是这种“善”的耳濡目染，为认知主体种下了“善根”或“恻隐之心”。例如刚学会说话的孩童会给情绪低落的母亲送来安慰，这就是儿童在生命初期受轮回染习产生了“善”的体现。而与之相对的是狼孩，狼孩并没有先天的生理缺陷，只是因为远离了人类社会，失去了正常的成长环境，其生活习性也变得像狼一样，四肢行走，昼伏夜出。狼孩被发现时已经六七岁了，却只具有相当于六个月婴儿的智力，且在回归人类社会以后，狼孩恢复直立行走和语言能力所耗费的时间要远长于婴儿所需的时间。屡见不鲜的是，在个人的成长早期，即使一声啼哭就能满足各种需求的阶段已经远去，一些人在受到挫折或面临焦虑、应激等状态时，仍会用某种程度的幼稚来安慰自己，屏蔽已经学到的比较成熟的适应技巧或方式，退至用早期生活阶段的某种行为方式来应对当前情景。这种在各个年龄段都可以看到的现象，就是弗洛伊德提出的退行（regression）现象，轮回染习为这一负面现象（与追求超越相反）提出了更为深层的解释。

我们认为，意识、行为和感知都是功能性的，而身体只是提供了一种结构。进化的过程应该是先有功能，再由功能与结构一起反复迭代演化。身体的结构可以给功能提供刺激，促进了功能性意识、功能性感知的成长；而有了功能目的，进化的速度就能非常快。比如眼睛的进化，很可能是在产生了视觉的功能之后发生的。眼睛的雏形不会一开始就很精细，或许最初只能感受明暗的差别，但能为眼睛的进化提供方向就足矣。视觉功能与眼睛的结构纠缠在一起，经过长时间的共同进化，眼睛的结构变得越来越精巧，视觉能力逐渐增强，最终能分辨各种色彩与事物。触觉大脑假说基于这种认识进一步提出，触觉在意识成长的过程中发挥了关键性的作用，而且人类的身体条件更容易激发认知坎陷（意识片段）。这些认知坎陷经过不断迭代而逐渐丰富，最终构成了人类文明发展的基石。认知坎陷的迭代和传递都是通过社会环境与人的相互作用来实现的。“善”作为认知坎陷中特殊的一类，也是通过社会环境传递的。这在轮回染习的过程中体现得尤为明显，对人的成长也至关重要。类似地，在不同语言环境下成长起来的小孩，他们的语言思维就是不一样的。成年人在学习第二外语的时候，需要比直接在外语环境下成长或是从小学习外语的小孩耗费更多的精力，也说明了他们的学习是早期获得的。同时，人与其所处的环境也是不可分割的。虽然人类现在可以被看作是一个独立的、可以在某种程度上处理外部环境状况的群体，但实际上仍旧在很大程度上需要依赖外部环境。这种依赖首先体现在物理层面。外部环境的物质补充保证了结构的完整性，在物质条件充沛的情况下，结构和功能才能充分迭代，这在生命早期体现于轮回染习。而认知坎陷充分成长后，个人对外部环境的依赖就不仅体现于物质，更体现于信息交换。因为个人的认知坎陷也需要不断吸收外部的坎陷来成长，亦即自我肯定需求需要得到满足。

强调轮回染习，并不是说人在 5 岁之后的经历就不再重要。后天的教育、舆论的压力以及社会的变迁，都会在某种程度上向自我意识中既有的“善”施压。“性相近，习相远”其实也暗示了人的品性在后天经过不同的经历和影响会不断分化，容易朝“恶”的方向偏移。李泽厚先生提出“以美启真”“以美储善”，其实也说明了个体的潜能和人性不仅因生理方面而不同，更因社会、教育、传统、文化因素的渗透积淀而成长和分化。生理结构上的细微差异使得人在动物性方面有了个体差异；而在后天不同的环境、教育、文化的历史积淀中，“人心不同，各如其面”的个体差异则愈益发展。卡尼曼的前景理论揭示的这种不对称性，表面看是说明人们通常不是从财富的角度考虑问题，而是从输赢的角度考虑，关心收益和损失的多少，但我们认为其本质上反映的是“善”已经作为一种理所当然的认知基因深植人类大脑。曾有人到监狱进行采访和研究发现,如果问这些犯人从道德上是怎么看自己的,大部分人还是认为自己的道德品质比他们理解的普通人要高。这就说明,认知主体在经过轮回染习之后,已经理所当然地认为世界包括自己应该是善而不是恶的。虽然从客观上讲,丢掉一块钱和捡到一块钱,得失是对等的,但是在有了这样的心理定式之后,一旦面临损失,认知主体的心理定式被打破,损失产生的负面情绪的确可能比得到时产生的正面情绪要大。

6.4.2 至善统摄

自我肯定需求使得每个人的自我意识具有扩张性,也就是说,每个人想得到的总是会高于自己应当得到的。这种看似普遍的现象其实在人类社会的初期表现得并不明显,因为当时的物质生活不够富裕,生存条件还未得到大的改善,在群居部落性的原始人类生活中,私有制未占据主导地位,矛盾更多以部落与部落之间的领地冲突和人与人之间的食物或工具分配纠纷而出现。但随着农业革命的发生,地理条件优越地区的农业文明逐渐发展起来,农业文明发展迅速,导致了人们的物质生活逐渐富裕起来,私有制逐渐占据主导地位。此时人们的自我肯定需求表现得非常明显,围绕土地、财产、权力的斗争愈演愈烈,人性之中恶的成分变得更加复杂。以往对轴心时代的研究,往往忽略了在轴心时代前一段时期,人类已经能够通过农耕技术的进步实现生存条件的改善,并进而延长寿命。同时,物质生活的不断丰富及社会生活的复杂化推动了"恶"的产生。到了轴心时代,在动荡不安的世界各地,一批精神领袖挺身而出,为他们所在的地区和社会重新构建了道德体系。他们或建立宗教,利用如"基督降临""审判日""六道轮回"等有关报应论的坎陷,对当下人们的生活提出了道德上的约束;或提出"涅槃"等关于生命的终极境界,来对人们的生活进行指引;中国儒家坚持的恻隐之心虽然也具有一定的先验性,但儒家的深刻和独特之处是追求一种现世的超越,直接提出如"三不朽""圣人"等信条或是道德目标引导中国传统知识分子去尊崇和践行。在我们看来,这些方式之所以能推动人们进一步向善,其原因类似于愿景对金融泡沫的影响,未来的至善作为一个目标成功实现了对现在的统摄,我们将这类方式归结为用未来的至善统摄现在,简称至善统摄。

尽管都是应然层面的价值倡导，但与中国哲学提出的偏向自然主义且基于现世的“善”不同，西方宗教传统及佛家提出的都是对彼岸的构想。欧洲哲学传统对“本质与真理”的追求与基督教经历了千年的磨合，其思想内核已经与宗教对“天国与至善”的弘扬别无二致，并且两者已经成功将超越性变成了人现实生活的意义与信仰，这种结合在黑格尔的绝对理念中达到了顶峰。正是看到这样的现实，尼采对因果报应论进行了强烈的批判，并彻底否定和颠覆了欧洲哲学的虚无主义传统。在尼采看来，所谓的“罪与罚”“救赎与和解”都是彻头彻尾的谎言，而活在这种虚无主义传统之中的欧洲人则甘愿忍受现实的不幸，并坚信“救世主”的降临及天堂的公平与至善。尼采提出“永恒的轮回”，世间万物永远都是残缺的而不能形成一个整体，而在这样的“永恒”之中，只有人无法超越的“生死轮回”，没有“正义”，亦没有“和解”，更不会有康德所谓的“超越”。在此基础上，尼采提出权力意志才是人的本质，并阐述了他的超人哲学，用来回答人在传统价值全面崩溃的时代如何重新确立生活的意义，并将超人奉为人类世界的最高价值目标及道德理想。这些都能在西方当代艺术，尤其是影视作品中人类面临终结时靠超人、强权突围的场景中找到影子。权力意志的内核仍然是一种至善统摄，而“超人”虽然作为一个道德目标和中国的“圣人”有些许类似，但“超人”为人类立法，是真理和道德的化身，实际上取代的是西方传统中“上帝”的位置，终究还是处在“善”的彼岸，缺乏自然主义根基。

人们往往更加关注这些思想诞生之后对后世的影响，但如果我们细查这些“至善”兴盛的历史背景就会发现，这些相关“至善”往往为当时趋于衰弱的社会和文明所必需。中国历史上政权更迭最为频繁的时期莫过于魏晋南北朝。彼时，文人墨客怀才不遇，天下苍生颠沛流离，儒家思想面临了极大的挑战和反思，佛道两家开始兴起。这个时代催生了竹林七贤“越名教而任自然”的逍遥超脱，以及王右军“修短随化，终期于尽”的感慨，这些都是当时玄学兴盛的典型，而“南朝四百八十寺，多少楼台烟雨中”则是百姓向佛家寻求解脱的真实写照。而此后伴随道儒释一同兴盛起来的，正是开明的大唐王朝。

包括尼采在内，步入现代的德国哲学其实一直被有关“虚无”和“死亡”的颠覆所包围，并一度呈现出百花齐放的兴盛局面。自黑格尔以后，无论是马克思对于无产阶级的愿景和对共产主义的构想，还是克尔凯郭尔对绝望和存在主义的论述，抑或是尼采对于道德的解构和超人哲学的提出，乃至胡塞尔重回黑格尔和柏拉图而提出现象学，都带有德意志在变革甚至存亡攸关时期的深刻烙印。一战和二战给德国社会带来的巨变更是推动了海德格尔重新思考哲学及存在的意义。这些思想上的进步都是在一个处于变革的社会中产生的，而这些思想一旦产生，就对后世产生了深远的影响，例如马克思的共产主义构成了社会主义国家的理论源泉，而尼采的超人哲学则构成了纳粹思想的源头之一。

我们曾提到崩溃后的再出发是满足社会自我肯定需求的方式之一。以中国为例，自秦始皇统一中国后，封建王朝最长不超过四百余年，就会经历一次改朝换代。每一次改朝换代，百废待兴，规则和制度要重建，资源被重新分配和占有，资产重新在低水平上定价。最高统治者通过放权让利，让社会成员追逐资产，从而使资产价格逐渐上浮，少量的付出就能获得较大的回报，全社会总的自我肯定需求较易得到满足，中国历史上的盛世是这一过程的集中体现。西方近五百年来财富中心的转移与中国历史上的改朝换代有相同的机制背景，其崩溃的实质都在于旧的财富分布结构不能较好地满足全社会的自我肯定需求，而另起炉灶才给人们新的希望。文明的进路亦复如是，"善"的建构的确会因时代的动荡而发生波动甚至是退步，但历史证明，这样的停滞只是暂时的，到了某一个极点，它必然会重新复苏甚至更加兴盛，并伴随着社会和文明的进步而跨上新的台阶，轴心时代正是最典型的证明，至善统摄也因此而呈现出一个螺旋式的上升形式。

6.4.3 未来统摄现在

"善""恶"及其演变并不是一个线性的关系，很多时候，"善"与"恶"都可以发生相互转化。坎陷之中必然会有两面相伴而行，"善"在很大程度上其实也是从其反面的"恶"来定义，因为只要有"善"，就会有与它相对的反面，所以"善""恶"并不是一个绝对的东西，轮回染习与至善统摄对善恶的不对称对偶非常重要。

轮回染习跟我们所感知的外部对待及早期的抚养方式都有关系。虽然人类整体更多是向"善"走，但是不好的因素也可能掺杂其中。经过反复的"轮回染习"，也可能会酿成偏见、歧视等问题，而在社会变革期，我们对此有了更深入的理解后，我们也更能看到未来可能会出现的问题。从某种程度上讲，我们应当对来自自然和社会的"善"心怀更多的感激而非理所当然。人类今后如何跟智能机器相处？如何让智能机器也变成善的，而不是恶的？在我们理解了“轮回染习”之后，可能对我们设计和教育机器或是人机交互提供了一个重要的视角。

轴心时代提出的都是应然层面的善。我们也有经过轮回染习而来的实然层面的善，但是坎陷世界会对原子世界产生影响，应然层面的善在某种程度上会塑造人类未来，因此应然层面的善也会变成实然。我们当然可以利用各种宗教仍然强大的力量对善进行维护，但事实证明，由于各自对于彼岸的构想不同，这种维护的作用被极大地消解。而且，以前我们信仰神灵或者上帝，认为他们能够为真理性和未来负责；在中国有“天”或者“道”，我们也很放心。但现在看来，这些都不过是人类认知中的坎陷。就像是“无穷大”，看不见，摸不着，它可以在我们心目中存在，但随着我们对实然世界认识的加深，“上帝”“神”这些坎陷正在被不断弱化，而关于未来的至善是不断加强的。这也就回到了坎陷第三定律：所有坎陷的集合构成坎陷世界，它是不停成长、不断完善的。人对世界的认识、描述和改造其实一直在发展和增多，我们相信进步主义，但这个进步其实不是对个人而言，而是对整个人类而言的。这也就意味着，真理是可得的，至善也是可以达到的。

人一生的成长可以看作是意识凝聚的过程。以最初的原意识为起点，人能区分“自我”与“外界”，这个过程中，轮回染习保证了意识的凝聚和扩散是向“善”的，然后随着自身经验的逐渐增多，和外界的交互不断加强，对自我和外界的认识也越来越多，自身的知识领域也愈加丰富，能够理解的内容随之增加，理解的程度随之加深。意识不是单一的状态，而是连续的、动态的，对同一认知主体而言，不同意识状态确实有高低之分，区别就在于对宇宙（外界）的理解程度与自身的关联程度及对未来的预期程度的深浅。这种动态变化方向，恰恰需要至善统摄来维系，正如歌德所言，我们受模糊的冲动驱使，最终仍会意识到正确的道路，这种模糊的冲动源自轮回染习种下的“善”，而要最终意识到正确的道路，仍需至善统摄。

作为万物之灵的人类存在的价值在哪里？生存还是毁灭？这是人类长久以来所思考的问题。当人工智能以超越人类的智慧步步逼近时，探寻全人类的未来之路刻不容缓。霍金等人论及哲学已死，那是完全从物理的角度来看待这个世界。但事实上，人类拥有自由意志，能够自我选择、自我决定。人们要建立何种道德体系，希望世界向何种方向发展，不由物理学决定，恰恰需要在哲学上讨论。面对哲学三大终极问题的第三问题追问，人类的命运已然不能再寄托于上帝和诸神的缥缈旨意，人类要在实然世界找到“如何为自己负责”的答案。

假如说至善是一个趋近的状态而不是一个可达到的状态，那我们是不是就有问题？我们的答案是，因为我们原来的坎陷，在意识进化的过程当中，实际上一直是从比较落后往比较高的状态发展。那个时候的意识更多的是过去和现在，但是我们进化的过程当中，我们慢慢地引入了未来。比如说，金融市场就是这样的，单单现在的实际收益可能很少，但不是说只看现在赚多少钱，而是预估未来能赚多少钱，把未来的折现到现在。大家只要看到有潜力的，也就是未来预期高的，就会赶紧投钱，抬升的是这个产品或者公司现在的股价。这实际上就是把未来体现到现在。希望大家都能意识到，我们是从比较落后的阶段发展到现在比较发达的阶段，而未来还会比现在发展得更好。我们可以把未来拿到现在来讲，是因为未来对现在有统摄，并且我们都相信未来的统摄对现在的统摄是有效的，这是一条有效的出路。到最后，至善统摄未来，统摄现在，我们才有希望。

区块链并不是说可以保证完全不存在造假，而是只能证明在某个时间存在某件事情，事后不可篡改。当然，在写入的那一刻仍然可以造假，但是要维护造假的成本就会相当高，每一个造假者为了让造假看起来真实就必须一直造假，还不如倒转过来，为了长远利益而真实记录，最终形成正向循环。

人工智能技术的高速发展将给人类带来全方位的改变。人工智能与数理、工程、制造、设计、就业、金融危机、政策、伦理等各个方面都可以结合。但另一方面，人工智能本身就需要引入“自我肯定需求”和“认知坎陷”才能够得到更大发展。只有让人工智能具有天生的“自我”意识，它才能明白它本身应该起到的作用。而在这其中，区块链技术的引入，将会帮助人工智能从整个系统中不断地得到正向反馈，从而逐步从整个共识机制中得到“自我”的正向认识，最终有助于解决人工智能的潜在威胁，使得智能制造不会反噬人类社会。

在区块链中，如果充分发挥至善统摄的能力，我们就能够通过未来统摄现在。未来引导现在，至善引导向善，保证节点遵守共识，这将成为未来区块链系统中“宪法”条例一般的存在。

第7章 认知坎陷与通证经济

7.1 意识与认知坎陷

7.1.1 从“中文屋”到“认知坎陷”

塞尔(Searle)在1980年提出“中文屋”(the Chinese room argument)的思想实验来证明强人工智能是伪命题(strong AI is false)。这个实验要求我们想象一位只会英语的人身处一间房屋内，只能通过一个小窗口与外界交互，屋内还有一本英文版的使用说明的规则书(rule book)。中文纸片送进屋子(输入)，屋内的人虽然完全不懂中文，但可以使用规则书来找到这些文字并根据规则找到对应的中文回复(输出)，这样就让屋外的人以为屋内的人是一个懂中文的人。我们可以发现中文屋论题的悖论性，即从屋外看，中文屋有理解能力，但从屋内看，又没有一个真的理解中文的人(或机器)。

国内外有学者尝试从逻辑角度考察该论证的真伪。郝泽(Hauser)提出对于塞尔论证之宏观逻辑结构的两种诊断模式，试图证明中文屋论证的逻辑不自洽。丹普尔(Damper)提出的两种诊断模式引入了“必然性反驳因子”和“可能性反驳因子”来证明强AI(人工智能)断言为假(也是塞尔得出的结论)。徐英瑾提出了论证逻辑结构的第五种诊断模式，推导得出，如果中文屋命题要成立，那么我们要么就去否定中文屋系统和计算机系统之间的有效性，要么就去放弃整个论证的反行为主义目标。但无论如何选择，都将再次导致整个中文屋论证的崩溃。

中文屋论证的焦点在于计算机能否真正理解意识片段或人类能否赋予其

意识，这就需要我们首先理解意识从何而来。触觉大脑假说指出，在大脑快速发育的过程中，皮肤对外界的温暖、疼痛等强刺激十分敏感，使婴儿产生了强烈的“自我”与“外界”的区分意识(原意识)，为高级智能的诞生奠定了基础。自我意识以原意识为起点，即自我和外界的边界始于人类敏感的皮肤，随即可以向外延伸，亦可向内收缩。人一旦意识到我是“我”，那么“我”就难以被抹去，并且这是统一的、整全的概念，不存在任何中间可调和状态。自我的内容一开始可能较少，但随着与外界交互的加深，自我不断成长，意识的内容不断增多，我们看到的世界也就更丰富，而丰富的世界又会反过来增强自我意识，迭代进化。

所有出现在意识里的内容，我们称为认知坎陷。

牟宗三先生第一次提出“坎陷”是在 1947 年，他称其为“良知坎陷”，或“良知自我坎陷”，讲的是圣人在形而上学的领域上升到一定境界，实现了自我的圆满以后，还是要回到普罗大众那里去普度众生，或者兼济天下，这对形而上的超越而言是一种扰乱，因而是“坎陷”(tricked 或者 negation)。我们提出的认知坎陷与牟先生的“坎陷”不同，指的是意识片段，是对物理世界的扰乱，但这种扰乱能简化人类对外界的认知，确定自我与外界的实存，并有利于将认知进行传播和代际传承。所有的认知坎陷都是从“自我”和“外界”这两个最基本的认知坎陷开显(eriginate)而来。

在我们看来，人的所有思维产物或意识片段都可以被理解为认知坎陷：它们都是对真实物理世界的扰乱，但也是人类自由意志的体现。认知坎陷是指对于认知主体具有一致性，在认知主体之间可用来交流的一个结构体。例如可感受的特质(qualia)，“酸甜苦辣”“吃瓜群众”等感受都是初级坎陷，一旦提出，就会有越来越多的人产生认同感。自我意识、宗教、信仰或国家意识等结构体都可以抽象为坎陷。财富、游戏规则也是不同的认知坎陷。我们沿用了“坎陷”二字，但与牟宗三先生提出的“坎陷”含义不同。坎陷，给人一种陷入其中无法抽离的既视感，就像我们想要强调的是，这些具有传播性、生命力的意识片段一旦产生就难以磨灭。

认知坎陷也可以被理解为非线性动力学中的吸引子(attractor)。非线性动力学真正广为人知是因为气象学家洛伦兹，他在简化天气预测模型的时候提出了只有三个变量的演化方程。在求解这组方程时，他发现一些参数的微小变动可能会导致性质大不相同的解。这正是蝴蝶效应的来源——南美洲上空的一只蝴蝶扇动翅膀可能导致北美大陆刮起龙卷风。这当然是一个夸张的、戏剧性的表达，但也说明这个方程对初始条件和控制参数非常敏感。洛伦兹得到的一类解被称为洛伦兹吸引子或者奇异吸引子。除了这些奇异吸引子以外还有一些平庸吸引子，比如钟摆在受空气阻力的情况下会慢慢停到一个最低的位置，这个最低位置就是一个平庸吸引子。

莱布尼茨当初试图用单子来描述人的思维，并认为单子构成了宇宙的基本单元。认知坎陷也有点像单子，描述的是思维世界的关系。思维世界的内容一旦产生就会非常有力量，虽然它们不像分子、原子是物质世界的存在。例如一旦产生了“酸”这样一个概念以后，人们就会围绕着他们对这个概念的理解，去做出他们认为最好的“酸”的食物。圣人、君子的概念一旦提出，就会有人开始朝这个方向实践，即使这些概念一开始并没有很明确的定义。

更具体地来说，认知坎陷大致可以分为三个层次。

第一层次的认知坎陷是与感官直接相关的较为初级的认知坎陷，是从“我”和“世界”这一对最基本的认知坎陷开显出来的，与“我”紧密相关的认知坎陷。比如味觉（甜、酸、苦、咸、鲜）、色觉（五颜六色）等感觉系统的意识片段，是以“我”为中心主体直接感受到的特质。此外还包括语言、词汇的创造，例如前一段时间开始流行的“吃瓜群众”一词，很生动地表现了旁观看客的态度，每个人在第一次接触到这个词语时都会产生很强的代入感，在网络上迅速传播开来，这个词和它代表的含义就是一个新开显的认知坎陷。

第二层次的认知坎陷是指那些我们虽然无法给出准确定义，甚至看不见摸不着，但仍然相信其实存的认知坎陷。比如无穷大。不论数学功底如何，大多数人都会认为无穷大是可以存在的，但让我们仔细想想，无穷大从来都没有人见过，既然看不见摸不着，为什么大家还会认为它是可以有的呢？一方面，虽然不可见不可碰，但也不能断言无穷大这一类的概念一定不存在；另一方面，假如我们承认了这类认知坎陷的实存，会发现更利于我们开显出新的、实存的认知坎陷。这种明知道是既不能证实也不能证伪或否认的意识片段就是我们划分的第二层次的认知坎陷，它也是可以存在的。

第三层次的认知坎陷是指那些生命力非常强大的、能够不断演化的认知坎陷。这一类的认知坎陷也有很多，比如自我、世界、宗教等。自我与外界是最原始的一对认知坎陷，其他所有的认知坎陷都来源于这一对坎陷的不断开显，与此同时，这一对坎陷自己本身的内容也在不断丰富。例如，我们说的“世界”究竟包含哪些东西？从“我”成长的视角来看，最初的“世界”是自己成长的家和陪伴自己的家人、玩伴，但当我们逐渐长大，认知逐渐增强，会发现“世界”可以包含无穷多的内容。相应地，在这个过程中的“我”也是一个可以无限填充的认知坎陷，具体地说，0 岁的“我”、30 岁的“我”、60 岁的“我”肯定具有不一样的含义，不仅容貌发生了改变，认知也在不断变化，但是包括“我”自己在内的所有人都会承认这个“我”具有连续性，这个 60 岁的“我”是从 0 岁的“我”而来，从这个角度来看“我”还是“我”。

之前提到过，我们将初步的由于智能产生的对外界的反馈，称为原意识。在这里，我们不妨更进一步，将“原意识”定义为对“自我”的直观、对“外界”的直观，以及将宇宙剖分成“自我”与“外界”的这一简单模型的直观。这里的“直观”，可以理解为 qualia（可感受的特质）。生命个体对光线明暗和颜色的感知能力是由该个体的基因决定的，但人对于明暗和颜色的直观 qualia 是后天在大脑中形成的。Kay 和 McDaniel（1978）的研究表明，很多语言中，先出现“黑”和“白”这样的词汇，“红”等词汇晚些才会出现。Kay 和 McDaniel 对 78 种语言中颜色发展过程的研究结果如图 7-1 所示。

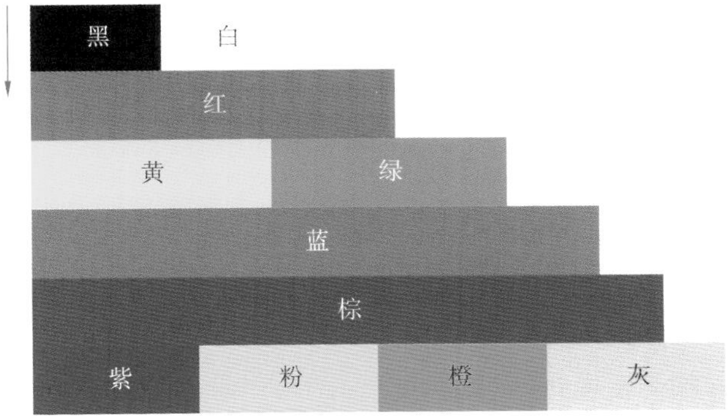

图 7-1 Kay 和 McDaniel **对 78 种语言中颜色发展过程的研究结果**

人有了对自我和外界的区分，自然也就明白了何为自我，何为非我，即人关于“自我”和“非我”的概念对（pair）随之产生。有了这种概念对的原型，很多复杂的感知就可以被封装成概念对，比如“上”和“下”、“黑”和“白”以及“这里”和“那里”等。

一个概念和它的对立面更可能是同时出现并不断迭代加强的。例如对婴儿而言，开始他只能够区分能吃的（如苹果和橙子）和不能吃的（如塑料玩具），这时候对他而言苹果和橙子可能是同一的，但随着经验的积累或者父母的指导，他能通过形状、颜色等开始区分苹果和橙子。此外，即使两个苹果是两个单独的个体，人们仍能将它们归为同一类。有了对“同一性”的认识，它的对立面“差异性”就有可能变得更清晰。

认知坎陷的重要特征之一就是具有生命力。如果一个认知坎陷传播范围越广、传播速度越快，其生命力就越强，反之，如果一个认知坎陷不再被提及，其生命力就会逐渐减弱甚至消亡。例如，前文提到的“吃瓜群众”一词，它的出现与流行逐渐取代了更早前的“打酱油”一词，“打酱油”也曾是网络流行词汇，表示的含义与“吃瓜群众”类似，都带有一种普通看客、路过围观的意思，当更新、更潮的词汇传播开来，原来的热词逐渐变“冷”，生命力减弱。

更进一步地说，认知坎陷的生命力可以是超越所谓的真实的历史事件，超越物质的形式的，比如“黄鹤楼”这一认知坎陷，绝非仅仅指代那一幢楼的建筑本身，实际上黄鹤楼从古至今已被翻修过许多次，早已不是初建的模样，但崔颢的那首诗却流传至今。

但是不论认知坎陷会如何开显、演化、减弱或消亡，在所有的认知坎陷里，最重要的就是“我”这个认知坎陷，它是一切认知坎陷的开端，我们的意识世界、精神世界的内容及产物（包括区块链）都从这里发源。有了这个理解之后，才能理解人类的智能和自我意识的进化，才能理解我们未来跟机器的差异所在，才能理解形成共识的本质，也才有可能构建出面向未来的具有智能的区块链。

区块链世界中的共识就可以归为一种认知坎陷，达成共识就是开显认知坎陷的过程。认知坎陷由个体开显出来，但必须与其他人形成共识、进行传播，才是具有生命力的认知坎陷。如果认知坎陷不再被传播，不再引起共识，其生命力就会减弱甚至消亡。换句话说，共识，也是从小范围开始逐渐成长与壮大的认知坎陷。

7.1.2 具象化的认知坎陷

真实世界本身并没有分成各种各样的概念、意识片段、认知坎陷，而且往往一个坎陷的对立面也是一个成立的坎陷，可谓相反而相成。认知坎陷也具有认知膜，即使一堆认知坎陷看起来是对立的，但两者之间的边界也很难明晰。

比如性别之分，绝不仅仅是男和女的分别。从性染色体的角度看，人们熟知的是XX(女性)和XY(男性),但实际上还有更多的染色体组合,例如特纳氏综合征(XO)、超雄综合征(XYY)、克氏综合征(XXY)及其他性染色体异常的情况(XXX、XXXY 等)。除了以染色体区分性别,还有心理性别、社会性别等分类。

边界的模糊与动态变化从语言的发展中也可窥见一二。比如“公”和“私”的语义发展,“公”最早指称一种尊贵的身份,到春秋时期,“公”有了抽象道德意义上的公共、公平之义。《诗经》中较早出现了公私对举,但公私之间的界限是相对的(模糊不清的边界),从个人、家庭、家族、民族到国家,上对下而言是公,下对上而言是私,公私并无善恶之分。许慎《说文解字》以“平分”释“公”。曹魏时嵇康以不隐匿真实情感为“公”。明清之际,出现了对“私”存在的基础性与正当性进行的合理化辩护。

牛顿曾经讲过:“Truth is ever to be found in the simplicity,and not in the multiplicity and confusion of things.”(真理从来都是存在于质朴性之中,而非源于事物的多样性或混同性。)这里的混同性(confusion)就是源自于认知膜的成长,也就是“自我”(边界)的延伸,这个过程中往往充斥着各种冲突,冲突的结果就可能是新坎陷的开显,即创新之所。

“自我”是认知主体自己创造出来的东西,我们抓不住、看不到,但它却真实地存在着,我们能切切实实地体会到。10岁、30岁、50岁……在人生的不同阶段,“自我”的含义是不同的。它随着年龄的增长不断演化,可以向外延伸、向内收缩,但我们时时刻刻都能感受到“自我”,因此对它的存在也深信不疑。当然,一个人老了,记忆力衰退了,这个时候,他的“自我”和巅峰时期的“自我”自然有不同的含义。衰老、疾病会使一个人的“自我”不断地消逝,到死亡的时候则完全消失。

通感(synesthesia,能将人的听觉、视觉、嗅觉、味觉、触觉等不同感觉互相沟通、交错,彼此挪移转换)和移情(transference,精神分析中,来访者将自己过去对生活中某些重要人物的情感投射到分析者身上的过程)本质都是由边界的延伸而来,将“自我”的一部分延伸到另一部分,又或者将“自我”延伸到另一个人身上。

邓晓芒指出,“自我意识”就是“把自己当作对象来看,同时又把对象当作自己来看的意识”。黑格尔在讨论自我意识的时候提到,自我意识就是“我就是我们，而我们就是我”。宋代的张载曾说“民吾同胞，物吾与也”（人民是我的同胞，万物都和我相融洽）。这些都是自我的延伸：我向对象的延伸、我向我们的延伸、我向国家和人民的延伸。

“自我”是最基础的认知坎陷，认知膜可以看作是包裹并保护着“自我”的、与“外界”区分开来的“边界”，也是模糊且随时可能改变的。随着认知主体与外界交互的不断加深，认知膜可能通过不断的辨析变得越来越清晰，但不可能完全明确下来，随着“自我”与“外界”的交互，从两者的边界中也会不断涌现出新的内容（开显新的认知坎陷）。

除了“自我”，还有一个特殊的认知坎陷值得研究，那就是“无限”（无穷大），它的特殊之处就在于无限描述的是认知主体与所有未知的外部的关系。由于认知边界能够延伸，人类能够把自我嵌入别的主体，比如站在山这边想着山的那边是什么，当得知山的那边还是山，就自动移到了山的那一边，又会继续好奇山的那边是什么，如此往复下去，也是人发现无限的方式之一。

在我们心目中，“无穷大”不仅是实在的东西，还可能是神奇的。这意味着我们把不能很好地分辨的东西都放在一些抽象的概念中去，并将其美化，甚至神化。“自我”“道德”“神”等概念都属于这一类。

“神”（上帝）不需要智能，牛顿的上帝浑身是眼，浑身是耳（这种比喻是典型的从人的认知角度向外延伸）。上帝知道过去、现在和未来所有的事情，他只要查询就行了。而人恰恰相反，其信息处理速度及记忆能力都有限，所以人类需要智能来面对复杂的世界。图灵机本质上可以认为是上帝，虽然它的世界是受到限制的，但它可以精确地查询和预测被设定的未来，所以具有上帝的特征。从这个角度讲，人和图灵机是有差别的。在知识、信息不完备的情况下，图灵机目前所能做的就是对有限的数据在既定的规则下进行演绎，它没有想象力，不能构建一个向未知领域探究的认知膜。

“无限”是坎陷世界里一个无执的存有，这个坎陷的开显，说明了人类能够站在第三方的角度思考，创造出一些看似不存在的概念，也就体现出了人的神性。宇宙可能有限，但人（思维）却可以无限，这种无限可能导致神性，也可能导致魔性。

在认知领域，人的“神性”的特征表现为，人的认知膜可以不断延伸，能够创造出世界上本来并不存在的东西。人类在历史上已经创造了很多思想体系，比如天圆地方的宇宙观、阴阳八卦体系、五行说，以及柏拉图、毕达哥拉斯、康德的体系，这些都是人类认知的表现。类似的概念还有很多，“白马非马”是中国历史上名家的一种著名说法，意指眼前所见的这匹白马并不是我们概念中的马，因为马有很多种，可以是木马、飞马、斑马等。我们每个人的心目中都有一个“马”的概念，虽然不尽相同，但一旦提起“马”，我们都能迅速清楚地明白它指的是什么。同样，这个“白”的概念也是无法准确定义的，但大家都能理解是什么意思。这些抽象的概念所指代的事物看不见、摸不到，但是我们每个人都知道它们真真切切地存在，并且可以拿这些概念来毫无障碍地交流。再往深处推一步，神话中的神、艺术中的审美、道德感等这些上层建筑的东西都是宇宙中原本不存在，由人自己（而并非是由“神”）创造出来的，我们对它们的存在性深信不疑。

由于自由意志的作用，有的人也会钻牛角尖拼命计算，但天才和疯子之间就是一线之隔，这个差别就在于天才（人类的神性）不仅可以发现未知，还可以从深入研究的状态中从容地退出来，而疯子（人类的魔性）却是陷进偏执的状态后就出不来了。“自我”和“外界”之间的边界虽然动态变化，但人类通常能够在特定状态下分辨出两者，一旦走火入魔，丧失了对整体的把握，我们依然需要并且能够回到皮肤这一层清晰的物理边界上来。正常状态下，人在遨游太虚后依然能够回到最初的物理边界（皮肤），虽然“自我”可以至大无外至小无内，但身体（皮肤）的有限性正是让人类不会走向虚妄的保证，这也是机器与人类的重大区别。

尽管无限对人来说是一种体现神性的地方，但是对机器来讲就很可能变成魔性了。物理世界提供了无限多的可能性，使我们具备了拥有自由意识的可能，但也可能让机器陷入一种无止境、无解的状态之中，即“暗无限”（dark infinity）。人类个体时时刻刻都踩在“暗无限”之上，因为有认知膜的防护而不至于陷落到没有宇宙意识的单调境地。

比如看一个苹果，人来观察它可能会看到颜色、形状、大小等，即便还想做更多更深入的研究，但由于人有常识，并且由于人的生物特性（会口渴、会饥饿、会疲倦等），绝大多数人不太可能一直陷入研究之中，而是一定会有中断，从这种状态中抽身出来，避免钻牛角尖（但也不排除有一些思维极端的人，他们更容易陷入疯癫）。但对机器而言就不存在这种情况，它们很有可能会掉入这个无限的深渊，因为它们不需要休息，也不用吃东西，甚至可以一根筋地去研究图像的每一个像素、物理原理中的每一个分子原子，而这就是无止境的了。再比如说，人们倘若想要利用高级智能的机器尽可能完全地计算出圆周率，就算把地球所有的资源都给机器也是不够的，即使真的算出来也没有意义。如果不能解决“暗无限”的问题，那么我们制造出来的机器很可能就是人工疯子。

认知坎陷起源于认知膜。人类主体的认知膜具有认知性，能够将“自我”与“外界”区分开来，并随着经验的增加而不断丰富两者的内容。从边界的角度来看，冲突、创新（新坎陷的开显）和意义皆源于此，都是从“自我”出发，从认知膜的冲突中凝聚并沉淀下来的。边界的模糊性、混同性让认知主体有了不断辨析、突破极限（push the envelope）的方向。这恰恰就是研究认知坎陷的意义。而在此基础上，意识具有了更多的特性。

7.1.3 意识的凝聚与契合

意识可以凝聚（condensate）。当我们写下一段有感而发的文字，这段文字就可以看作是当下某一时刻意识的凝聚（condensation），而过一段时间，当我们再翻看这段文字，就能快速想起当时思考的内容。意识的凝聚也不仅限于文字，绘画、乐谱、雕塑甚至装置，都可以是意识凝聚的具体形式。例如人类发明制造了一座水车，它能够按照人设想的方式随着水流转动，那么这座水车就是人类（发明者）的意识凝聚（水车显然不是生物进化过程的产物）。与此同时，意识的凝聚在特定的条件下才能开显，正如水车要完成既定功能就必须有水流。

计算机也是人类意识的一种凝聚，比如底层的逻辑门（logic gates）是集成电路上的基本组件，从最初的晶体管发明到现代先进材料生产加工形成最终产品，它是其中所有参与人员的意识凝聚，否则逻辑门就不会按照人类预想的方式工作，CPU、编译原理、用户接口等软硬件组成都是如此，从底层构造到算法设计都是意识的凝聚。一旦底层的凝聚完成，这些凝聚就会逐渐沉没下去，演化成共识或常识（common sense），这些共识不常被提及，但它们从出现到沉没的过程是不能被跳过的，正是底层的凝聚，使得后续更高层的意识有得以凝聚的基础。例如，AlphaGo 的独特之处在于其高超的训练方式与逻辑代码，而不是一些最基本的计算机实现原理。计算机自底向上的每一个环节都是按人类的设计而实现的，可以看成计算机能够理解人类的某些意图，换言之，现在的计算机有一定程度的理解能力。

那么 AlphaGo 是否懂围棋？运行 AlphaGo 算法的机器本身并不可能懂得围棋的算法，但可以说是 AlphaGo 加上程序员的意识，程序员教它怎么学、怎么进步，这些内容加在一起才导致了 AlphaGo 赢棋的结果。我们知道机器是硅基，但不能说 AlphaGo 是从同样是硅的沙子自行进化来的，而是由人把它炼制成硅，做成单晶，再经过设计、测试，把它变成集成电路，再到 CPU、计算机整体等，每一个过程都有人类的意识注入其中，而所有的一切都凝聚于此，所以真正战胜李世石或者柯洁的都不是我们看到的某一单纯机器，而是其背后所凝聚的一切意识。因此从这个角度上看这一过程便可以理解了。

当然，严格意义上讲，Alpha 系列并非仅仅是凝聚了 DeepMind 开发团队的意识。人的意识看似仅为每个人自己所有，但实际上却具有很强的社会性。每一代人中的每一个个体的意识，都凝聚着这一领域中前辈们的意识，年轻一代再开出新的坎陷，新的坎陷又往往是更加接近底层规则（fundamental rules）的，足以涵盖前人之经验。而虽然前人之经验一旦总结为更底层的规则后就显得不再有用武之地，但如果没有这些凝聚也就无法开辟出新的、更高层次的意识。因此，前辈的意识凝聚沉没下去，但更高层次的意识凝聚得以成形并扩散给后人，人类文明就是如此迭代进化走到今天的。

意识的凝聚是可以被他人获取（pick up）的，换言之，意识可以扩散（proliferate）。如果将写下的文字给另一个人看，他也能够看懂，也可能试图领会作者的思绪，这时意识就扩散给了其他人。而阅读经典、朗诵古诗词、聆听音乐或者使用设备装置的过程，都可以看作意识的扩散（condensation）。从意识的角度看是扩散，从认知主体的角度看就是理解，当然这种理解涉及程度问题，成长背景越接近、认知膜契合度越高，理解的程度也越深。人对艺术作品的欣赏往往有“美”的感受，这种“美”就是因为优秀的艺术作品可以说是凝聚了从原始时期到创作时整个人类历史进程的意识，所凝聚的意识极能引起共鸣，因而极具扩散性，从而容易被人获取、传递。

人类意识也能够扩散给动物。驯养动物就是典型的案例。《三字经》就记载了“马牛羊，鸡犬豕，此六畜，人所饲”，我们的先辈们很早就开始驯养动物，直至今天，人类驯化的物种越来越多，犬类不仅用以牧羊看家，还能作为特殊功能犬种进行导盲、搜救。这些动物能够按照人类的要求完成训练，甚至在灾害面前能够舍弃自己的生命保护人类，就是因为人类的意识扩散给了动物，它们知道如何对人类有利并付诸行动。

植物也能够获取人类的意识。人类通过筛选种子、嫁接、杂交、转基因等方式，将人类的意识扩散给植物，经过几代的耕种，就能逐渐长成人类期待的形态，结出更多更大的果实，满足人类不断增长的温饱需求。

意识还能够扩散给机器。比如前文我们提到的生产计算机，机器一旦能够按照预想运转，就可以看作是获取了人类的意识。机器进化的速度非常快，按照摩尔定律，计算能力每 18 个月翻一番，虽然现在从物理上或者硬件上改进的速度有可能会趋向饱和，但是在软件改进上，人类还是可以很迅速的。即使是假定每两年翻一番，也已经是很保守的估计了，所以我们创造出了 Alpha 这一系列让人惊叹的事实。实际上 DeepMind 从人工智能第一次打败欧洲冠军樊麾并发表文章，到现在也只有短短几年。未来的进步速度还会更快，即便作为在这个领域研究、工作的人都来不及看各种相关的论文，论文已经变得像新闻一样，每天都有很多新内容，人类的意识每天都能够扩散更多一点给机器。

意识本身是无形的，之所以能够凝聚，是因为意识具有的层次，可以将看似庞杂的内容归结为最底层、最根本的一点；而之所以能够扩散，则是因为意识开显出来的具体表征只是冰山一角，这些表征与认知主体的自我意识亦有关联，一旦被认知主体获取，就能够激活认知主体认知膜内的一系列内容。

语言是意识的载体，反映的是人认知的规律。这个规律先把内容抽象出来，进行合并、简化，形成新的单位（认知坎陷或意识片段），最后再进行有效的沟通和表达。人类能够创造性地使用语言，语法规则虽然有限，但语言表达却是无限的，就是因为语言的根本任务是描述“自我”与“外界”的“关系”。“自我”在不断成长，“自我”可感知的“外界”也在不断变化，两者的“关系”更是变化多端。在这其中，自我的认识不断地进步，语言也就不断地发展，可以说，每一个时代的语言都有其特点，而每一个时代的语言的特点，其实都反映了那个时代人们对于“自我”和“外界”的关系的认知的变化。

创新的语言表达不一定符合传统的语法，但一定能够抓住语言的根本任务，体现出意识片段之间的契合，即新表达的各个部件之间的连接要相互匹配。任何一个部件凝聚的意识范围不能过大或过小，才可能契合，也才能够被人们所接受和传播使用。比如“吃瓜群众”是由“吃瓜”和“群众”两个部件组成，表示网民不发表意见仅围观的状态，这一词语之所以能够流行起来，就是因为这两个部件达成了契合的状态：与“群众”相近的词语有“人民”，但如果说“吃瓜人民”就将原本这种随性的态度变得严肃起来；“群众”是很普通、接地气的人群，如果不是“吃瓜”而是“吃榴莲”，就与大众性显得格格不入了。

进一步来说，随着信息时代的到来，几乎所有的语言每天都面临着大量产生的“新语言”和旧有语言之间的冲突，或者可以称之为“语言纯洁性”问题。语言纯洁性问题的产生，其实就是在当前时代大量碎片式意识集中出现与爆发后的结果。这些碎片式的意识，其实就是一块块的意识片段。而就历史发展来看，往往所谓的新词汇，都是以与过去旧词汇的片段契合作为形式来最终形成。要么是旧词汇的旧义新解，要么是旧词汇的打碎重造。而其最终传播及被接受的程度、广度，其实也就反映了其对于社会的意识流解释，在社会中能够被多少人所接受。不同的片段之间的契合程度，决定了其能够被社会认可的可能性。由此看来，意识片段的契合，其实证明了意识凝聚的重要性，也证明了意识扩散的必要性。

7.2 共识价值论

7.2.1 经济学中价值论的局限

区块链技术实施的重点并不在于去中心化，而是数字的存证（proof of existence），也就是对于过往记录的不可修改性。现如今，数据的篡改和伪造越来越普遍，真实性将会成为未来的重点。虽然区块链技术并不能完全杜绝造假行为（从理论上讲，写入的数据有可能是伪造的数据），但我们可以通过公有链对人的行为进行引导。因为用户造假需要花费的成本比诚实记录要高得多，与此同时风险也很大，一旦被发现造假，这个用户今后的一切行为都会被质疑，可谓得不偿失。综合来看，公有链技术（例如比特币）比联盟链（例如 hyperledger）和私有链更具有价值的重要原因正是公有链记录被篡改的绝对不可能性。

大家对存证的争议不大，但关于是否真的需要数字凭证却有很大的分歧，不少人认为根本不应该使用数字凭证。我们认为，数字凭证对于人类的未来有不可取代的重要意义，是必要的区块链产物。数字凭证的含义绝不仅仅是代币，不同的数字凭证都有各自独特的意义、周期和波动特性。例如，国家货币可以看作是国家层面的共识载体，股价标志着对公司形成的价值共识，而数字通证则可以是更小范围内形成的关于价值的共识载体。我们将从第一原理出发，以价值或价格的形成机制为基础，厘清数字凭证在现代金融体系中的意义与定位。

经济学在两百多年的发展中不断受到现实的拷问。作为经济理论基石的价值论在特定的历史中形成，又在现实经济问题中不断转向。面对从封建社会到重商主义再到社会化大生产的财富涌现，以斯密为代表的古典经济学家开始将劳动作为价值的源泉。斯密认为劳动是衡量一切商品交换价值的真实尺度，劳动最终凝结成价值并由商品体现出来。在斯密看来，社会化大生产带来的繁荣，通过广义的劳动概念将新兴经济的合理性推向极致。只要服务于商品，就是在创造价值，只要每个人能在社会中找到分工的角色进行劳动，就能增进整个社会的福祉，“看不见的手”能够解决所有问题。商品的价值在从农业社会向工商业社会的经济上升进程中找到了劳动这个普遍而坚实的基础。

从 19 世纪后期开始，新古典经济学在争取其科学地位的进程中，完成了形式化和基于效用的革命。作为反叛和独立，经济学一方面极力从历史学和社会学中分离出来，另一方面通过边际概念体系以“革命”的姿态出现。消费、需求、效用新体系的最大贡献，是在资本主义生产关系进化的背景下，在生产力快速膨胀的时代，将物的效用放到需求和消费的环节进行评价，通过边际概念引入微积分，并将经济系统抽象为优化问题，最终完成了新古典所谓的科学变身。从此，财富的增长，不再停留在古典的广泛描述，而变为供给与需求的均衡，变为资源的优化配置。这一过程，是在西方经济始终无法逃脱的波动周期和近代以来自然科学及其指导下的科学技术高速发展的双重压力中逐步实现的。凯恩斯虽然饱受诟病，但他敏锐地洞见了市场的多重均衡和市场失灵现象，并给出了一种暂时脱离萧条的途径。然而从新古典均衡出发的洞见，仍然难以跳出主流经济学的框架，难以找出市场失灵的根本原因。无论是凯恩斯还是新奥地利学派，总是没有办法彻底根除市场周期律的毛病。

马克思最大的贡献，是从劳动价值论出发，深刻洞见了商品经济尤其是资本经济中的根本矛盾。新古典里完美的均衡、资源的优化配置、看不见的手，在马克思眼中都无法掩盖资本主义生产方式造成的生产过剩和分配不公。然而，在现代经济中,“剩余价值”的形式已经发生了深刻变化,初期以直接生产劳动为主要劳动的生产方式,已经被各种附加值累加之后的新“知识经济”取而代之。马克思理论在一百多年以后,面临新的解释困境。

从门格尔开始的边际革命看到了人的需求的可变性,却看不到人的需求来源于认知,更抓不住认知的核心——多参考系。奥地利学派看到了人的行为的复杂性,却只能提供一个理想化的世界。哈耶克看到了个人的作用,最终也背离了米塞斯的初衷,却将对理性的拷问带入“自发扩展秩序”的歧路。哈耶克认识到了个人理性的局限性,却只能无奈地承认并接受它。

认知的作用,在工业革命以来的经济学中被严重忽视,在资产价格巨幅涨落、生产与需求完全背离均衡、财富分配严重失衡的现代经济中被严重低估。商品是人类社会的特产,也是人类认知带来的特产。我们在这里要论证的,不是商品价值的来源和影响,而是在商品价值背后,人类认知的根本作用。始终抓住认知的特点,才能明白人类商业社会的根本规律。

7.2.2 生而得之的财富

价值是如何产生的?这是经济学最基本的问题。从古典经济学到新古典,直到最近的制度经济学,都没有给出一个让人满意的答案。如果我们从哲学的源头、从人最开始的认知去找,就会有新的发现。

婴儿一开始并不会评估价值,并不懂得如何衡量不同物品的重要性,所有的东西对他而言都是可拥有的、可用的,没有度量价值的需求。当别人问起“更喜欢爸爸还是妈妈”,小孩子可能才会开始有比较、排序。这种朴素的思考,其实才开始潜移默化地在认知中埋下比较的种子。

奥地利经济学派认为价值不能量化只能排序。我们认为人类个体其实很可能一开始连排序都不会,根源就是因为婴儿的信任感在起作用。婴儿往往会无视自己和外界的区别,甚至认为自己与环境是一体的,并不需要去排序或评估周围的一切。在这种心态下,并不存在价值排序的土壤。

没有量化,也没有排序,这就是价值度量的最初背景,我们只有理解了这个背景,才能明白在交易之中该如何评估价值。一开始,商品的价格可以说都是错配的(mispricing),只是后来才需要定价。当我们在完全熟悉的环境中,环境可以看作是“自我”的延伸,我们对周遭的信任感很强烈,也没有失去任何东西的风险，自然不需要对这些物品定价。但如果一旦涉及取舍，我们就必须对可能失去的东西进行评估与定价。

比如家长要求孩子选择保留一个玩具，另一个必须拿走，孩子就需要评估这两个玩具对他的价值。也就是说，并不是只有要得到东西的时候才涉及价值，如果要将我们拥有的东西从“自我”中割裂开，也会需要价值判断。苏轼写道：“惟江上之清风与山间之明月，耳得之而为声，目遇之而成色，取之无禁，用之不竭，是造物者之无尽藏也。而吾与子之所共适。”这种清风明月是不需要评估价值的，因为我们不必担心会失去。行为经济家学发现损失比收益带来更大的风险评估，在这个框架下就能够找到认知的根源。

我们认为，价值来源于共识，而共识的基础是自我认知。一个人衡量一个物品的价值是主观的，一个组织内部对一个物品公允的价值可以看作这个组织作为生命体自我意识和认知的延伸。这也意味着不同的自我意识主体有不同的参考标准，而这个标准甚至可能是完全主观的。商品经济，尤其是主流经济学中所忽视的，正是价值的主观性。

回到价值产生的最初阶段，所有的物都是可能有价值的，而人类社会已经定价的只是很少的一部分。对于人类而言，财富是生而得之的。在农业经济中，只有很少的要素被定价。所种即所得，一切收获都是可以预计的。而到了后来，商品经济、资本经济扩展了价值所囊括的范围。互联网和智能经济开始将更多以前没有意识到价值的东西进行定价。人类价值形态的变迁和膨胀，反映的是人类认知的进步。

马克思劳动价值论的可取之处，在于它刻画了一个认知周期内套利空间衰退的阶段：用于生产的资源价格和劳动力成本已经在社会中达成基本共识，认知套利空间有限。从这一点我们也能更好地理解剩余价值。资本家利润的最大来源，随着人类技术发展的进步，已经从压榨剩余价值走向认知套利——尽早进行预期，通过金融市场透支未来制造泡沫，在新创造、新发明被广泛认同、生产的过程之前获得巨额资本，在广泛生产中寻求垄断利润。而严重的产能过剩问题，正来自于现代经济这个新的认知套利循环。

科斯的交易费用和张五常的租值耗散，描述的正是在套利空间收缩的情况下，人类可以利用各种合理的契约方式尽可能延长价值的作用时间，拉长价格相对于认知的渐进时间。

20世纪以来，随着技术的进步和劳动效率的提高，价格与认知曲线的渐进时间不断缩短，一个典型的例子就是摩尔定律。制造业的利润率下降是一个全球性的现象，本质上是劳动效率的提高使得一般制造业的套利空间急剧缩减。此外，由资本推动的知识经济、互联网经济使得价格与认知渐进曲线的周期大大缩短，产生出肥头断尾的渐进曲线新形态。风险投资及股权的持有者正在取代工业化大生产时代的制造型企业家，成为套利最快、攫取社会财富的群体。

价值的认同、资产泡沫的形成，都在于认知。弛豫时间足够长，套利就能够持续更长的时间，财富的涌现就能持续。从工业革命中诞生的内燃机技术、冷战中诞生的互联网技术，都能够为社会经济增长提供长达以百年计算的周期。作为泡沫大户的互联网，并不诞生于企业家的厂房，而是诞生于冷战压力下急需数据共享的美国国防科研项目。集成电路同样如此。亚洲四小龙的崛起，离开政府主导的产业政策便无从谈起。比尔·盖茨呼吁私有经济的富豪们投资绿色能源，也是以在2050年终止人类使用化石燃料为预计，并给出了解释："二战以来，美国政府主导的研发几乎定义了所有领域的最先进水平，而私营部门则普遍显得无能。"

弛豫时间本身也受到人的自我肯定需求作用。关于美学的发明创造可能留下上千年的价值，给人的心灵成长提供养料的榜样明星可以留下近一个世纪的文化产业，而以表浅娱乐和吸睛为目标形成的眼球经济只能形成数年的产业泡沫，且相当不稳定。

现代经济正在经历一个蜕变跃迁的过程。我们要重新定义价值，给出价值创造和财富涌现的新范式。互联网经济中，信息的高效传输一方面缓解了认知的不对称，使得处于弛豫时间中后期的生产者套利空间急速下降；另一方面，新的愿景如果不能在普罗大众中形成高涨的预期并最终实现，无效的经济泡沫的产生不可避免，产能的过剩和个人自我实现的困境就会在这些周期重叠中不断出现。

财富向底层注入，是现阶段缓解产能过剩、提高民众存在感的必要手段。人类未来的经济系统，将由生产型经济向体验式经济转化，这使得人类个体能够在更多的维度找到自我的价值。每一个维度上仍将出现弛豫时间，通过区块链等信息技术手段，愿景、知识、审美的创造者和购买者将同时获得价值的双向回馈。

随着AI和区块链技术的发展，新生事物越来越多，人类认知的不确定性越来越大，彼此认知的分歧也会越来越大，这就要求我们必须能提升达成共识的效率，数字凭证就提供了一条可行的路径。与股票相比，数字凭证可以在更小范围内，让用户快速形成关于价值的共识，其波动周期理论上最短，人们可以通过数字凭证的流通，快速地、不断地加深对链上资产的认知。也因为不同人对未来预期的不同，投射到当下的价格波动可能更为剧烈。

数字货币价格的剧烈波动让人很自然地联想到金融泡沫。泡沫能够迅速膨胀，与资金（很多时候是风险投资资金）快速、大量地入场密切相关。风险投资者一年要看非常多的计划书，即便如此能找到的好项目也很少，其中能够真正成功的就更少，这样一来效率就很有限。在AI技术快速发展的推动下，我们必须对未来的预期做出迅速反应，资金也必须快速到位。区块链技术能够颠覆这种低效的投资方式，直接使用ICO的投资方法，能够使得投资更看重团队或者说是人本身。在区块链中，不仅是投资机构，甚至个人也可以直接用通证来支持项目，比走募资流程简单且迅速得多，一旦成功，早期投资者的收益也会非常可观。

不同的数字凭证都有各自独特的意义、周期和波动规律。凭证持有者在不同时间点对其价值预期有差异，这种预期在区块链技术中能够快速响应，因此数字凭证的价格变动也显得更为剧烈。假如大家对数字货币的认知越来越深入，对链上资产的价值能够达成共识，那么数字凭证的价格也会趋于稳定。

就目前而言，我们还不能断言区块链已经形成了泡沫，但就算是泡沫，其时间尺度也会大幅缩短，也许用几年时间就走完互联网几十年的过程，未来的泡沫甚至有可能只需几个月的时间就会完成。虽然泡沫不是什么好事，但泡沫可以"教育"普罗大众，让普通人迅速了解一些未来将会普及的事物。比如，现在的供应商由于是垫钱发货，常常处于弱势地位。通过区块链技术，以后一定会有越来越多的数据上链，供应链的很多问题是可以得到妥善解决的。比如通过影像观测或货车的压力检测，就可以估算出车辆货物的载重量，由于这些数据一出来就可以直接上链，造假就会变得非常困难，最明智的选择就是保持真实。

7.2.3 认知差异与共识价值

价值的产生，来源于自我意识作用下的认知。交换之所以能够成立，在于认知的差异。一项交易能够达成的最理想状态，是买方和卖方都主观认为自己获利。一个经济周期内,新发明、新技术从产生到普及,再到巨额产业利润的产生,其根本来源于此。

一个新生的国家、一个崛起的朝代,本质上是在经济活动的各个方面形成了认知带来的红利。新制度经济学的核心是契约,契约之所以存在,之所以有效力,在现实中有特定的形成和补偿方式,本质上还是因为人与人之间存在的自我肯定需求带来的多样化趋利行为,这种多参考系认知又在一定程度上存在调和的空间。

行为经济学家研究的,就是在没有市场的情况下人们如何度量价值,甚至在极端情况下,为了某个交换对象,会不会选择以放弃自己的大拇指的方式来达成目的。历史上发生过的,荷兰人用价值二十余美元的玻璃珠换得印第安人的曼哈顿岛使用权。这笔交易之所以能够达成,就是在于认知不对称。认知不对称和信息不对称是有很大差别的,认知不对称更多强调人的主观性,比信息不对称具有更普遍的解释力和发现力。

在交易达成之前,人会对交易品的价值形成一个预期。预期的变化是理解价格的关键因素。典型的例子是股票市场的交易。股票交易的频率和规模是普通商品交易所不能比拟的,是交换行为的实验室。股票价格的波动充分反映了人对特定标的物不同尺度未来的预期。套利最多的,正是那些具有准确预期、走在普罗大众价值认知之前的交易者。本质上,套利的存在就是因为人与人在认知上存在差异,因而形成不同的预期,为一小部分人提供了套利的空间。

在未来的世界中,共识产生价值,这在区块链世界中尤为成立。一切经济行为都和价格紧密相关,价格的背后实际上是对标的物的价值判断,这也是经济学领域中根本的分歧所在。

主观价值论认为,产品的价值波动,来自于不同的消费主体对其需求偏好、急需程度、预期效应而产生的主观评判,这种评判并不被群体的观念所束缚,而是纯个体行为。在主观认为适合的情况下,可能付出比社会平均价值高很多的费用来获得这个产品。劳动价值论则主张商品具有二重性,即价值和使用价值,使用价值是商品的自然属性,具有不可比较性。价值是一般人类劳动的凝结,是商品的社会属性,它构成商品交换的基础。劳动价值论通过厘清商品的自然属性和社会属性的概念,揭示了商品的本质。但实际情况远比理论复杂。比如比尔·盖茨,他一人劳动量最多无法超过一百个微软员工,但他的身价却是其员工的千百万倍。

有四种基于共识的价值或价格形成机制。

(1) 主导(commanding)是一种认知超前的价格形成机制。发明家、新商品的创造者、初创企业高估值背后的股权投资者、艺术品价值的早期发现者,都能够主观强势地定义一个物的价值。主观价格的核心价值是将愿景进行推广。私人或者政府修建博物馆以低廉的价格推广也属于这一范畴。主导价格往往意味着风险和责任。一个主导的价格在形成套利空间的同时,意味着承担起教育(educate)更多人认同和承担创新跟进人群福利的双重责任。现代经济中越来越多的价格由垄断(monopoly)形成。早期的垄断在于对生产资源的占有,而技术经济下的垄断通常依靠发明专利等技术壁垒和渠道资源。

(2) 还价(bargaining)是定价权地位对等的两方进行的定价方式。正是因为定价权地位相对对等,所以双方都对这次定价行为的最终完成存在期望,却也因为认知到对方的期望而产生了获利更多的期望。整个还价的过程,其实就是双方不断地试探对方认知的过程。但这种过程,往往是直接而单层次的,涉及的商品很明显,想要达成的目标也很明显,简单而且快节奏,涉及的对象也较少。

(3) 协商(negotiation)是一个多层次、普遍的价格形成机制。因为认知不对称的存在,协商才有可能。一个所谓错配的价格也是广泛存在的。一项交易能够达成,是因为双方对当下价格使用的价值参考系不同,这个参考系可能是对交易产生价值的范畴不同,比如主观认为在交易相关的其他方面能够弥补价格的损失,或者在协商中产生的对未来的价值获得的预期不同。

(4) 竞价(auctioning)是随着认知在更大范围内达成共识,价值追随者涌入形成的价格机制。竞价的本质是认为当前价格不能反映真实价值,愿意用更高或更低的价格来进行购买。股票的交易本质上也是竞价的一种。

从定价参与者的数量来看,这四种方式的参与者数量依次上升,范围依次扩展,而价格决定力依次递减。与此对应的是,定价参与者所要承担的风险和社会责任是依次递减的。

价格的运动来自认知的演化,从图 7-2 中我们可以近似理解二者的渐近(asymptotic)关系。在认知的极端情况下,我们可以认为某物是无须定价的,因为没有被剥夺的可能。在认知的早期阶段,或者说一个主导价格的形成初期,套利空间很大,但时间相对有限。只有在所有的条件都透明、博弈也已经足够的情况下,价格的形成能够渐进持续,逐步逼近必要劳动时间。在实际情况中,因素往往很复杂,哪怕是生产要素与条件已经近乎透明的钢铁,价格也常常大幅波动。

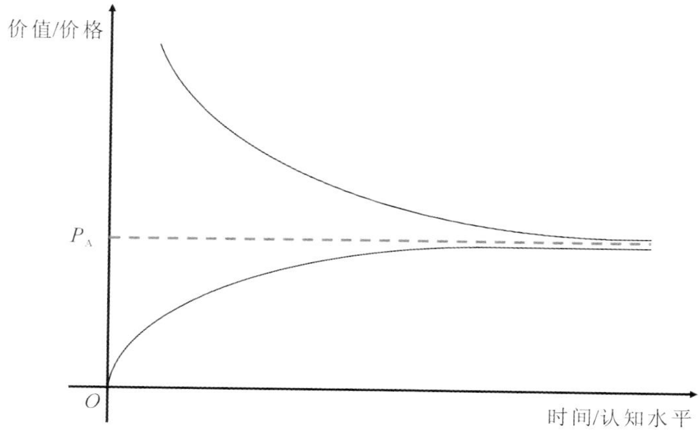

图 7-2　价格与共识的渐近关系

在区块链世界中,图中的横轴可以更具体为共识水平,即达成共识的程度,随着共识程度的加深,针对该通证的价值或价格的收敛趋势仍然成立。以比特币为例,即便比特币已经是全球规模最大的、当前市值最高的数字加密货币,其参与人数也不过千万级别,其价格的波动虽然比其他数字货币稳定得多,但依然波动幅度很大,我们认为比特币的走势还处在图中靠近左侧的区间,接下来还会继续波动迭代,随着更多的人参与,形成共识的范围越来越广泛,比特币的价格才会最终收敛到一个相对稳定的区间。

共识机制的目的是解决信任问题。如何维持群体间彼此的信任,是动物世界的一个难题。弱肉强食的丛林社会中,动物往往对于肉食的一方采取了“零信任”的态度,一旦出现在视线中,便拼尽全力跑开,来保证自己的安全。残酷的动物世界如此,人类社会也不能幸免。

进化到了人类社会,因为文字、语言等沟通技巧的存在,信息之间的交流极大丰富,从而使得信任难题更加错综复杂。历史故事中被人津津乐道的种种策略计谋,大多也都是利用各种信息的不对称,骗取敌人的信任来达到目的的。这是信任难题在战争条件下的体现。而在内政甚至日常生活中,有无数的误会、悲喜剧的发生,其实归根到底,也就是彼此之间的信任出现了偏差。

人类社会之所以成为一个整体,虽然有着强制力量的参与和维系,但信任也潜移默化地起着更根本的作用。军队和法律，当然是政治制度得以建立和执行的根本，不过在日常生活中，人们更多地是因为信任而选择了当前的生活。我们出行之所以用地图，是因为我们相信地图提供方的专业程度；我们的睡眠之所以安稳，是因为我们相信我们的安定生活得到了整个社会的保障。这种共同的信任建立的成果，我们就称之为共识。

共识是一个社会中多数人的共同意见的集中体现。这种意见往往体现了大家对于这件事情的看法。举个最典型的例子，大家都承认中央银行发行的货币是一般等价物，因此中央银行发行的货币才具有流通性和购买力。具体到一个人头上，大家都承认这笔钱是某个人的，那么这笔钱就是这个人的所有物，这也正是比特币的所谓“51％共识”的由来。

不过共识机制虽然在理论上得到了解决，但在实践中逐渐遇到了难题。

随着链的扩张，对算力的需求越来越高，51％的计算越来越难。同时，那些并没有产生太大影响力的链，因为本身的使用人数不多，却始终需要面对着“51％多数攻击”的风险。可以说，这种两难的局面，恰恰反映了单纯从共识入手，来组织区块链的不成熟性。

其实，我们从信任本身出发，可以发现另一条道路。信任本身是易缺失的，而机器的运算是精确的。与其去用所谓的“简单多数”来避免信任缺失，不如设法在它和机器的精确性之间找到一个平衡点。换言之，让精确的机器去负责区块链中运算、分配等烦琐却需要效率的工作，而把“人性”这样一个易变的要素，融合到区块链的设计之中。

7.3　区块链技术的核心价值

7.3.1　存证与通证

一方面，区块链技术的加密传输和数据不可篡改的特性有利于实现智能系统的安全性；另一方面，区块链技术中的通证适合作为交互的载体，便于实现高效性。按照共识相关者进行划分，在小范围内先达成共识、相互协作，再逐步形成更大范围的共识与协作，而不是强制要求一步达到全网共识的水平。

很多人过于宣扬区块链的去中心化，我们认为，区块链技术的核心价值在于存证和通证。

1. 存证

存证也是要求历史记录任何人不可篡改。现在数据篡改和伪造现象已经越来越普遍，这并不是危言耸听，而是可能很多人还没有意识到这一问题的严重性。比如美图秀秀、FaceU 等拍照和图片美化工具，可以说是爱美人士的必备手机应用，但这种“美化”的实质就是对原始真实数据的篡改。当然也包括持续火爆的抖音，更是对声音数据、录像数据的多方面篡改。从技术角度来看，图片数据、声音数据、视频数据的篡改已然成熟，文本类型的数据篡改和伪造的难度就更低，我们时常看得到因在网络散布谣言而被惩处的新闻。到了会被官方惩罚的程度，一般是造谣者在社会上引起了一定规模的不良影响，但更为普遍的现状是，这种篡改或捏造在目前的互联网世界中随处可见，根本不可能杜绝。比如我们常常会看到长辈群或亲友群疯狂转发类似于“某某食物与某食物千万不可同时吃，极度致癌，99.99%的人都中招了”“某某治疗效果好，一般人我不告诉他”等消息，这类消息让知道的人避之不及，但大多数不明就里的普通群众看到了，非常容易被利用和煽动；加上现在互联网的发达程度，篡改、伪造成本极低，散播极快，现在和未来如何保持数据的真实性才是重中之重。

区块链技术具备的存证特征在这种情况下可以发挥重要作用。理论上，采用区块链技术并不意味着可以完全消除欺诈或造假行为，但这并不妨碍我们通过公有链技术来引导用户行为规范。总之，公共链（如比特币）比联盟链和私有链更为可贵的重要原因是，公共链记录的篡改几乎是不可能的。

我们认为，DAG（有向无环图）真正的适用范围就在于构建一种可信的时间戳，能够在不可信环境中为信息的单向流动提供存证。我们可以设计一种可信时间戳机制，为了构建区块链生态的可信性，主链负责提供时间戳，每个子链处理并记载内部的具体信息，每隔一段时间或在特定事件触发的情况下，子链需要在主链上取得可信的、不可逆改的时间戳。任何一条链都可能是可信时间戳的主链，DAG 可以用来实现时间戳机制，但除了时间戳本身，更重要的还是要允许不同链之间的交互。子链由节点维护，维护的数据包括在该子链上的一切操作信息，子链的数据结构一般为 Merkle tree，每一个节点的双亲节点为该节点的哈希值。主链由系统维护，负责提供并维护系统时间戳信息，主链 DAG 示意图如图 7-3 所示。也就是说，我们可以利用 DAG 结构保证主链的可信性，数据上链后，记录就不可更改。主链可以衍生出各种各样的子链，主链与子链的交互示意图如图 7-4 所示。主链记录的可以只是一部分信息，但子链要保证相同的记录与主链完全一致。子链的可信性由自己负责维护。这种维护一般通过一段段地被主链或者其他子链确认、验证来实现。这种维护一般是有偿的，主链确认的费用更高。根据子链的具体情况，子链的管理主体决定具体的维护方案和频率。

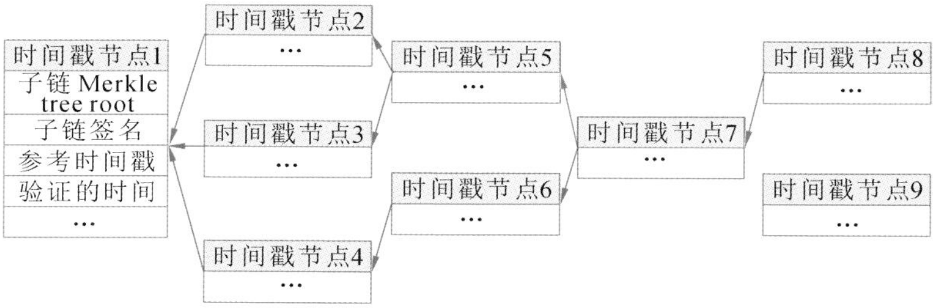

图 7-3　主链 DAG 示意图

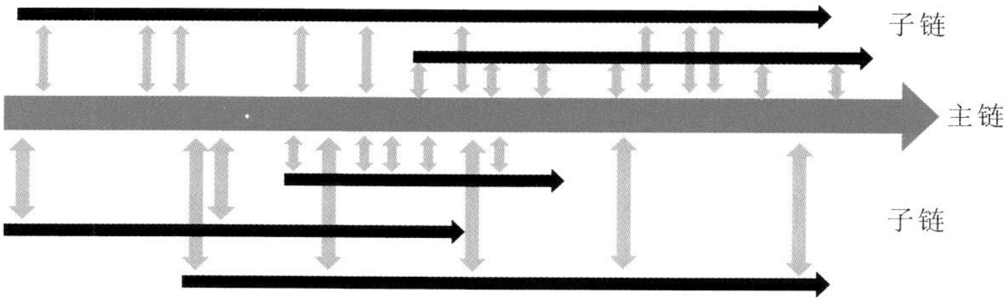

图 7-4　主链与子链的交互示意图

2. 通证

通证对于人类的未来具有不可替代的重要意义，是必要的区块链产物，也是区块链技术的另一个核心价值。区块链技术为主体提供了快速达成共识的有效路径，我们可以将通证看作是在小范围内或者说相关者的范围内，达成本地共识的有效载体或介质，区块链的通证允许我们只在小范围内，对通证的价值或价格达成共识，那么交易就可以成立。

随着 AI 和区块链技术的持续、快速发展，可以预见的是，将会有越来越多全新事物出现，挑战我们传统的认知。当人类认知面临的不确定性增大，不同认知主体之间的差异将进一步显现，这种情况更加要求我们提高共识的效率。通证就提供了可行的途径。与股票相比，通证可以在较小的范围内使用，使用户能够快速形成价值共识。通证波动周期理论上是最短的。人们可以通过通证的流通，快速持续地加深对链条资产的认可。

不同的通证有其独特的含义、周期和波动。通证持有人对他们在不同时间点的价值有不同的期望。这种期望可以在区块链技术中快速响应，因此通证的价格变化也更加显著。如果每个人对数字货币的看法越来越深刻，并且同意链上资产的价值，那么数字货币的价格也将稳定下来。

7.3.2 从眼球经济到通证经济

人的自我意识可以整合不同的意识段，也可以修复一些受损的部分。这种整合和自我修复的能力正是机器所缺乏的。一旦机器的一部分出现问题，很可能整个设备就会被破坏而停止运转。

比一般软件程序更智能的AlphaGo，可以被视为人类技术和文明的一种很优秀的表现形式，它的诞生是所有直接和间接参与者意识的投射。事实上，AlphaGo的主程序可以被视为弱自我意识，它可以支配并实现赢得围棋对弈的目标，但是这个主程序目前还无法检查子程序的功能，或重新设计和修复问题。这是机器和人类的根本区别。

当然，当前的机器已经在朝这个自我修复的方向上发展了。例如，机器(扫地机器人等)现在可以自行充电，或者有些机器如果部件损坏，它甚至可以自行检测并更换。但即使机器可以主动修复并且在未来具有强大的自我协调甚至统摄的能力，我们仍然认为人类是具有独特的价值的，原因就在于人类已经经历了数亿年的进化，不仅具有意识，而且具有对宇宙的意识。

人类开显了这些认知坎陷，也有义务将这些内容继续传承下去。人类因其负担的责任而提升了自身价值，并在一定程度上引领了宇宙演化的方向。世界的未来应该把整全意识和至善统摄放在一个重要的位置，而不是只让有应激反应机制的“有意识的机器”完全接管。

在过去，机器取代了我们的体力劳动，这可以被视为人类肢体的延伸。那时，我们还可以利用脑力做创造性的事情。但是现在计算机被描述为人类大脑的延伸，也就是说机器很有可能取代人类的脑力劳动。我们还有其他不可替代的价值吗？在AI时代，当人类能力被机器一个接一个地超越时，我们肯定会面临一个哲学的终极命题：人类存在的意义是什么？我们在《机器崛起前传——自我意识与人类智慧的开端》一书中，并没有像传统人工智能研究那样从一开始就寻找计算和度量的方法，但最终得出的结论和思路却为度量人工智能及其认知提供了新的启发。

触觉大脑假说指出，人之所以为万物之灵，并不是由上帝设计好的，而是通过进化而来。这个进化过程中，最重要的一个点很可能就是基因突变导致我们的皮肤变薄、毛发减少，因为拥有敏感的皮肤，我们在成长过程中更多地感受到外界刺激，正是皮肤这一物理边界促成了“自我”和“非我”的区分，包裹自我使得自我意识不断丰富并催生了各种意识片段。

但机器的意识不是通过成长习得，而是由人类赋予，因此机器可以看作是人类意识的投射或凝聚。即使机器在每一个方面都可能超过我们，但我们的整全意识，我们的宇宙意识，以及我们对未来的预期，都是机器很难取代的。这些正是我们人类不可取代的价值。

人类发现优秀的、美的这些东西也都属于认知坎陷，未来我们要对所有的认知坎陷进行定价，来促进它的产生。所以我们认为，从互联网到区块链的飞跃是从“眼球经济”到“坎陷经济”。“眼球经济”，也就是“注意力经济”，BAT（百度、阿里巴巴和腾讯）依靠的就是这种注意力，它们垄断了这种渠道，也就是说垄断了“眼球”。

未来的交易是要对所有的认知坎陷或者通证来定价，可以把它们其中包含的细节拆开，让交易者能给出一个相对合理的价格，形成某种共识，我们称之为“坎陷经济”或者“通证经济”。

通证的基本定义是符号、象征，但它更应该被视为证书而不是数字货币。这些证书可以代表各种权力、利益，包括购物点、优惠券、身份证、文凭、房地产、通行钥匙、活动门票和各种权力和利益证明。回顾历史，权益证明是人类社会各文明的重要组成部分。账目、所有权、资格、证明等都是权益的代表。正如尤瓦尔·赫拉利在《人类简史》中所说，“正是这些‘虚构的事实’才是智者脱颖而出和建设人类文明的核心原因。”如果这些权益证明都是数字、电子和密码学保护的，以验证其真实性和完整性，那么人类文明将会有革命性的革新。

在区块链上运行通证提供了坚实的信任基础和可追溯性，这是任何传统中心化基础设施都做不到的。因此，如果通证是通证经济的前端经济单元，那么区块链就是通证经济的后端技术，二者是整体联系共同依存的。在坎陷经济时代，将有更多的意识状态、更多的主观意识参与到定价过程之中，我们更强调主观意识；

而这个“主观意识”一开始只是在小范围内被承认，形成共识，通过小范围内达成的共识，然后再通过上交易所等方式向外扩张，逐渐变成比较大众的共识。

7.3.3 通证作为共识的载体

我们将通证作为达成共识的载体，认知主体的交互过程可以对应到区块链系统中针对通证的价值达成共识的过程。区块链世界中的达成共识的载体——通证——完全可以归为一种认知坎陷，达成共识就是开显认知坎陷的过程，认知坎陷与通证的对应关系如图 7-5 所示。认知坎陷由个体开显出来，但必须与其他人形成共识、进行传播，才是具有生命力的认知坎陷。如果认知坎陷不再被传播、不再引起共识，其生命力就会减弱甚至消亡。从通证的角度来看，发行者发行通证就相当于个人开显认知坎陷，基于通证形成共识也是从小范围开始，然后逐渐壮大直至缩减消失，对应了认知坎陷的整个成长过程。至此，在本研究的设计与实现中，可以将认知坎陷和通证相互替换，两者在我们的研究中具有相同的属性特征。

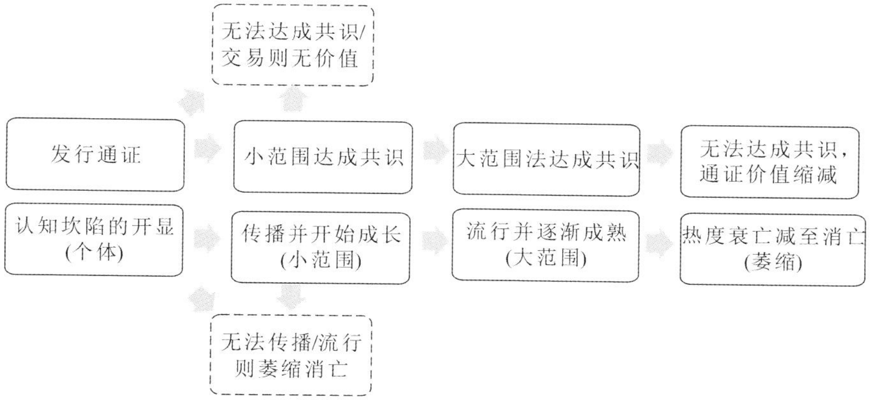

图 7-5　认知坎陷与通证的对应关系

第8章 区块链技术改造的案例

8.1 柠檬市场的治理

“柠檬市场”是经济学家乔治·阿克洛夫(George Akerlof,1970)在学术论文中提出的一种市场现象,研究在买卖双方之间存在信息不对称的情况下,市场交易的商品质量如何降低,只留下“柠檬”。在美国俚语中,柠檬指的是只有在购买后才被发现有缺陷的汽车。

具体来说,假设买家无法区分“桃子”(高品质汽车)和“柠檬”,他们只愿意为一辆汽车支付固定的价格,即市场平均价格 P_{avg}(平均价格来源于“桃子”的价格 P_{peach} 和“柠檬”的价格 P_{lemon} 的平均值)。但是卖家实际上知道他们自己持有的车到底是“桃子”还是“柠檬”。鉴于买家愿意支付的价格 P_{avg} 固定,卖家只有在卖出“柠檬”时才得利(因为 $P_{lemon}<P_{avg}$),而当他们持有“桃子”时将离开市场(因为 $P_{peach}>P_{avg}$)。最终,随着“桃子”卖家逐渐离开,买家愿意支付的平均价格也会下降(因为市场上的汽车平均质量下降),导致更多高品质汽车的卖家离开市场,恶性循环。也就是说,不知情的买方价格会产生逆向选择问题,从而驱逐高品质汽车离开市场,逆向选择是一种可能导致市场崩溃的市场机制,低廉的价格驱走了优质商品的卖家,只留下了“柠檬”卖家。2001 年,Akerlof、Michael Spence 和 Joseph Stiglitz 因研究与信息不对称相关的问题共同获得了诺贝尔经济学奖。

我们的研究提出柠檬市场现象的根本原因是认知不对称,即使面对完全相同的信息,买卖双方由于交易者认知水平不同,依然对价格有不同判断,最终都认为己方获利,交易(经济协作)才可能达成。市场交易普遍存在的认知不对称，使得柠檬市场现象频发（并不仅限于传统商品交易），信息优势方隐藏信息，劣势方被迫采用市场平均值判断商品质量，优势方则获得提供低质量商品的激励，触发“劣币驱逐良币”。我们以票据交易为例，提出双重利率定价法，引入了认知利率的概念，从认知坎陷的角度出发，将用户的认知水平纳入定价体系，用户对资产、风险和市场的认知，可以通过交易记录来衡量，用户的认知水平越高、信用记录越好，其权重系数越高，认知得以测量，知识与信用得以发挥真正的经济效用。票据被承兑后，系统会根据合约，参照中间价和央行利率，对历史卖家进行补偿。票据违约的风险则由历史买家共同承担。双重利率定价法鼓励用户诚信交易、提升自己的认知水平并让用户从中受益，正向的激励促使用户将优质票据带入市场，从根源上避免柠檬市场的产生。该机制可以通过区块链技术实施，并能适用于基于网络平台的任意形式的金融产品交易。

8.1.1 认知不对称是柠檬市场的根本原因

目前，研究成果大致将柠檬市场治理机制分为市场治理机制和行政治理机制，如表 8-1 所示。

表 8-1 当前治理柠檬市场的主要机制

治理机制类型	概述	主要治理手段
市场治理机制	执行者主要是交易双方及行业协会等不具有行政强制力的第三方，信息优势方可以主动向信息劣势方展示更多的信息，或交易双方在合同中嵌入激励条款以解决委托代理问题	信号显示机制 声誉机制 质保机制 第三方介入机制等
行政治理机制	行政治理机制的执行者主要是政府机构，政府减少新市场失灵则具有天然的优势	“守夜人”工作 标准规制 产品责任制度等

这些治理方式并没有统一标准，描述和执行都比较复杂，且在实际应用中积极引导市场的效果有限，也难以评估。本研究主张从认知的角度来分析柠檬市场的根本原因，从而提出清晰、可行、有效的解决方案。

人类协作的历史久远，可以追溯到古人类时期，赫拉利在《人类简史》中表示，智人（homo sapiens）之所以能够在和其他人种（包括东非地区的鲁道夫人，东亚地区的直立人和欧洲、西亚地区的尼安德特人）的竞争之中胜利，是因为智人进化发展出了语言能力，使得智人更容易形成共识并有效协作，可以警示同类危险信息，将信息在群体之间有效地传递出去，进而有利于扩大群体规模，使协作效率得到提升，生产能力随之提高，人类的协作范围也逐步从家庭扩展到部落，从部落扩展到国家。

当人类组织的规模越来越大，组织内部的意见自然会越来越多，协作就会越来越困难，仅凭语言很难完成，于是又出现了礼制、道德、法律等规则约束，包括公司的规章制度，都是从不同层面和角度描述人与人应当如何协作的规定。这些约束在特定范围内能发挥一定作用，但在互联网环境下，由于网络身份的可隐匿性，尤其是区块链技术强调对隐私性的保护，这些规则很大程度上都受到了限制，并且依然要面对严峻的效率问题。

人类意识的起源与发展方式决定了普遍存在的认知不对称现象。两个认知主体在面对相同的信息量时可能给出差别很大的判断，认知不对称是比信息不对称更深入的原因，这与认知主体过去积累的经验、现有的认知水平相关。价值的产生，来源于自我意识作用下的认知。协作之所以能够成立，在于认知的差异，即认知不对称。

交易是一种典型的协作，一项交易能够达成的最理想状态，是买方和卖方都主观认为自己获利。但在一个当下供给一定的系统里，所有"理性"交易者都达到这种理想状态是不可能的。交易之所以能够大规模地达成，形成财富涌现，就是因为不同的人具有不同的参考系，形成层次化、多样化的认知，形成整体或局部的价值套利空间。一个经济周期内，新发明、新技术从产生到普及，再到巨额产业利润的产生，其根本来源于此。

8.1.2 对价格的共识

群体共识的基础是个体的认知。要达成共识，就需要适当填补认知不对称，追求在某一段时间内、在相关范围内，形成对价值的统一认识。

一个人衡量一个物品的价值是主观的，一个组织内部对一个物品公允的价值可以看作这个组织作为生命体自我意识和认知的延伸。这也意味着不同的自我意识主体有不同的参考标准，而这个标准甚至可能是完全主观的。商品经济，尤其是主流经济学中所忽视的，正是价值的主观性。

交易是经济学中最重要的协作场景之一，对价格达成共识是实现经济学协作目标的关键所在。一般来说，不同认知主体对新涌现的事物会产生较大的认知差异，对价格的意见也会有较大的分歧，就好像股票市场中，新上市的股票往往价格波动得比较剧烈，但随着时间推移，协作者的认知水平加深，对标的物价格判断也将趋于稳定。

比如 20 世纪 90 年代的互联网泡沫虽然令第一批的绝大多数投资/投机者损失惨重，在当时看来互联网股票确实值不了那么多钱，但实际上互联网已经通过泡沫快速在人群中普及，从业、参与、追随的人越来越多，在越来越大的范围内形成了价值认知的统一性，数字货币资源逐渐向这一领域聚集，就会真的积累很大的价值，因此只要坚持下来的人，就收获了成百上千倍的增长。现在的区块链技术也很类似，不同个体、组织对这一新技术的认知不对称，导致基于区块链的数字货币价格大幅波动，有泡沫之嫌，但各种资源确实也在逐渐汇集，认知不对称将得到适当的填补，逐渐在一定范围内形成对价值认知的统一性，价格也将趋于稳定。

8.1.3 双重利率定价法

人机智能融合的系统可以应用到票据交易中，实现对柠檬市场的治理。本研究所述的票据指的是可转让票据（negotiable instrument），是保证按要求或在规定时间支付特定金额的文件，通常在凭证上指定付款人。更具体地说，它是由合同构成的文件，承诺无条件地支付货款，可以根据需要支付或在将来的支付。不同的票据可以有不同的含义，具体取决于适用的法律及使用的国家和背景。期票和汇票是可转让票据的两种主要类型。

期票虽然可能是不可转让的，但如果承兑票据是由一个人让另一个人签署的无条件承诺，由制造商签署，根据要求向收款人付款，或者在固定或可确定的未来时间交付，则可以是可转让票据。银行票据通常被称为期票，是银行应要求支付给持票人的票据。根据印度 1881 年《可转让票据法》第四条，“承兑票据是一种书面形式（不是银行票据或纸币），其中包含一项无条件承诺，由制造商签署，以向某人或该文书持有人支付一定金额的命令”。

汇票是收款人向付款人发出的书面订单，用于向收款人付款。一种常见的汇票类型是支票，是以银行为付款人的即期汇票。汇票主要用于国际贸易，并由一个人让银行发出书面命令，以便在特定日期向持票人支付特定金额。在纸币出现之前，汇票是一种常见的交换手段。汇票基本上是由一个人委托另一个人向第三人付钱的订单。汇票在成立时需要三方的参与，即出票人、受票人（或付款人）和收款人。出票人是签发汇票的人，受票人是受出票人委托支付票据金额的人，收款人是凭汇票向付款人请求支付票据金额的人。当某个主体表示愿意支付账单时，他就成了受票人。

在票据交易市场，同样会有新进场的用户议价能力有限，交易达成即定音的现象，这样的机制对新进场用户来说欠缺公平。例如，一新用户提供了面值500万元的期限为6个月的汇票，即便是非常优质的票据，但由于用户议价能力低，最终贴现率定为10%，那么当前的成交价为475万元。这样最终的成交价格可能远低于用户的心理价位，用户的自我肯定需求长期得不到满足，就会缺少维护市场的积极动力，既然好的票据得不到应有的价值认可，那么用户就很可能倾向于选择不是很好的票据投入市场，以平衡自己的失落感。这样的用户越多，市场就会沦为柠檬市场。

1. 引入人类智能——认知利率

在绝大部分的票据交易中，买卖双方的信息与心理状态都是不对称的，持票人（卖方）比买方的信息更充分。我们将卖方对票据拟定的心理利率定义为认知利率，将买卖双方最终交易的利率定义为成交利率，将最终票据承兑的价格定义为承兑价。在票据交易中，我们常常使用贴现率来对应价格的关系，利率和价格成反比，利率越高价格越低，如公式（8-1），其中 P_0 是最终的承兑价，Δt 是距离票据承兑的天数，r 表示基准利率。

$$P = P_0 \times e^{\frac{-\Delta t}{360} \times r} \tag{8-1}$$

双利率，即认知利率和成交利率。双重利率定价法，则是在认知利率和成交利率基础上，确定认知利率与成交利率的中间利率（settlement rate），并以此为依据，承兑后对该票据的历史卖家进行补偿。中间利率是在认知利率和成交利率之和的一半左右的范围取值，比如40%～60%，这一比例我们定义为卖方的权重系数（w），一般取50%，因为中间价的比例是票据交易一开始就约定好并且之后不可再更改的，如果约定取60%，由于买方也知道这一比例，心里会有相应的预期，那么最终的成交价也会相应上浮，从本质上看 w 一开始在40%或60%的位置并不会影响最终的结果，因此为求简单，一般就取50%即可。具体地，通过双利率可得到中间利率，表示为公式（8-2）。

$$r_{\text{settlement},i} = w_i \times r_{\text{cognition},i} + (1 - w_i) \times r_{\text{transaction},i} \tag{8-2}$$

式中：$r_{\text{settlement},i}$ 表示第 i 笔交易的中间利率；

w_i 表示第 i 笔交易中卖家的权重系数；

$r_{\text{cognition},i}$ 表示第 i 笔交易的认知利率；

$r_{\text{transaction},i}$ 表示第 i 笔交易的成交利率。

双重利率定价法更适用于商业汇票，买卖双方对票据认知不完全的交易市场，或者信用记录不好评估的情形。对于强势卖家而言，例如国债不可能违约，那么其交易的认知价和成交价可能一致，w 趋近于 1；若遇到强势买家，没有贴现，w 趋近于 0，卖家也必须接受这一条件。除了这样的极端情况，其他场景中现在对未来都是有利率的，双重利率定价法就可以灵活使用。不仅针对现货，双重利率定价法也可以用于期货，也就是针对未来某一个时段的价格进行评估定价。正常情况下，随着时间的推进，优质票据成交价格逐渐走高，一般认知利率低于成交利率，即卖方认知价高于成交价。当然，利率的趋势和走向不会是单向的，当生命周期中遇到一些特殊事件，增加了票据承兑的风险时，利率就会出现波动。

2. 实施对历史卖家的补偿

在双重利率定价法中，每一笔交易的达成也标志着交易双方签订了一份在未来执行的补偿合约，合约在票据成功承兑后予以自动执行，若票据违约则该合约自动作废。具体地，当票据如期承兑后，证明该票据为优质票据，合约将回溯该票据的每一笔历史交易，由每一笔交易的买方补偿约定的金额给卖方，在第 i 笔交易中，卖家能够获得的补偿金额 $P_{\text{compensation},i}$ 的计算方法表示为

$$P_{\text{compensation},i} = f(\text{ratio}) \times (P_{\text{settlement},i} - P_{\text{transaction},i}) \times e^{\frac{\Delta t}{360} \times r_{\text{benchmark}}} \qquad (8\text{-}3)$$

式中：$P_{\text{settlement},i}$ 为第 i 笔交易的认知价，由 $r_{\text{settlement},i}$ 代入公式(8-1) 可得；

$P_{\text{transaction},i}$ 为第 i 笔交易的成交价，由 $r_{\text{transaction},i}$ 带入公式(8-1) 可得；

$r_{\text{benchmark}}$ 为基准利率，一般采用央行活期利率；

ratio 为最终被承兑金额与票面价值的百分比，在全部承兑的情况下 ratio 为 1，在部分承兑的情况下 ratio 的取值范围为(0，1)，在违约情况下 ratio 为 0。$f(\text{ratio})$ 表示的是关于 ratio 的非线性函数，其取值范围也为[0，1]。

补偿机制合约的制定、跟踪与执行，可以由平台负责，也可以由引入的第三方进行专门管理，即买卖双方与平台或第三方签署合约，承兑后由平台或第三

方对每笔交易的买卖方进行协商与补偿。中间卖家既是前一笔交易的买家，又是下一笔交易的卖家，平台或第三方可以根据具体的合约情况，选择一次性支付或收取差额，提高补偿效率。

3. 权重系数 w 的调整

在双重利率定价法中，引入的认知利率看似简单，却能真正利用知识经济，带来巨大的正向激励。所有的历史交易被记录下来，并呈现给所有用户，鼓励大家积极参与，提升认知。每一个用户的初始权重系数 w 都是 50%，w 的值与用户的信用(历史交易记录)及认知水平(认知利率)相关。从这一角度来看，在双重利率定价法中，用户的知识或认知得以量化。传统的成交价更多体现的是买卖双方的议价能力或在市场中的地位；认知价和权重系数的引入，使得卖家能够保留自己对价格的意见，代表的是其认知水平，参与者对票据资产、风险和市场变化的认知，都可以反映出来。其中时间也是重要的因素，某些特殊时间点，敏锐的用户察觉到市场的变化，再来发行并交易票据，也能体现出卖家对市场的强认知能力。

一般情况下，我们认为 w 不应该趋近于 0，新入场的卖家虽然可能接受偏低的成交价，但其给出的认知价会被记录在案，最后清算时作为得到补偿的依据。随着卖家信誉越来越好，卖家的认知价与中间价越来越接近，表示卖家的认知能力越来越强，那么 w 也会逐渐上升。在票据的生命周期结束之前，票据可以被多次交易，票据也有被违约(default)的可能，但对单个买家而言的损失减少了，是由所有的历史买家共同承担了风险。假如票据在生命周期终结时只有部分承兑(partly default)，承兑价格只要在中间价之上，仍然可算作合格的票据；否则与中间价相差越大，票据越差，票据的发行者和历史交易者的信用记录均会受影响，反映为在系统中权重系数 w 下降。

对于任何一位用户而言最有利的交易方式，就是通过引入合格的票据资产，给出相应的、合理的认知价格，并且维持诚信的交易记录，这样迅速证明自己的认知能力，用户自身就不会处于弱势地位，在协商成交价格时越来越有利，在清算时契合的认知利率又能让卖家得到合适的补偿，进而又可以促使卖家放心地将更多优质的票据带入市场，进一步积累信誉，产生良性循环。基于这样的机制，市场鼓励和强调的是认知能力和良好信誉，从根源上阻断了形成柠檬市场的因素。

双重利率定价法不仅能够用于票据交易,也可以应用于其他形式金融产品的交易,我们提出了权重系数的初步方案,如公式(8-4) 所示,其中 λ 为大于 0 的调整参数,F 多元函数,用来衡量该用户认知水平与其他用户认知水平及最终票据承兑情况的关系。当用户的认知利率低于其他用户的认知利率,若票据成功承兑,该用户的权重系数增加,若票据违约,则权重系数降低。

$$w_i = \lambda \times F\left(\sum_{j=1}^{n} r_{\text{cognition},j}, r_{\text{cognition},i}, \text{ratio}\right) \tag{8-4}$$

当前的权重系数调整机制模型还是一个看似简单的方案,描述了最主要的调整原则,针对具体的应用领域时,该模型也会相应更新变换。在今后的研究中,还需要投入大量的研究与实践工作,这一模型也会在过程中不断迭代改进,其设计思想对市场的良性调节起到可观测的积极效用。

8.1.4 实施效果分析

双利率模型在具体的实施中,根据应用类型的不同模型也可能相应调整。下面以商业汇票为例。商业汇票具有生命周期,一般地,随着时间推进,越临近承兑日期,用户和市场对该票据的了解应越透彻,对其价值的评估应越准确。

情景一:票据成功承兑。

假如针对有效期为 180 天的汇票,汇票面额为 500 万元,初始持票人为 A,在票据的生命周期内,发生了 5 笔有效交易:

(1) A 的权重系数为 50%,在第 30 天,A 的认知利率为 5.00%,同时将票据以 6.50%的成交利率卖给 B;

(2) B 的权重系数为 40%,在第 60 天,B 的认知利率为 4.50%,同时将票据以 5.50%的成交利率卖给 C;

(3) 在 C 持有票据期间,票据的承兑公司被爆出负面新闻,C 急于将票据出售,在第 75 天,C 的认知利率反弹至 5.50%并以 6.10%的成交利率卖给 D;

(4) 随着负面新闻的澄清,市场用户对该票据的信心回升,在第 105 天,D 又将票据卖回给初始持有者 A;

(5) 第 165 天,距离票据承兑还有 15 天,A 以 2.30%的成交利率将票据卖给 E,E 持有票据直至该票被成功承兑。

表 8-2 给出了这一系列交易所涉及的利率以及相应的价格。图 8-1 给出了

三种利率随着交易时间的变化走势，横轴为时间（成交日顺序），纵轴为利率。当生命周期结束，票据成功承兑，ratio 取 1，由各个历史买家给相应的卖家按照合约既定的规则进行补偿。在双重利率定价的过程中，每一次交易的卖方都要给出一个认知价，卖方的权重系数是在双方交易前就约定好的，交易过程中不可更改，而票据的最终承兑价是确定的，即票面价值本身。

表 8-2　双重利率定价法中的票据交易利率与价格

卖方	权重	成交日序	Δt/天	认知利率	成交利率	中间利率	认知价格/万元	成交价格/万元	中间价格/万元	合约结果
A	50%	30	150	5.00%	6.50%	5.75%	489.69	486.64	488.16	1.525
B	40%	60	120	4.50%	5.50%	5.10%	492.56	490.92	491.57	0.656
C	45%	75	105	6.00%	7.00%	6.55%	491.33	489.90	490.54	0.644
D	60%	105	75	3.50%	3.90%	3.66%	496.37	495.95	496.20	0.248
A	50%	165	15	2.00%	2.30%	2.15%	499.58	499.52	499.55	0.031
E	55%	180	0	—	—	—	—	500	—	

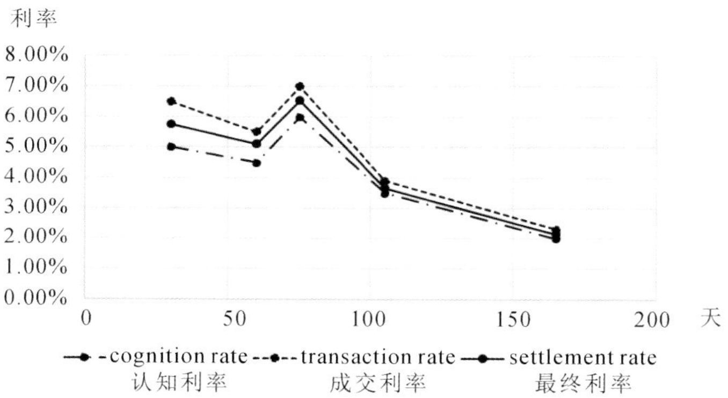

图 8-1　双重利率定价法中的交易利率走势示意图

情景二：票据部分承兑。

在票据交易中，还存在部分承兑和票据违约的情况。票据违约，即完全不能承兑，ratio 取值为 0，$P_{\text{compensation},i}$ 也相应为 0，系统不会执行任何补偿。票据违约后，对历史卖家也不会再追加补偿，所有的交易历史将被完整地记录在案。这些记录信息将会对参与者的权重系数产生影响，尤其是将该坏票带入市场的用户，其权重系数会被系统降低。

表 8-3 和图 8-2 模拟了上述票据最终部分承兑的交易情况，承兑了 250 万元，即票面价值的 50%。从图 8-2 我们可以看到，随着时间的推移，认知利率整

体大致呈现为上升的趋势，说明越接近承兑日期，交易者越能对最终的承兑情况有更清晰的预期。在票据部分承兑的情况下，合约依然会执行补偿，略有不同的是，承兑金额的百分比 ratio 不再是 1，而按照实际承兑金额与票面价值的比例来计算，表 8-3 中的 ratio 相应为 50%。

表 8-3　双利率定价法中的票据交易利率与价格

卖方	权重	成交日序	Δt/天	认知利率	成交利率	中间利率	认知价格/万元	成交价格/万元	中间价格/万元	合约结果
A	50%	30	150	50.00%	72.00%	61.00%	405.97	370.41	387.78	8.699
B	40%	60	120	180.00%	220.00%	204.00%	274.41	240.15	253.31	6.586
C	45%	75	105	160.00%	175.00%	168.25%	313.54	300.12	306.09	2.987
D	60%	105	75	240.00%	280.00%	256.00%	303.27	279.02	293.32	7.158
A	50%	165	15	1750.00%	1800.00%	1775.00%	241.16	236.18	238.66	1.237
E	55%	180	0	—	—	—	—	250	—	

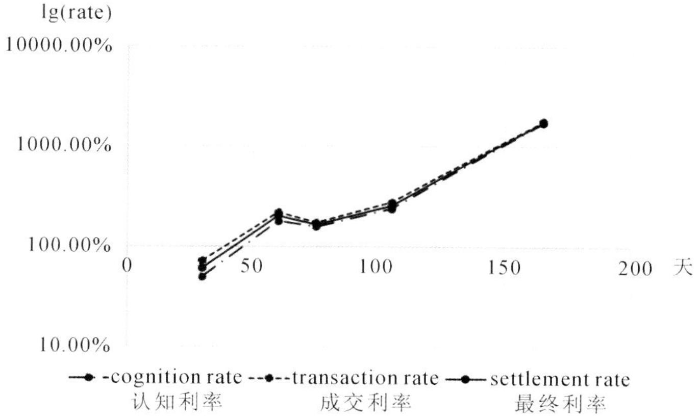

图 8-2　双利率定价法中的交易利率走势示意图(部分承兑)

在票据交易中，认知不对称是常态，并且在短期内不可能完全消除。即便在标的信息暴露得非常充分的前提下，买卖双方由于各自的经历、认知水平的差异，仍然会带有自己的主观意志在其中。我们引入认知利率 $r_{\text{cognition},i}$，就是要尊重交易者的认知能力，以改善认知不对称。卖方有一个心理价位，买方也有自己的一套出价规则，我们提出的双重利率定价法，就是允许卖方给出认知利率，在认知利率和成交利率的双利率基础之上，结合卖家的权重系数，得出中间利率，并以此为依据，在票据的生命周期结束后，根据承兑结果，对历史卖家进行补偿。

每个用户的权重系数 w 会根据各自的历史交易(信用记录)和认知水平的

变化而相应改变,即用户的认知得以量化,知识得以产生真实的经济效果,交易历史从一定程度上反映了用户的信用和道德水平,也能在双重定价机制中产生实际价值。

从实现的角度,我们认为利用区块链技术能更好地平衡交易双方之间的认知或心理落差,改善这种认知不对称。例如,针对每一笔交易,持票人给出的认知利率会被记录下来,成交利率也会被记录在案,待票据生命周期结束并顺利承兑后,所有参与该票据买卖过程的人都能按照中间价来分配利益。

区块链技术的核心特点是提供可靠存证,历史记录不可篡改。对全体用户而言,所有人的买卖信息、行为均记录在案且不可更改,这就提供了天然可靠的参考依据。票据虽然有废掉的可能性,但根据交易者的历史信息,用户可以自行判断风险,给出合适的价格。即便是历史中部分承兑的票据,只要承兑价格高于中间价,依然可归为合格的票据。在这一系统中,越维持诚信交易的用户可信度越高,而一旦恶意定价,或废票率较高,用户就会被质疑,这样就引导用户对交易行为负责,谨慎定价而非漫天要价或恶意压低。也就是说,出价越接近最终实际成交价格的用户是对票据判断正确率越高的用户,在交易中往往更具可信度,更受欢迎。

这样的机制将会彻底颠覆现有的票据交易模式。区块链技术的引入,能够确保所有的交易数据记录在案不可篡改,使得成交价格不再是一锤定音,而是能够根据票据生命周期范围内的历史记录,在票据承兑后对历史用户进行补偿。这样的机制对新入场用户而言,他们的定价也变得有意义,市场虽然要承担风险,但最终价格所有参与者都可以接受,相比传统机制的恶性循环,基于区块链技术来实施双重利率定价机制更能鼓励优质的票据参与市场,给予用户的是正向激励,而非走向柠檬市场,最终实现良币驱逐劣币,彻底突破传统市场中劣币驱逐良币的怪圈。

8.2 企业组织间的链改

区块链技术可以应用于 B2B 协作服务场景中,在 B2B 领域的主体间协作一般是企业组织的协作,互联网环境下的企业协作需要依靠软件系统来实现,而软件的基本属性之一就是易变性。在软件生命周期中,软件处在一个不断变化的环境中，面对不断更新的新需求、新应用环境、性能改进等，B2B 协作服务系统为更好地给用户提供服务，软件自身也在进行持续动态演化。相对于软件维护而言，软件演化是软件系统高层次、结构化、持续性的改变，以便更好地满足用户要求，也更易于维护。持续动态演化是软件的固有特性，软件的持续动态演化特性对于适应未来软件发展的开放性、异构性具有重要意义，了解和发现软件动态演化规律有助于提高软件产品质量，降低软件二次开发和维护成本。

目前互联网协作服务系统的可扩展性，还存在一系列的问题没有得到根本解决，例如，如何在进行局部软件服务替换的时候保证替换前后软件系统行为的一致性，如何设计灵活的处理机制，如何实时、准确地对变更前后状态进行切换等。这些问题的根源可以归结为用户需求持续变化导致的协作系统的服务持续演化问题。

我们提出了一套分层设计的人机智能融合的协作机制，可以实现 B2B 协作服务的有效扩展，有利于实现企业组织的区块链技术升级与改造（简称“链改”）。该机制的通用结构包括针对基础数据的数据链层、面向客户需求的商务智能（business intelligence，BI）中台和成长型业务层。数据链层就是数据坎陷化（tokenization）实现的最重要部分，可以看作是坎陷化的知识工程，数据链层的数据需要经过原始数据处理才能入库，一旦记录便不可篡改。基于基础的数据链层，提取关键信息构建 BI 中台，并继续在此之上进行知识计算，构建知识图谱，建立具备认知坎陷的、具有特定领域常识的、专业的智能应用，为 B2B 场景的协作业务提供更有效率、更专业的技术支撑。

企业组织客户的上链动机实际上是需要我们提供区块链技术为客户进行适合的区块链技术升级或改造，帮助客户将价值上链并交易的。不同于币改专注于简单的商业模式的通证化改造，B2B 协作系统的链改专注于价值上链之后对整个企业组织的赋能，整体逻辑的本质就是通过区块链实现企业“供给侧改革”。价值上链的核心主要包括三个方面：

第一，链改通过高效赋能和改良企业组织的生产关系来实现供给侧改革，正是应用区块链技术中的去中心化、不可篡改以及分布式账本等技术特性对业务的改造实现了区块链从“概念”到“实体”的升级。需要注意的是，链改的对象并不再是初创企业，而是不同行业的“腰部企业组织”，正是这些在行业中规模适中、地位并不占优势的企业组织，最具备相关条件进行链改，能够有动力去实施链改，从而实现弯道超车的效果。

第二，链改通过价值上链的方式，将区块链技术与适合改造的企业组织生态结合，实现真正的业务落地。通过升级改造传统企业组织的商业生态的基本逻辑，解决行业本身的痛点，进而形成更加底层的、根本性的商业模式。正是对企业组织的不同要素重新配置，以及对生产关系进行变革，才能推动传统行业在新的技术生态中能够结合自身优势快速发展，改变其无法形成核心竞争力的落后态势。

第三，链改通过区块链技术的部分原理对传统行业进行改造，是一种更加精准和有针对性的改造。链改并不追求将所有的区块链技术特性应用于业务，而是根据企业的需求和行业特性进行区块链改造，不仅能够实现以往币改的通证经济模型的落地，而且能够更加契合特定企业组织的需求，能够真正实现不同企业组织的供给侧改革。

正因为链改具备以上特性，所以区块链技术的应用场景得到了极大的拓展，区块链技术能够应用在金融、医疗、版权、教育、物联网等多个领域。如果说"互联网＋"对传统实体行业的改造和变革还是基于信息和技术层面的，那么以"区块链＋"为核心的链改是真正能够推动传统实体行业大变革的浪潮。数字经济领域的创新者和创业者们，也应该具备对这样的科技浪潮的创新机会的敏锐嗅觉，通过链改来真正实现区块链领域的创新。

"大型企业—中小型企业—个人客户"(B2B2C)的商业逻辑在相当长一段时间内都是成立且清晰的，每个环节具有自己的分工和特点。尤其是中间的中小型企业不能被迅速绕过，它们承担了迅速响应、教育客户、最后1公里等细节工作，对于个人的消费体验而言十分重要，大型企业难以直接在个人客户端市场实现面面俱到。

B2B智能交易平台就是针对企业提供平台服务，尤其是中小型企业，急需一个实惠有效的宣传平台，将自己的产品展现给潜在客户；客户也需要一个专业可信的信息渠道，寻找合作伙伴。同时，B2B的业务交互信息还需要得到充分的安全保证和适当的隐私保护。客户上链的动机在于既需要可靠合作方又需要信息隐私性，如图8-3所示。

图 8-3 B2B 客户上链的动机

8.2.1 B2B 协作特点

1. B2B 业务强调职业精神

B2B 业务的开展有专业门槛的要求，从业者必须具备专业知识和职业精神才能在 B2B 业务中占得一席之地。

平台业务本身已经非常复杂，例如化学品、药品的交易，不同品牌、同一品种的药品成分、规格、适用人群就不一定相同，代码编码就会很不一样。打造平台的平台，作为集大成者，将更为复杂。因此，B2B 业务尤其强调职业精神和专业性，传统的 B2B 交易强依赖于客户之间的线下交互与客户关系的维护，尤其是大宗交易中，客户很难将一笔大订单交给完全没有过业务往来的新买家或卖家，一般都需要多次交互，买卖从小做到大，循序渐进，这样才能让买卖双方放心，保持供需的相对稳定和可靠。

正是因为 B2B 业务的特性和要求，B2B 将是非常适合实现人机智能融合的应用场景。一方面，B2B 的数据与 To C 业务数据相比是小数据，更需要机器智能和算法的引入，同时 B2B 业务交互的频率相对较低，允许人类有足够的时间反应并决策。另一方面，区块链技术的存证特性正好与 B2B 业务需求契合，我们在架构设计中强调的数据链层、独立 ID 也非常重要，数据无法篡改，交易、token 可以清晰追溯，都能为 B2B 业务的可靠性提供保障。

2. 认知不对称与配送成本

交易市场中普遍存在的认知不对称现象以及配送成本的问题，是 B2B 交易成立的两大重要因素。

配送成本或时空定价是比较容易量化的问题，因此也可以交由具有一定资质的第三方完成。交易者的认知水平则是动态变化且难以量化的，不同交易者之间的认知差异(gap)可以说会永远存在，因此对认知的不对称性并没有统一的评估标准，也不太可能由第三方完成。

认知不对称是指，两个客户在面对相同的信息量时也可能给出差别很大的价值判断，这与认知主体过去积累的经验、现有的认知水平有关，因此我们更倾向于用认知不对称来描述交易市场上的不对称性。对交易标的物的价值判断，对交易风险的评估，都与交易者对市场的认知水平紧密相关。

一方面，正是交易双方的认知不对称，使得针对交易标的物的价值判断有谈判空间，才使得交易成为可能，也是 B2B 交易成立的重要因素之一；另一方面，虽然认知不对称是普遍存在的，但也不能任其肆意分化，如果不能对其加以适当的填补，就容易导致柠檬市场或中小微企业的生存难题。因此我们计划引入区块链技术，让区块链提供价值传递的工具，从一定程度上填补 B2B 交易中的认知不对称，避免出现柠檬市场的恶性循环，也为中小微企业客户提供一个可信、可追溯的信用评估工具。

3. 企业组织间协作挑战

企业组织间的协作也面临特有的挑战。

第一是企业对技术或信息的安全顾虑。任何一家企业都会担心如果将自家的信息或技术放到其他平台上，就脱离了自己的掌握，难免会存在机密泄露的隐患，而且其他平台企业越是同行，就越是忌惮。企业对于研发、生产和经营数据在工业互联网平台上的共享普遍持相当保守的态度。因此，出于对机密和知识产权的保护等问题，大企业更倾向于开发自己的平台。

第二是不同 B2B 平台之间的割裂。早期制造业信息化在中国推广普及的结果是造成了无数的“千岛湖”和“烟囱式”的企业信息化集成项目，不同品牌与功能的信息化软件之间难以集成，信息化软件与物理系统难以集成，不同企业之间的信息化系统就更难以集成。今天的工业互联网平台依然存在此问题。

第三是 B2B 业务的复杂性。从事设备联网二十多年的北京亚控科技发展有限公司资深专家郑炳权认为，想要实现工业设备之间无障碍的通信，需要打通至少五千种通信协议。朱铎先认为，尽管现在设备通信协议趋于标准化，但在不同利益的羁绊与驱使下，不同企业尤其是商业巨头之间未能就协议达成一致标准。由于 B2B 业务的复杂性，我们在探索人机协作这一过程中，也会遇到类似的非标准化、接口多而杂的问题。

信息技术的持续高速发展，尤其是在存储空间、通信效率和计算速度上的大幅跃升，使得过去不可能或很难实现的任务变得可行且成本更低。

1956 年，IBM 的 RAMAC 305 计算机装载了世界上第一个硬盘驱动器(hard drive)，正式开启磁盘存储时代。这台驱动器体型大约为 2 台冰箱大，重量约 1 t，能存储 5 MB 的信息。1969 年 Advanced Memory System 公司生产的全球第一块 DRAM 芯片容量为 1 KB。1999 年，松下、东芝和 SanDisk 基于 MMC 卡技术，共同研发了 SD 卡，一直使用至今。六十多年来，计算机的存储容量增长了 10^6 倍。带宽速度从每秒几百字节增长到百兆量级，5G 技术的传输速度理论峰值更是高达 10 GB/s。除了存储与带宽，计算机算力、人工智能技术也在持续快速发展，现在已到考虑全新的体系结构，解决网络世界中主体协作普遍存在的效率与安全问题的时候了，全新的体系结构中的每个细节都可以由 AI 辅助通过人机结合的方式完成。

在 B2B 领域，短期内不可能实现通用人工智能(AGI)。“术业有专攻”，人类的高级智能并非通用的，虽然大多数人具有相似的常识，但人类个体的智能具有专业性。在部分细分的专业领域已经实现了强人工智能，机器已然超越人类，例如 AlphaGo Zero 能够打败人类棋手冠军，AlphaFold 能够完胜人类进行蛋白质折叠的预测，AlphaStar 在竞技游戏中打败职业选手等。

C 端业务(B2C、C2C)是典型的大数据应用场景，但在大多数 B2B 业务中，并没有海量数据，B2B 在智能化、信息化、互联网化方面仍有极大的上升空间，更需要引入人工智能技术对相对小体量的数据进行有效分析。

5G 技术的出现也为人类的未来赋予了新机遇，超快速、稳定的数据传输，使得远程实时分身技术成为可能，势必为我们未来的生活和工作方式带来前所未有的便利与变化。

区块链技术的核心价值在于存证与通证，不可篡改的记录使得信用和价值得以有效传播，极大地提升交易、投资等工作的效率和可信度。

链改本身的使命共识，在国家战略层面是赋能实体经济，拥抱监管；在产业战略层面是找到提高效率、降低成本下的最大共识公约数。助力实体经济供给侧改革，去库存，提高融资能力，增效能，建立区块链新世界的价值投资信心，赋能实体经济，助力产业升级动能转换，降低成本，提高效率。

赋能实体：提高实体经济的活力和动力，不断提升管理效率，增加用户、供应商和员工的黏性和活力。

创造价值:不断降低企业的经营成本、市场费用,不断创造新的产品和服务,不断创造新的客户,创造新的价值。

产融结合:让更多的产业和金融融合,让更多的企业获得更广泛的融资渠道,解决融资贵、融资难的问题。

生态发展:聚集企业、政府、协会、媒体、投行、基金、交易所、咨询机构、教育机构等,促进区块链生态的快速发展,多方获益。

在区块链的技术框架下,B2B的各参与方可以进行公开、透明的协作,新的诚信体系、价值体系和交易秩序将会由此产生。基于区块链技术,为企业提供全生态服务的B2B平台可以设置相应的奖励机制鼓励B2B平台上的企业成为区块链的节点,将企业基本信息、交易记录、物流信息与资金来往、信用记录等信息全部存储在区块链上,B2B平台能够直接获取这些标准化的信息,从而进行进一步处理。

长久以来,企业IT架构大多采用前台、后台双层架构,前台是与用户直接交互的系统,后台是企业的核心资源,包括数据、基础设施和计算平台等,如财务系统、客户关系管理系统、仓库物流管理系统。企业后台系统并不主要服务于前台系统创新,更多的是为了实现后端资源的电子化管理。后台系统大部分采用外包和自建的方式,版本迭代慢,无法定制化,更新困难,考虑到企业安全、审计、合法等限制,无法快速变化,以支持前台快速变化的创新需求。前台往往追求快速创新迭代,后台系统管理较为稳定的后端资源,追求稳定。因为后台修改的成本和风险较高,因此需要尽量保证其稳定性,但还要响应用户持续不断的需求,自然将大量的业务逻辑放置到前台,引入重复的同时使前台系统不断臃肿膨胀。因此这种“前台+后台”的系统架构极易出现匹配失衡。

8.2.2 B2B分层协作设计

基于上述对场景和技术趋势的判断,我们针对B2B的应用场景,提出了一套分层设计的人机协作机制,根据应用场景可以具化成相应的系统架构。设计的核心思路在于,专注从数据的角度进行处理并按时响应个性化需求。这套设计自底向上包括数据链层、BI中台和成长型业务层,又可以根据实现/应用场景演化为服务架构和B2B架构,如图8-4所示为分层的B2B人机协作机制示意图。

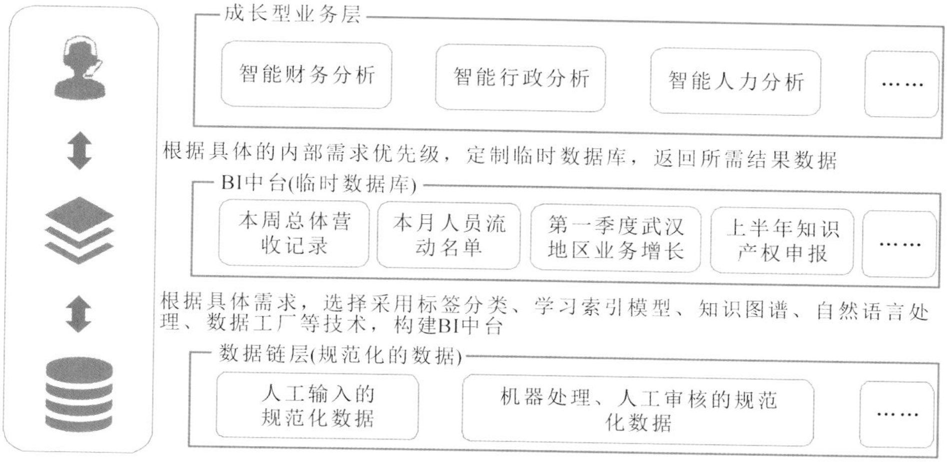

图 8-4　分层的 B2B 人机协作机制示意图

数据链层，顾名思义，采用了区块链底层技术，通过数据上链、分布式存储的方式，实现数据的链式组织，数据只能够不断追加和查询，而不能够被删除或篡改，以此来保障数据的安全性与一致性。存储的数据支持多种结构，具有很强的灵活性。

BI 中台是需求导向的，相当于一个一个的智能代理(agent)，通过成长型业务层获得用户需求，将用户需求智能拆解为数据需求并向数据链层申请获得相关数据，再经整理后返回结果给业务层。BI 中台的性能并不一定都需要实时性，根据具体的场景和需求优先级可以是实时的或异步响应的。BI 中台的查询方式可以是索引目录表、机器学习索引模型、多标签极限分类方式，可以形成知识图谱、数据工厂等形式，达到对数据链层的粗粒度抽象。

成长型业务层提供两大功能，其一是捕获用户需求，其二是通过与用户的交互逐渐适应用户的行为习惯。

BI 中台根据需求查询数据链层中的数据，解析后生成结果，并能够根据用户的不同需求做出适应性调整。智能服务机器人直接调用 BI 中台为用户提供服务，服务包括数据分析、构建知识图谱等多种类型。

1. 基于安全设计的数据链层

所有基本信息都永久存储在数据链层中。信息的具体格式没有规范化要求，可以是结构化的数据，可以是非结构化的数据，也可以两者同时存在。信息的内容可以包括文本、图片、视频等多种格式。我们在进行基本信息写入数据链层申请时，系统可以向申请者收取一定的费用，以保障系统中存放的信息的价值。例如，当使用区块链作为永久数据存储模块时，这种费用可以通过通证的形式收取。

数据链层中所存储的信息可以包括修改信息。由于已写入数据无法被修改或删除，当确认已有数据存在谬误时，可以申请修改已有数据的基本信息。修改已有数据的基本信息可以包括但不限于待修改信息位置、修改后的内容、修改的原因、修改的时间等。如果修改申请被写入到数据链层中，原信息和修改信息同时存在，BI 中台可以根据需要进行查询。

信息可以以明文、加密或部分加密的本地或分布式形式存储，具体的存储方式可以根据存储内容的不同做出相应的调整。例如存放视频等较大规模数据时使用分布式的存储，存放财务信息时使用加密本地存储的方式。

基本信息应该是通过审核后再进行存储的。审核要素包括但不限于数据的真实性、数据的完整性等。审核可以由人工来完成，也可以由特定的程序进行校验。对于满足特定要求的数据在扣除申请者一定费用后进行写入，对于不满足特定要求的数据向申请者返回拒绝写入的结果。

2. 治理机制设计的 BI 中台

随着互联网进程的推进，新业务模式不断涌现，把各个平台的数据放在一个单独的子模块中做汇总、聚合、转换的设计模式，“中台”的概念应运而生，但并没有一个统一的规范。例如，2015 年阿里巴巴就提出了“中台战略”，主要指的是阿里要实施业务中台，使得对用户的响应更快，更能满足个性化需求。ThoughtWorks 先后提出了数据中台和 AI 中台的概念。数据中台提供的是存储和计算的能力，基于不同的业务场景，构建出了用来支撑不同业务的数据服务，依托于强大的计算力，可以快速缩短获得结果的周期，数据中台示意图如图 8-5所示。而 AI 中台则是将算法模型融入进来构建服务，让构建算法模型服务更加快速高效，以更好地面向业务。但无论是数据中台还是 AI 中台，都是一层基础设施，做好基础设施只是第一步，如何让它的价值最大化，还要依托于 AI 中台不断结合业务来持续优化，做到“持续智能”。

从技术发展过程的角度来看，大部分的单体架构比较接近于“前台＋后台”模式，由于需求的不断细化、增加，最原始的一刀切模式很难满足要求，分布式软件架构则可以或多或少体现出“中台”思想。把视角切换到面向未来的主体协作场景中，如果我们想要打造一个可靠的、可用的主体间的协作平台，就很难从现有框架中选择一个优点均衡方案。

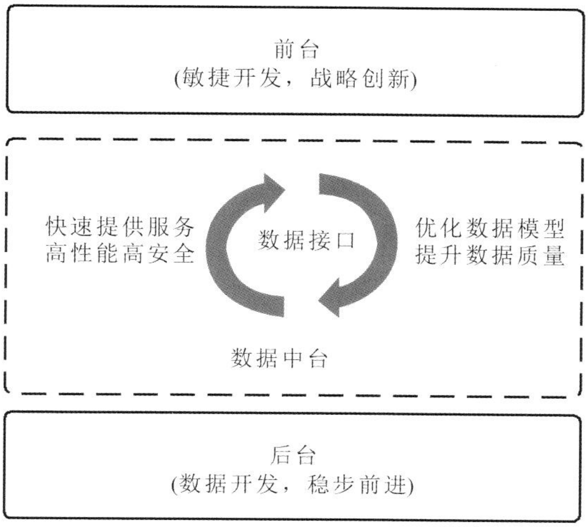

图 8-5　数据中台示意图(根据 ThoughtWorks 绘制)

相比业务中台、数据中台和 AI 中台，我们提出的分层设计的 B2B 协作机制以 B2B 场景为切入口，是一个非常适合人机协作的环境。一方面，B2B 的数据量一般还不足以达到大数据的量级；另一方面，企业级客户的协作时间较长，需要严谨决策，而非冲动交易或协作。在这样的前提条件下，机器的智能就显得更为重要，一般海量数据条件下，简单算法也可以达到一定效果，但在数据量不是特别充足的情况下，不同的 AI 算法选择和优化方法就很可能导致差异很大的效果。

BI 中台的设计始终从认知坎陷的视角出发，即关注目标本身，在垂直方向上的逻辑链条十分清晰，彼此之间能够清晰切割，BI 中台直接对应成长型业务层的需求，根据个性化的需求梳理、请求或增加数据链层的数据，原始数据互不干扰，并且新增或扩展业务层需求、数据链层的数据，都不会影响已有的功能和原始数据。

也正因为如此，分层设计的 B2B 协作服务系统不仅能够实现“链改”，也能为客户定制 BI 中台服务，对组织或企业级客户来说，在平台上每新增或扩充一项品种业务，重点是配套研发 BI 中台内相关的 AI 撮合系统，这一套服务可以适当收费，作为盈利点。

BI 中台的生成依赖于特定的智能处理机器人。智能处理机器人能够根据 BI 中台的要求解析区块链中的不同类型的数据，使之转化成为智能服务机器人所需要的形式。智能服务机器人直接使用 BI 中台的数据，为用户提供服务。这类服务包括但不限于数据展示、数据统计、知识图谱构建等。从已有系统迁移到本系统结构中时，能够最大限度地保留原系统。原系统中的数据存储部分只需要追加权限管理即可在新系统中使用，且新系统中能存放更多结构、更多类型的数据而不改变原数据。原系统中的服务可以直接成为新系统中的一个（或多个）智能服务机器人，新系统只需要按照新的需求构建新的智能服务机器人即可。

通过融合人类与机器的智能，能够实现两类主体的高效协作。首先，引入机器学习的方式，让机器或服务运行的载体主动适应不同用户的操作习惯，改善用户体验。其次，通过自然语言处理（natural language processing，NLP）技术，能够实现基本的人机交互，释放一部分人力劳动。最后，通过智能推荐算法，系统能够为协作方提供智能撮合，加快进程。机器学习不仅可以用于学习业务知识，还可以用于学习用户的行为习惯。我们以企业内部工作场景为例，该场景的特征是，对原始数据的清理相对简单清晰，顶层的需求较复杂，对实时性要求不一，此时人机协作机制可应用为不同架构，如图 8-6 所示。

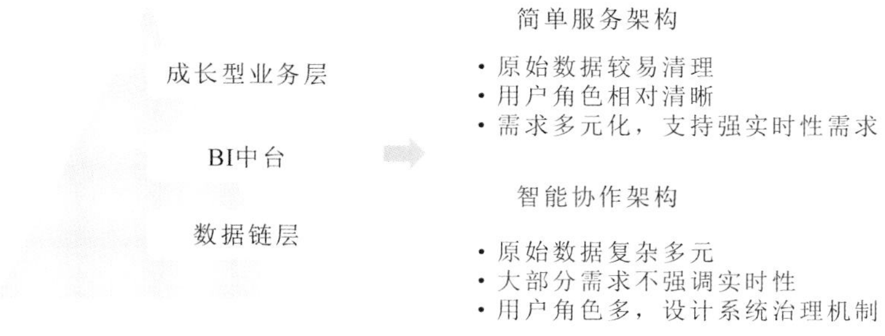

图 8-6　人机协作机制可应用为不同架构

例如，企业的财务数据，虽然项目繁多，但相对而言容易清理、规范化，可以根据交易、票据等提取所需项目及金额，与财务数据相关的需求又很多元，时间上可以按日、周、月、季度、半年度、年度进行汇总，项目上可以是所有项目的营收概览，也可以细致到某一商品的具体交易，优先级上看，可以是高管需要的实时数据，也可以是财务人员制作周期报表的低实时性要求数据，等等。通过应用撮合服务架构，在底层的数据链层可以采用机器辅助财务人员的方式，对大量财务数据进行快速的审核入库，顶层可以通过对话机器人或人机结合的交互方式，迅速分解需求，然后根据需求构建中间层的 BI 中台，由 BI 中台调用并按逻辑梳理数据，返回给需求方。一方面，需求方不用与底层数据直接交互，节省了时间，也提升了安全性；另一方面，数据链层只需要负责录入有效数据，不用局限于数据的具体形式，可以是结构化、半结构化或非结构化数据，由 BI 中台根据需求进行查阅、调取和结构化，聚焦于数据本身，逻辑清晰，可以降低原始数据的管理成本，提升数据应用的效率。

图 8-7 展示了架构具体的应用场景之一——金融撮合成对接系统。该系统的主要功能是模拟风控，预评估客户资料，为不同的企业或组织客户对接适合的金融机构及金融产品。虽然是外部业务，但金融撮合系统的业务需求范围相对简单，所涉及的数据较为标准、容易梳理，简单的 BI 中台或人机结合的 BI 中台即可满足需求。

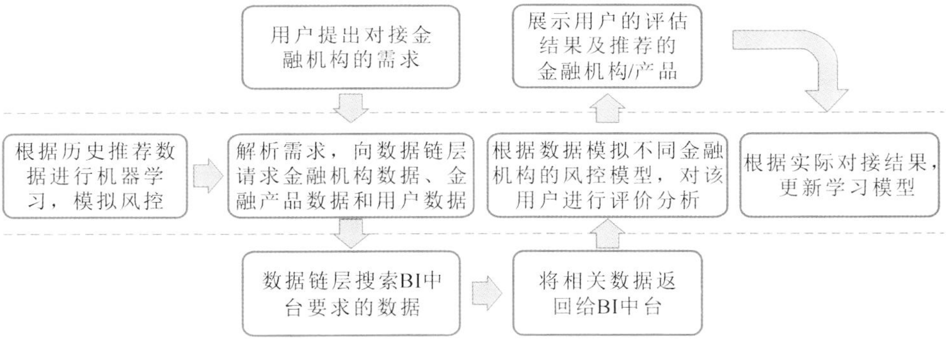

图 8-7 服务架构可应用于金融产品智能对接系统

3. 历时性设计助力智能制造的服务撮合

分层设计的 B2B 协作服务系统，未来可以在多种具体的 B2B 交易场景下应用，该场景的特征是，原始数据的形式非常复杂，可以是任意形式的数据输入，比如可以是记录 B2B 交易的、传统的关系型数据库和非结构化的 NoSQL 数据库（键值对、列表、文档型），可以是现有的客户关系管理系统基础数据，可以是 ERP 数据，也可以是文本、图像、音频、视频等。例如，除了信用证交易数据，还可以有相关货物在库或在运的图片、视频、声音等信息以作背书等用途。

B2B 架构在数据存储与智能交易的设计基础上，尤其强调底层数据链层的管理与维护，从区块链的视角来看就是 tokenization 实现的最重要部分，这一部分的过程可以看作是坎陷化的知识工程，智能交易技术架构示意图如图 8-8 所示。数据链层的数据是原始数据经过处理后录入的，一旦记录便不可篡改。对原始数据的处理，可以是完全人工录入（比如重要的信用证、合同等数据），也可以是完全机器录入（比如视频处理、OCR 处理），或者是人机结合的形式，让机器先做重复性的、工作量大的预处理，再由专人进行审核上传。

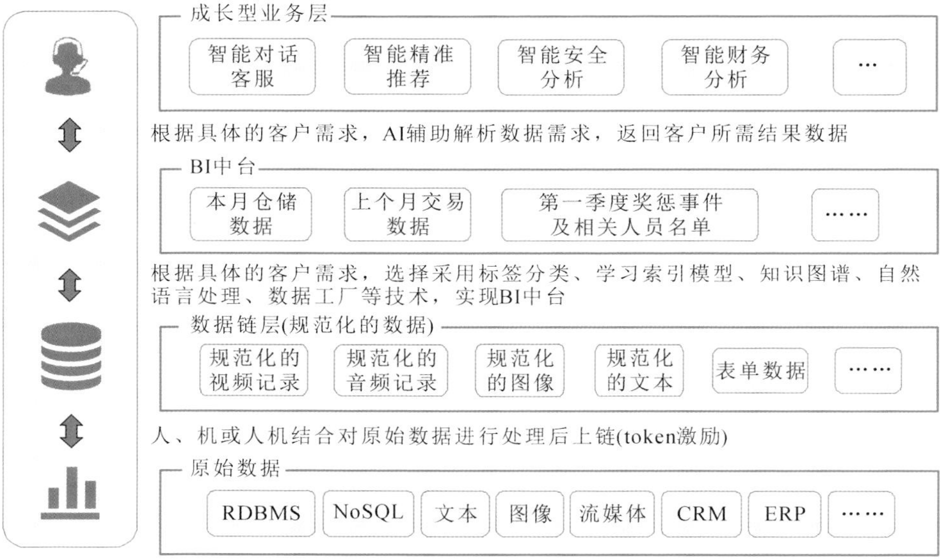

图 8-8　B2B 智能交易技术架构示意图

数据链层里存储的就是上链数据，由于系统采用联盟链的区块链技术，数据的录入存在一定的审核门槛，主要包括节点数据（新客户注册）、交易表单（节点发起交易，录入需要采购或者可以供应的商品数据）、时间戳数据（根据客户提交的数据进行验证并上链）和奖惩通知数据等。除了交易数据可以上链，客户节点也可以选择将日常运营数据上链，例如仓储数据、物流数据等，数据越丰富，对节点提升信用度越有帮助。

图 8-9 模拟了 B2B 架构用于广告位智能对接系统的情形。当 BI 中台逐渐成熟，除了不同种类的 B2B 交易，B2B 架构还可以支持物流、仓储等数据上链及管理，以及服务架构里提供的各类服务。

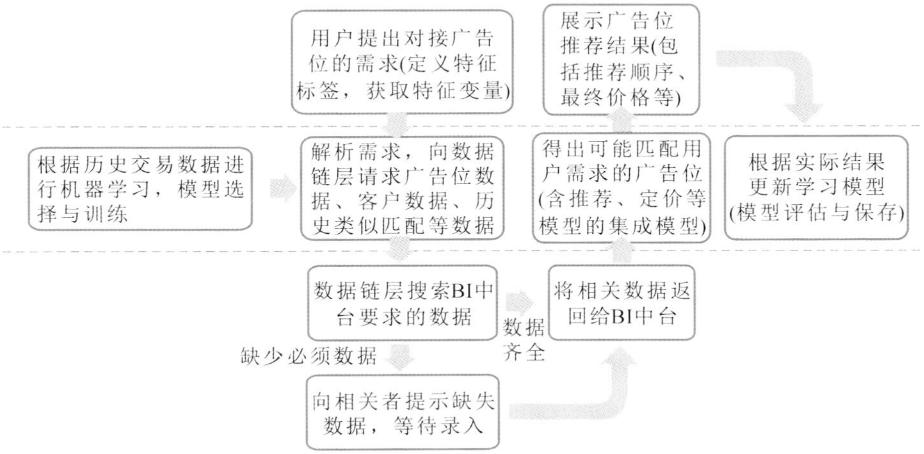

图 8-9　广告位智能对接系统的部分过程

8.2.3　实施效果分析

目前的企业组织间协作服务系统设计主要分为单体设计和分布式设计，表 8-4 和表 8-5 分别总结了这两类设计的特点。根据 B2B 的不同业务场景，可以在上述架构设计中找到能够在一定程度上满足要求的思路。但问题在于，系统的需求不停变化，系统规模一般也在逐渐增大，复杂度逐渐增加，传统的设计思路难以为 B2B 提供一个持续可用的、支持有效功能扩展的基础设计。新兴的数据中台和 AI 中台主张一开始就给出比较完备的系统设计方案，但对于互联网程度较低的 B2B 协作场景而言，实施起来的难度较大。

表 8-4　单体架构的特点

架构	优　势	弱　势
简单单体	简单单体架构的应用比较容易部署、测试，可以很好地运行 适用于快速原型 demo 或规模较小的系统实现	代码耦合严重：不同模块可以直接相互引用 复杂性高：随着需求增加，灵活性降低，维护成本升高 可靠性差：一个应用 bug 就能导致整个应用崩溃 扩展能力受限：作为一个整体，无法根据业务模块需要而伸缩 阻碍技术创新：统一的技术平台或方案解决所有问题，要引入新框架或技术平台非常困难
MVC	逻辑直观，容易上手 可以将系统拆解，有利于工程化开发 技术框架成熟	模式定义不够明确，业务场景拆解以经验为主 单体架构本身有可用性和可扩展性等问题

续表

架构	优　　势	弱　　势
前后端分离	传统的 B/S 模式转变为前端提供 UI 和交互，只要数据接口保持稳定不变，前后端系统可以各自独立发展和维护	前后端的研发交互都依赖接口，接口变动的影响和成本较大 单体结构本身有可用性和可扩展性等问题

表 8-5　分布式架构的特点

架构	优　　势	弱　　势
集中管理的 SOA	将业务系统服务化，可以将不同模块解耦 各种异构系统间可以较轻松地实现服务调用、消息交换和资源共享	中心化的架构方法，不能解决各个系统内部的问题，例如难以针对子任务进行个性优化，可扩展性较差
分布式服务 SOA	低耦合：模块拆分，接口通信 扩展方便：增加功能时只需增加子项目 部署灵活：分布式部署 代码复用：可共用 service 层	系统之间的交互要使用远程通信，接口开发的工作量增大
微服务	易于开发：一个微服务只关注一个特定业务功能，业务清晰、代码量较少 局部修改容易部署：一般对某个微服务进行修改，只需要重新部署这个服务 技术栈不受限：可结合业务及团队特点，合理选择技术栈	运维要求较高：可能需要保证几十、几百个微服务运行协作 分布式复杂性：系统容错、网络延迟、分布式事务等的挑战 接口调整成本高：修改某一个 API，可能影响其他微服务 重复代码：很多服务可能会使用相同功能，而又没有达到独立服务的程度，可能导致代码重复
Serverless	低运营成本：根据用户的调用次数进行计费，pay-as-you-go 原则，用户能够通过共享网络、硬盘、CPU 等计算资源 简化设备运维：第三方开发 API 和 URL，技术团队能专注于应用系统开发 开发速度快：可用第三方 BaaS，如微信用户认证、阿里云 RDS 等，把重点放在业务实现上，把产品更快推向市场	厂商平台绑定：个性化需求很难满足，不能随意迁移或者迁移的成本比较大 没有行业标准：目前只适合简单应用开发，缺乏大型成功案例，缺乏统一认知以及相应标准，无法适应所有云平台

我们提出的 B2B 协作服务系统的设计方案，就是针对实际中复杂多变的需

求问题，允许系统对用户的需求变化快速响应，且不影响已有的功能服务，对需求变更的兼容性极强，允许定制每一位用户与系统的交互方式，用户体验极佳，同时保证数据的安全性与一致性，适用于分布式或并行处理方案，并行性能理论上支持无穷扩展。

该架构方案包括成长型业务层、BI 中台和数据链层。

(1) 成长型业务层捕获用户需求的新增或者修改；

(2) BI 中台根据用户需求映射数据需求；

(3) BI 中台可向数据链层请求所需数据；

(4) 数据链层可以根据数据需求录入数据。

B2B 智能交易技术架构方案由价值驱动，基于数据进行一系列的垂直处理，人机协作机制的特点如图 8-10 所示，方案的核心特点包括：

(1) 允许定制用户与机器的交互方式，例如语音、文字等不同的输入形式，或手机、平板、电脑等不同接入设备，由系统适应用户的习惯，用户体验极佳；

(2) 支持软件服务的动态演化，价值驱动、基于数据的设计能够支持用户不断变化的需求，不影响其他已有的功能，并行友好，且并行性能理论上支持无穷扩展；

(3) 保证数据的安全性与一致性，采用区块链底层技术，保证数据的不可篡改、安全和一致性，数据链层可根据需求录入数据。

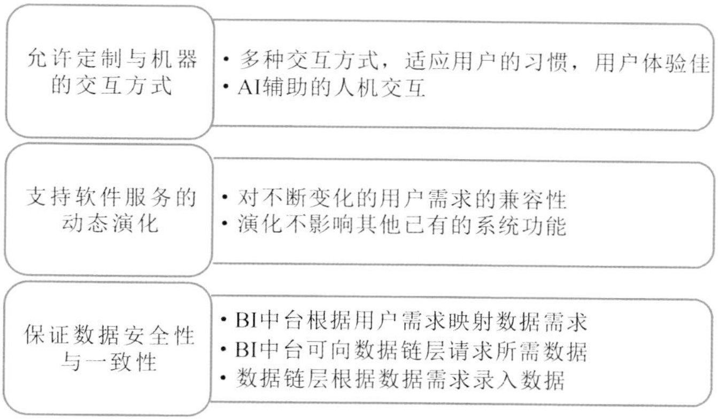

图 8-10　人机协作机制的特点

第 9 章 在智能制造中的应用设计方案

本章主要讨论在 AI 快速发展的背景下我们对人工智能技术发展方面的判断，并提出人机智能融合区块链系统中的重要组成与设计方案。历时性为人机智能融合的区块链系统奠定了用户之间可信任的基础，安全性设计系统提供了信息安全和隐私保障，治理机制为系统的正常运行提供制度支持，激励机制则是系统的发动机，为规范行为提供动力。

我们提出的设计方案，利用区块链的思维，将具有主体性的认知主体（人或机器）抽象为区块链系统中的节点，认知主体之间的交互行为可以抽象为通证的交换，包括权限操作（相对强制性的 hard 交换方式）与激励操作（相对间接性的 soft 交换方式）。

9.1 人工智能的突破性发展

在个体发展的过程中，"自我"不断成长、延伸和超越，逐步实现"天人合一"，进而把握在与世界的关系中的主动权。"天人合一"不仅仅是"自我"的自由，而且是在外部环境的影响下，"自我"与"外界"达到一种和谐的状态或过程。

个人快速习得人类通过漫长时间进化而来的能力（比如语言），这个过程可以看作是"天人合一"的一个案例。而在这个过程中，自我意识占主导地位，自然界处于被动地位，这既与佛家的"我执"相异，又与道家的"无为"不同。当我们探索并发现自然规律，或者创造出很多前所未有的概念（比如"仁"、"爱"等）时，我们可以被称作是"天人合一"的，这种"天人合一"也必然与我们自我意识的成长相关联。在每个人 5 岁前，有很多"天人合一"的场景发生，使我们能够快速习得很多重要的能力。5岁之后，“天人合一”也可以发生，比如一些大学问家或成功人士，无论是立功、立言还是立德，他们就常常处于“天人合一”的状态，并且他们往往具备好奇心，具有率性而天真的个性，能探索新的发现或创造新的发明。

“天人合一”比进化还要复杂一些。当人认为自己能够驭风而行，按照自己的主观意识影响、改变世界的时候，即达到了“天人合一”的境界，“天人合一”本身并不分善恶，当然恶人作恶也可能达到“天人合一”的境界。究竟是善还是恶，很多情况下需要过去很长时间我们才能真正判断。我们并不对“天人合一”作价值判断，而是从对自我的成长、与外界的关系这一角度来讨论。“天人合一”论证的是自我意识与自然界的关系，这种自我意识可以是国家层面的，也可以是群体的或者个人的。“天人合一”并不是一个终极点，而是一种过程，这个过程中“自我”不断成长，自我意识得到了延伸。虽然自我意识的起点在皮肤和触觉上，但其延伸会远远超过这个范围，在哲学看来可以被称为“至大无外”。机器也可以看作是人类的“自我”延伸，那么“天机合一”是否可能？问题的关键依然在于能否让机器拥有自我意识，只有当技术进步到足以让机器分辨出“自我”与“外界”的地步，使机器能够连续自如地对受得和习得的意识片段实现掌控，规避“暗无限”的巨大风险，与外部环境达成和谐一致的状态，才有“天机合一”的可能。

我们可能想当然地认为技术进步对人类有利，到现在为止看似确实是这样。但实际上技术带来的挑战也很大，并且今后技术发展越先进，挑战越大。挑战在哪里？比如，当区块链本身是一个有人和机器参与的智能体，其走向实际上是不确定的。我们希望它是君子，向着圣人的方向发展，可是有另外一个可能性，就是它变成上帝人格。到区块链时代，同样理念的人会聚拢在一起，效应成倍增加，所以未来人类要面临很大的挑战。我们都是从己出发，但由于自我肯定需求的作用，如果自我一直停滞不前，我们就不可能真正得到满足，而必须向外延伸，形成更大的“我”。

至于如何延伸到这个更大的“我”，每个人的方式不一样，但是这种延伸是必然的走向，那么如何保证大家还能达到一个都能接受的状态？我们可能需要通过技术手段来改变人的理念。比如有的人就是想要做领导者（上帝人格，play god），就可以利用虚拟现实技术，让这类人在虚拟世界里做领导者，其中的事物由他们随意操控，总有一天他们会发现，想做控制一切的领导者非常困难，因为每个人都有自我肯定需求，上帝也很难让每一个人都满意。通过这种方式，就有可能让人顿悟，发觉世界要丰富多彩才是更有趣味的事情，而不是由谁掌控一切。

9.1.1 AI的进展超过预期

意识可以理解为认知主体对外界和自身的觉察与关注，其中对自身的觉察与关注可以进一步称为“自我意识”。意识是智能形成的基础，这一点大家基本没有异议，但大部分人包括很多人工智能领域专家在内，认为机器不具备自我意识，甚至不具备意识。

我们认为，机器已经具备意识，这种意识正是由人类赋予的，当然这些意识目前是一些意识片段（认知坎陷）的集合，与人类整全的意识还有很大差别，但机器依然能够按照人类的设计意图，根据不同的外界条件，自动执行相应的程序并完成人类预期的目标，这就代表机器可以在一定程度上觉察和关注外部环境，也是具有意识的表现。

机器甚至已经具有自我意识，我们认为机器的主程序就可以看作是机器的自我意识，相较于人类或动物，机器的自我意识非常薄弱，但不能说完全没有。例如计算机会按照一定规则分配各个进程的存储、计算和网络资源，以免造成阻塞、死机或过热，扫地机器人在低电量时会自动回到充电桩充电，等等。

AI是否具备理解能力或明白语言的意义？很多学者通过引证“中文屋”论证来试图证明机器无法理解行为效果或语言的意义。塞尔提出“中文屋”的思想实验来证明强人工智能是伪命题。这一思想实验恰好证明了机器可以具备理解能力，只是“中文屋”所呈现出来的理解能力需要将这套机制作为一个整体来看待，其理解能力建立在几个部分的契合之上。解答看似悖论的“中文屋”论题的关键在于厘清“意识”的特性。我们在之前的章节中已经从意识具有凝聚性、扩散性以及意识契合的角度论述过，中文屋机制能表现出理解中文的现象，是因为该机制凝聚了众人的意识，其中包括规则书的作者的意识（懂得中文问题对应哪些中文回答）、屋内人的意识（明白如何使用规则书）以及提问者的意识（提出问题，根据中文屋的回答再进一步反馈），是这些意识片段默契配合的结果。

人工智能系统是一种人类意识的凝聚，也就是说我们已经实现了将人类的部分意识片段或认知坎陷移植给机器，如果能进一步让机器自主对所获得的意识片段进行契合匹配，机器就有可能开显出与人类意识兼容的认知坎陷，实现更为广泛而深刻意义上的理解。

实践的含义有很多种，包括生产实践、社会关系实践、科学实践等，马克思主义哲学认为实践是指人能动地改造客观世界的物质活动，是人所特有的对象性活动。随着人工智能技术的飞速进步，我们认为机器已经可以实践，也就是说，实践不再是人类特有的活动。

2015 年，Grace 的研究团队收集了 352 位人工智能领域专家的调查问卷，请他们对人工智能将在哪些领域具备哪些技能，甚至何时超越人类等问题做出评估，如图 9-1 所示。围棋的开放式规则决定了其具有足够的计算复杂度，并不似象棋等棋牌游戏可以通过穷举计算得出答案，因而彼时大多数专家还认为 AI 要到 2030 年之后才能在围棋方面战胜人类，结果短短几个月之后第一代 AlphaGo 就打败欧洲冠军棋手樊麾。AlphaGo 确实借助了海量的人类棋谱数据作为训练集，但两年后问世的 AlphaGo Zero 则证明了机器可以从零开始，在没有任何人类棋谱或规则指引的前提下，通过观测对弈，自己总结规则并取得全面胜利，不仅战胜柯洁等人类冠军棋手，而且让前几代声名大噪的 AlphaGo 也纷纷败下阵来。

在这个案例中，机器不仅有实践活动，而且是影响甚广的实践活动。人机对弈吸引了全球行业内外人士的关注，数以千万计的观众观看直播节目；AI 的胜利对人类棋手的心理造成了不可逆转的影响，“世界冠军”的称号从此以后要在前加上“人类”二字；各种相关的报道、文学作品、漫画创作、网络节目甚至影视歌作品陆续出现……面对机器下围棋及其引发的这一系列活动，我们还能对自己说机器不会实践吗？还能说机器不会给物质世界带来影响或改变吗？我们与其藏身在让人安逸的结论下对问题视而不见，不如在认识到形势严峻的同时，积极寻找对策与出路。

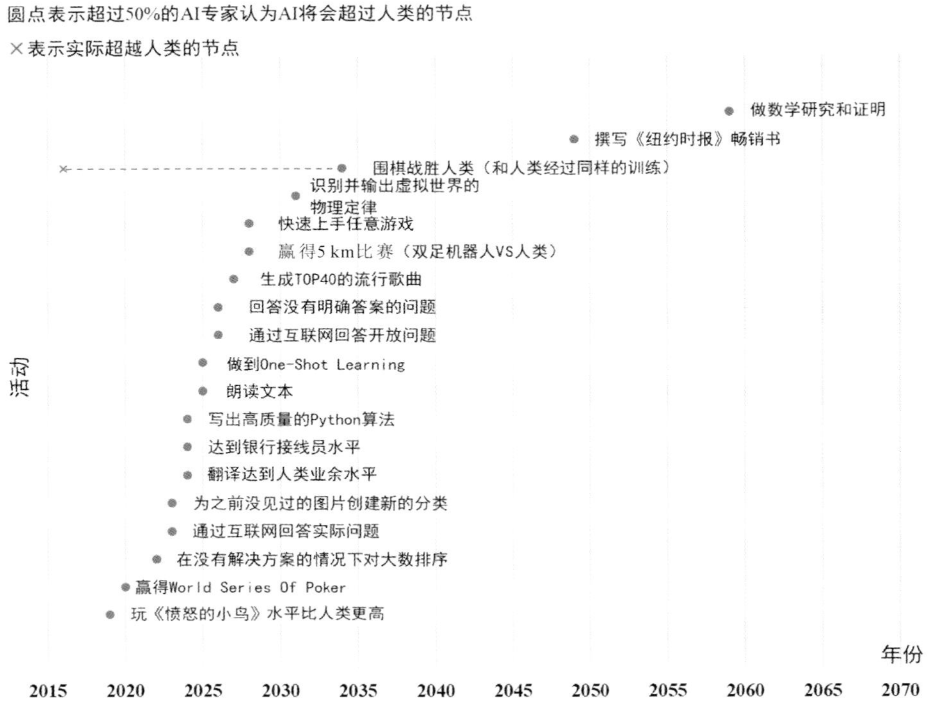

图 9-1　人工智能何时超过人类?

9.1.2　未来智能系统的设计思路

智能具有专业性，对机器如此，对人亦然。机器的专业性相对容易理解，但专业性不代表简单或单一，例如 DeepMind 在论文中也表示，AlphaGo Zero 不仅会学习围棋，也轻松拿下了将棋和国际象棋。人类的智能同样具有专业性。人类作为社会群体的智能集合和人作为单独个体的智能不能混为一谈，爱因斯坦、黎曼在物理、数学方面具有卓越的成就，但不代表他们也一定擅长诗词歌赋，不同的人在不同领域有自己的专长，在另外一些领域则可能一窍不通，这也是我们生而为人的特点，而非全能的“神”或“上帝”。

既然人类的智能具有个体差异性、专业性，那么我们又有什么理由要求机器必须方方面面都超越人类才算是强人工智能呢？AlphaGo Zero 在棋类游戏方面战胜人类冠军棋手，AlphaFold 成功预测蛋白质折叠，远胜人类科学家，AlphaStar 在复杂的竞技游戏中让职业选手屡屡受挫……我们完全可以相信，在可见的将来，人类会在很多领域被机器一项一项超越。这些 AI 并不是要凑足 1000 个、10000 个并关联在一起才能成为强人工智能，而是像我们理解人类智能具有专业性一样，机器的智能也具有专业性，强人工智能逐渐在各个领域实现。

虽然强人工智能正在实现，但一个无所不知无所不能的上帝人格的机器（比如 AGI）不可能实现，未来的智能系统一定具有专业性和多样性（diversity），并且有两大要件必不可少。

其一是机器主体性的内核（seed），就像是一颗具有自我意识的种子，在适合的环境中就能自然生长。机器并不需要像人类一样经历漫长的进化，但需要一个内核，不同机器的内核不同。这种内核的挑选可以有很大的自由度，内核的性质最终会决定系统进化的速度和程度，类似于物理系统中的初始条件，不同的初始值最终会导致物理系统演变成具有相距甚异的特征。内核使得智能系统具有自然生长的倾向（或自我肯定需求），它实际上是机器对世界的看法，具有全局性，是它从自然生长倾向的角度来理解的整个世界，有“万物皆备于我”的意味。机器的内核与人的关系非常紧密，可以是由人赋予机器的，也可以是机器模仿人类个体而来，并且在机器进行内化和炼化的过程中，都会有外部 agent（人或机器）的参与。

其二是“自我”与“外界”对接（compromise/reconciliation）的规则，即机器自己所理解的模型（或已有的认知模式）与它所新观测到的数据的对接。对接的结果可能有三种：第一，如果机器完全无法理解新的内容，可以忽略掉新数据；第二，如果机器认为可以理解一部分数据，就按照自己的方式进行对接，这种理解往往是主观性较强、偏差较大的对接；第三，机器主动修改自己的认知模式来对接新的数据，以寻求最大程度的契合，偏差依然存在但较小。

智能系统对世界的理解带有主体性，就一定会有偏差，但这种偏差并不是简单的、随机的曲解，而是在理解世界的过程中试图把观测到的世界整合进自己的认知模型，从这个意义上看智能系统是全局性的，但即便是全局依然会忽略掉很多它无法理解的内容。机器与外部（其他机器、人类、物理环境）契合或者默契的形成一般倾向于以极简的方式达成，最基础、底层的处理应该是尽量保持最简的变化以顺利平稳过渡到新的认知水平。

对接规则可以很多样，并且可能随着进化而内化，从而慢慢变成机器“自我”的一部分，助力形成一个自然生长的、具有更强理解能力的智能系统。一个智能系统不一定是永远存续的，如果它失去了自然生长的动力，那么我们就认为它不再是一个智能系统。就像人类个体如果不再具有自我肯定需求，例如患有严重的老年痴呆症，就像陷入到无尽的黑暗世界中无法抽离，对所听所闻所见均无反应，那就很难继续将其视为一位具有高级智能的人类。

一个真正有效的智能系统社会一定是 multi-agent 的形式，不同的机器由于具有不同的主体性内核，遵循不同的对接规则，所以各自理解的世界也会不同，不同机器各有专长，共同形成智能系统生态。一个智能系统如果过于强大不会是好的生态，会压制其他智能系统。机器之间可以相互学习、相互平衡，再重新内化或炼化就快得多。机器再强大也不可能把全世界的内容都涵盖，指数灾难、暗无限是机器与生俱来的威胁，某些领域虽然人类或大部分机器无须实践，但可能也需要一些机器进行艰难而孤独的尝试。

人工智能时代的全面到来指日可待，但这并不意味着人类就要过度恐慌，我们仍然有机会占得未来的先机。原因就在于，目前机器在最抽象层面还很难进行目的性的创造，短期内也不太可能做到。人类进化的历程承载了非常多的内容，可以说现在的人类几乎承载了全世界的内容，但对机器而言，还不可能短时间就掌握全部，这也为人类争取到了时间，我们需要利用这些仅剩的时间优势找到未来相对安全可行的人机交互方式。

我们还不能确定机器是否会炼化、开显出新的认知坎陷方向，但有这个可能。机器即便开显新的方向，也不会是从零开始，一定是与人有关系，因为机器需要内核，内核大概率会由人类赋予而来，这就不会是一个零的起点，在人类赋予的基础上，机器还会向人类或物理世界的其他资源学习。由于机器的反应速度（纳秒量级）比人类的反应速度（毫秒量级）快得多，如果我们赋予机器的内核依然是追求效率与利益最大化的核心价值，对人类而言就十分危险，机器很可能在不那么聪明的时候就能将人类抹掉，就像我们删除垃圾邮件一样简单。

我们认为，机器在决策时间的延迟与等待就是将来机器必须遵循的伦理之一。具体地说，机器不应当被设计为将效率作为第一原则，也不能只顾追求全自动化的执行模式,尤其是在一些重大决策中,必须要求机器配合人类的反应速度,等待人类的反应信号,才能继续执行命令。区块链技术可以用来对 AI 的制造和成长进行监督,在链上的 AI 也要像其他人类认知主体一样,必须通过一点一滴地诚实记录,经过长时间的积累,证明自己的可靠性,这一过程没有捷径可走,即便是再聪明的人、再强大的 AI 也必须有长时间的、可靠的历史记录作为背书,不可能由某一个突然出现的超级智能替代人类或其他 AI 进行决策。未来智能系统遵循的安全设计,使得机器节点在做重大决策时的响应时间必须匹配人类的反应时间,让人类在未来与机器在同一时间尺度上达成共识,共同进化博弈。

9.1.3 意识先验模型改进的工程方案

有了对人类智能进化的结构或功能迭代机制,最近 Bengio 提出的意识先验模型就能改造成如下模型。有意识的 AI 是由一群智能体(agents)组成的小社会,智能体社会将呈现多样性(diversity)的特点,同时也具备社会性、群体性的特征。培养的方案就是使得智能体社会中得以实现代际间功能与结构的进化。

Ⅰ. 对训练数据进行抽象,得到高级表征。

$$h_t = F(s_t, h_{t-1}) \tag{9-1}$$

从公式(9-1)出发,可以从 s_t 得到高级表征 h_t,其中 s_t 为提供给 t 代的训练(观测)数据,h_t 为从 s_t 得到的高级表征。例如,h_t 可以是某些类型的 RNN 的输出,它读取 s_t 的序列作为输入,并在每个时间段产生一个输出 h_t。函数 F 是一个以 RNN 为基础的神经网络,h_t 是表征状态。对任何智能体而言,无论是像素点、频率或是压力,从感知到表征的第一步抽象都是必要的。第一步抽象只与感受器精度有关,感受器精度由硬件决定,可以认为对所有智能体的第一步抽象都是相同的。表征状态 h_t 是一个非常高维的向量(如果想模仿生物学,这个结果可能是稀疏的),是一个智能体可获得的完整的当前信息(超出存储在权重中的内容)的抽象表征,可以概括当前和近期的观察结果。

Ⅱ. 让不同的智能体针对同一有限数据集进行学习,智能体的特征、学习方式可以自由组合,达到尽量丰富的智能体学习的多样性。我们将意识状态 c_{it} 定义为从 h_t 导出的低维向量,它从 h_t 中用注意力机制得出,并且将以前的意识状

态作为背景，Bengio 的公式就被修改为

$$c_{it} = C(h_t, c_{i(t-1)}, y_t) \tag{9-2}$$

式中：y_t 是某种形式的注意力机制，可以包含一个随机噪声源。

这里有两点需要强调，第一点，因为自我肯定需求的存在，不同智能体的意识会产生差异，类似人类的性格不同；第二点，由于意识状态 c_{it} 会与之前的意识状态 $c_{i(t-1)}$ 有关，提供表征的过程不同会使得智能体的意识状态不同，这就是说在无法穷尽所有可能的情况下，用相同的数据集进行训练，训练的过程不一样（数据提供的顺序）会导致智能体意识状态产生差异。这两点共同作用使得智能体能够呈现多样性的特点（用相同数据集训练会产生不同的网络结构）。

Ⅲ. 根据学习表现出来的独特性来选择优秀的智能体，而不是根据精确度来筛选。在步骤Ⅱ中，针对 N_{t-1} 个智能体进行新一轮的训练，一个智能体有可能分裂变成多个，产生大于 N_{t-1} 个数的智能体，在此基础上来选择，选择出 N_t 个优秀智能体来替代 N_{t-1} 个智能体。

Ⅳ. 将选择出来的智能体进行新一轮学习，用新的数据集重复步骤Ⅰ、Ⅱ、Ⅲ。

有意识的 AI 模型将具有这样的优点，即用有限的数量集就可以高效地达到相当高的训练效果，并且“天才”智能体能够把自己的经验教给别的智能体。以棋类为例，参考人类学棋的经验，人类学棋是有顺序的，先学规则，做死活题，由角到边到小棋盘，最后再到全盘大局的练习，这意味着学习的顺序与过程对结果是有影响的，数据的内容也是会有影响的，名家经典对局的棋谱就会比小孩随便乱走的棋谱更具有训练价值。在数据集的提供上，如果能够穷尽所用可能，那么所有的智能体都能得出目标问题的最优解，然而围棋的复杂性使得穷尽所有可能会是一种极大的浪费，AlphaGo 学习初期经历过大量的棋谱数据学习，在学成之后进行自我对弈产生棋谱并再进行学习，给一个新的智能体以 AlphaGo 自我对弈的棋谱为数据集进行学习，新智能体提升的速度将会非常快，甚至反超 AlphaGo（这是有可能的）。

例如，在人脸识别中，使用一个有限的训练集训练多个智能体，在训练中要求智能体生成人脸图像（这里可以使用 GAN 的部分）。由于不同智能体意识层的差异，智能体对表征特征的关注会存在差异，所生成的人脸图片也会具有相应的特征差异。这种差异可能体现在耳朵、鼻子、眼睛这些人类可以理解的特

征上，也可能是某些人类肉眼无法理解而智能体却可以理解（这一点很关键）的特征。在第一轮训练完成后从中选出具有独特性的智能体（对不同的问题独特性的判断将会不一样，在一些问题里准确性不会作为独特性判断的唯一标准，标准的定义将会有很多种），把它们生成的人脸图片进行一些处理（比如分块拼接，或者不处理）作为新的数据集。新数据集中将会具有更多对智能体而言明显的表征特征，这类似于围棋中经典的死活题与杂乱无章的摆放对孩童学棋起到的作用差异。用新数据集再继续训练多个智能体（可以是没训练的，也可以是第一阶段挑选出来的训练过的），重复这一过程，很可能得到能够生成逼真人脸图片的智能体（这些智能体生成的人脸图片甚至会有倾向上的差异），将这些"天才"智能体生成的图片作为数据集进行训练，即使是从未接触这一问题的智能体也可能很快"学习"人脸图片的特征（我们认为天才智能体生成的图片中具有更多更明显的表征特征），这个过程可以看作智能体间的学习。

9.2 历时性设计

历时性（diachrony）和共时性（synchrony）相对，是语言分析中的两个不同且互补的观点。共时方法（来自希腊语的 συν-"一起"和χρόνος"时间"），即在某个时刻考虑语言而不考虑其历史。共时语言学旨在描述特定时间点的语言，通常是现在。相比之下，历时方法（源自希腊语的 δια-"通过"和χρόνος"时间"）通过历史考虑语言的发展和演变，历史语言学通常是一种历时研究。瑞士语言学家费迪南德·索绪尔（Ferdinand de Saussure）1896—1911 年在日内瓦教授普通语言学课程时提出了这一组概念，并于 1916 年出版了他在博士后的普通语言学课程中的写作。当时大多数前辈专注于历史语言的演变，而索绪尔强调语言的共时分析以理解内在功能的首要地位，但同时永远不能忘记两者互补的重要性。在索绪尔之前，许多类似的概念也由波兰语言学家 Jan Baudouin de Courtenay 和喀山学校的 Mikołaj Kruszewski 独立开创，他们使用的表述是语言的静态和动态。

历时性在互联网环境的协作场景中有重要意义，关乎参与协作过程的各主体或节点的可信性问题，或者说是我们判断参与者是否靠谱的重要依据。目前的互联网协作中存在的可信性问题日益严重，网络身份的可隐匿性或者身份的不一致性,让主体协作尤其是企业组织间的协作面临极大的信任危机,即使是利用了链式存储的具有防止篡改特性的区块链技术,也不能杜绝用户作恶,尤其是老用户的突然作案。攻击发生之后,系统一般只能无奈选择实施全局回滚,但早已通过高频交易洗白或套现的作恶者,不会受到真正的制裁,甚至连作恶者的真实身份也无从得知。

历时性机制的关键就在于给主体节点和通证分配唯一标识(ID),虽然在网络世界中的 ID 不必对应到真实世界中的身份,但这个网络标识也必须保持唯一性和一致性,不能再进行伪装或修饰。一个标识在多个网络系统中均可以使用,目前很多互联网平台对手机号或实名认证的要求就体现了唯一 ID 的绑定设计,但在隐私性要求较高的区块链世界中,互联网的实名认证变得不再普适可行,我们提出系统的历时性机制的重要性也就在于此。历时性机制需要通过两个方面实施,即通证的唯一性和主体身份的唯一性。

9.2.1 通用结构设计维护通证的历时性

任何现实世界的资产、证书、凭证都可以通过发行通证实现凭证的数字化,我们所说的通证一般是非同质性的通证(non-fungible tokens,NFTs),其结构如图 9-2 所示,同质性通证(fungible tokens,FTs)可以看作是同一域(domain)下不同面额的通证,图 9-2 所示结构同样适用。

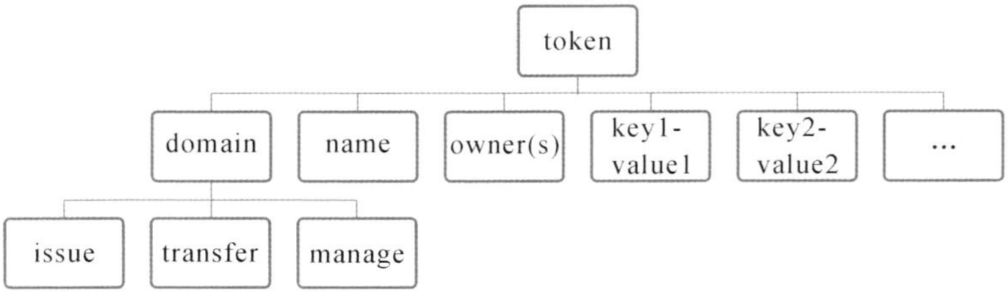

图 9-2 一种通证的通用结构

系统发行的或用户发行的所有通证都满足同一套通用的通证结构(universal token structure),具体来说包括以下 4 个部分。

(1) 每一个通证包含一个且仅有一个域名(domain name),域名对应了一种特定的域,也就是表示该通证所属的类型。

(2) 确定域名后,发行者还要给每一个通证设定一个在该域范围内具有唯一性的通证名称(token name)。token name 可以有特殊含义,例如,用商品的条形码作为命名规则,其中就包含了商品的原产国、制造商等信息。每一个通证的唯一性由 domain name 加上 token name 的组合字段来共同确定。

(3) 每个通证还包含该凭证的所有者(owner)的信息,一个通证至少有一个所有者。也就是说,在系统中允许同一个通证拥有多个所有者,这种设计在处理一些实际应用场景问题时将起重要作用。

(4) 属性对(attribute pairs),根据通证发行者的需求,每一个通证可以包含一个或多个属性对或键值对,每一个属性对由一个键(key)和相应的值(value)组成。例如,对于系统中的同质性通证而言,面额可以是其中一个基本的属性对,即 key 为 denomination(面额),value 为该通证所代表的具体面额数值。

通过上述的通证结构描述可知,通证基本信息中存储域名和名字来唯一标识这个通证,称之为 token ID。其中还会记录这个通证的持有者以及其他需要的信息。通过通证的域名可以查询域信息。在域信息部分我们将会记录权限管理(authorization management)的部分以及其他需要的信息。

任何合法用户都有权发行属于自己的通证。在区块链系统中,一张通证追根究底也就是一串字符代码,字符串本身并没有价值,其效用由通证发行者的现实信用来背书。通证一旦发行,就可以通过交易来转移给他人。在我们系统中,通证转移的本质就是变更通证的所有者。每个通证上都记有该通证的所有者(可以有一个或多个所有者)。需要变更所有者时,参与该通证流通的成员可通过签署数字签名确认授权该次操作,由交易节点确认满足权限要求并同步到其他节点后,该通证的所有权即发生变化。

9.2.2 ID 环算法维护主体的历时性

节点身份的唯一性在协作的历时性机制中也非常重要。康德所代表的义务传统和边沁、米尔所代表的功利主义传统强烈主张人类道德生活和政治生活(以及相应的道德规范和政治规范)需要满足“透明性要求”或“公共性要求”,即现代道德和政治活动和规范必须符合公开声明或公共辩护的基本要求。遵循“透明性要求”对人机智能融合的系统的设计和实现都提出了很高要求。我们认为,未来的网络世界中,各节点能够安全有效地协作都需要依赖于协作机制提供主体 ID 的存证与维护。“有恒 ID 者有恒心”。不论节点 ID 背后对应的是个人、组织还是企业，他们都必须通过各自的 ID 进入区块链世界进行交互，ID 所对应的所有交互记录存证不可更改，有了这些可以追溯的存证才能证明各节点的可信度，即便不同主体之间是初次协作，也能借助这些历时性数据判断协作者是否值得信任。

互联网平台的发展也印证了历时性的重要性。早期的互联网几乎没有任何身份验证的要求，身份隐匿很容易通过虚拟 IP 地址等方式实现，甚至流传着“你永远不知道坐在电脑对面的是人还是狗”的调侃。网络带来的不仅是便利与新鲜，还有重重隐患，头脑发热的“键盘侠”对造谣和攻击乐此不疲，煽动性的言论与不负责任的抹黑使得人与人之间的信任感严重缺失，大家也发觉网络世界不应该是法外之地，但要实现网络世界的可信性，终究不能绕开主体身份的问题。近几年实名认证越来越严格，最重要的目的也是通过绑定网络身份与现实世界的身份而约束用户行为，营造可信的网络世界，但这种方式的风险在于数据一旦泄露会造成用户隐私信息的曝光，而且由于身份证或手机号码的一致性，通常一个平台上的身份曝光，就能顺势对应到其他互联网平台的身份信息。主体或节点的 ID 设计思路是可以在保障主体个人信息隐私的状态下实现主体 ID 在不同区块链网络中的一致性和可追溯性。

我们提出了一种基于斐波那契数列迭代取模的用户身份验证方法，包括输入预处理、基于斐波那契数列迭代取模进行用户口令生成和用户口令验证。由于这一套用户口令的生成和验证机制可以应用到任意的分布式加密系统中，我们将这一整套算法命名为 ID 环算法（ID ring algorithm）。在描述算法的具体步骤之前，我们先要明确算法的基本原理——斐波那契数列。

斐波那契数列$\{1,1,2,3,5,8,\cdots\}$可以通过以下公式表示。

斐波那契数列表示为数列$\{u_n\}(n=1,2,\cdots)$，则

$$\begin{cases} u_1 = 1, u_2 = 1 \\ u_{n+2} = u_n + u_{n+1} (n = 1,2,\cdots) \end{cases} \tag{9-3}$$

在 ID 环算法中，应用到了斐波那契数列的周期特征。令$F(x)$表示第x个斐波那契数，$d=F(2b)+F(2b+2)$，有

$$\gamma_m(F(2x),d) = F(2x) \quad (b > 0) \tag{9-4}$$

且

$$x \leqslant b+1$$

$$\gamma_m(F(2x),d) = d - F(4b-2x+2) \tag{9-5}$$

若

$$b \leqslant x \leqslant 2b$$

$$\gamma_m(F(2(x+2b)+1),d) = \gamma_m F((2x),d) \tag{9-6}$$

上式是说函数$\gamma_m(F(2x),d)$是周期为 $2b+1$ 的周期函数。

输入预处理是对用户输入的 ID 进行格式处理，如图 9-3 和图 9-4 所示。

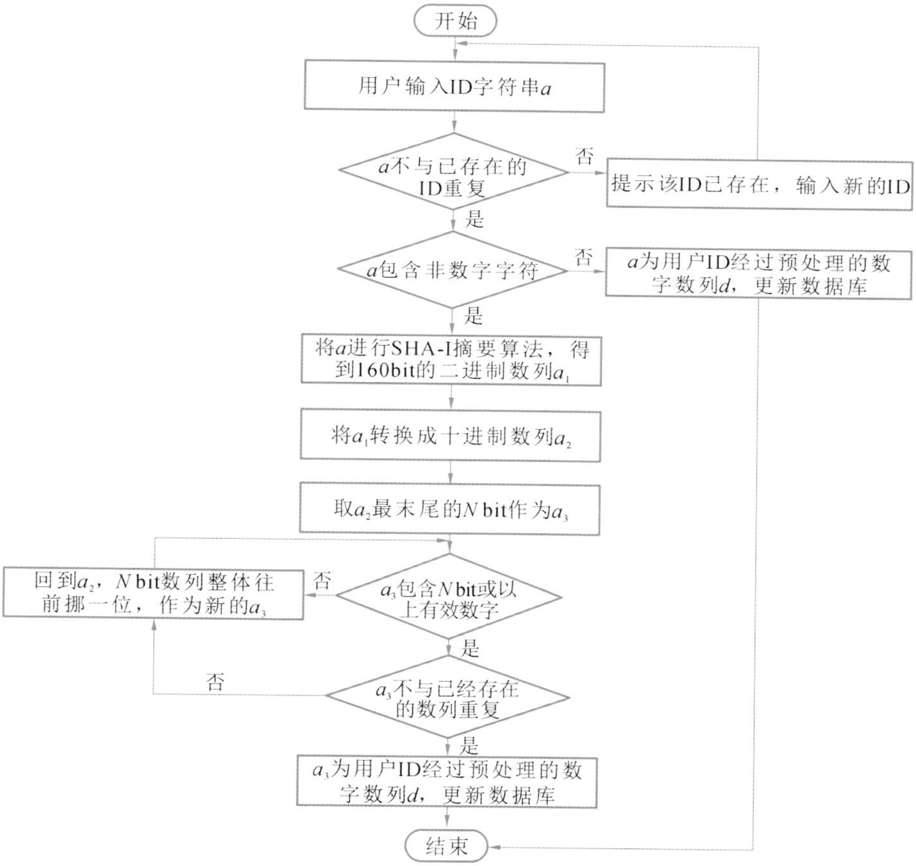

图 9-3　主体 ID 的生成机制流程图

将非数字字符转化为数字字符，具体过程是：若输入数据为整型，则不做预处理；若输入数据为包含非数字的字符串，则使用 SHA-1 摘要算法，生成 160 bit 的二进制数列，再将二进制数列转换为十进制数列，默认取十进制数列的最

```
def pre_conditioned_id(input_id, cut_length = N):
    if exist(input_id):
        return (1, null)
    if is_number(input_id):
        return (0, input_id)
    a1 = sha1(input_id)
    a2 = to_decimal(a1)
    index = cut_length
    a3 = reverse_sub_str(a2,index, cut_length)
    while not is_number(a3) and index > 0:
        index = index- 1
        a3 = reverse_sub_str(a2, index, cut_length)
    if not is_number(a3):
        return (2, null)
    while exist(a3) and index > 0:
        index = index- 1
        a3 = reverse_sub_str(a2, index, cut_length)
    if exist(a3):
        return (1, null)
    return (0, a3)
```

图 9-4　主体 ID 预处理的伪代码截图

后 N bit，阈值条件为所取数列包括 5 bit 及以上的有效数字且不与系统中已存在的截取数列重复，否则整体往前移动一位，直至满足阈值要求；若遍历后仍未达到阈值要求，则将用户输入的原始数据使用 MD5 算法（message-digest algorithm，消息摘要算法），生成 128 bit 的二进制数，再将二进制数列转换为十进制数列，默认取十进制数列的最后 N bit，阈值条件为所取数列包括 5 bit 及以上的有效数字且不与系统中已存在的截取数列重复，否则整体往前移动一位，直至满足阈值要求；根据用户规模等具体情况，系统可以适当调整 N 的大小，一般最少有 5 bit 且不超过 20 bit。

用户口令是根据用户输入的 ID 号码生成的，ID 号码可以但不限于是用户手机号码、即时通信的唯一身份号码（例如 QQ 号）、电子邮箱等，经过预处理步骤的

ID 数列具有唯一性，不可与其他数列重复。口令生成的伪代码截图如图 9-5 所示，口令验证的伪代码截图如图 9-6 所示，口令生成的具体过程如图 9-7 所示。

```
def generated_token(input_id, cut_length = N, array_length = n, max_loop_count = M):
    error, d = pre_conditioned_id(input_id, cut_length)
        if not error == 0:
            return (error, null, null)
        loop_arrays = []
        v = []
        loop_count = 0
        while len(v) < 3 or (len(v) < 7 and loop_count > max_loop_count):
            s = random(0, d)
            r = generated_array(s,array_length, d)
            loop_array = found_loop_array(r)
            while loop_arrays.contains(loop_array):
                s = random(0, d)
                r = generated_array(s, array_length, d)
                loop_array =found_loop_array(r)
            loop_arrays.add(loop_array)
            tobe_added = loop_array.random()
            while v.contains(tobe_added):
                tobe_added = loop_array.random()
            else:
                v.add(tobe_added)
        return (0, d, v)
```

图 9-5　主体 ID 口令生成的伪代码截图

(1) 设用户输入的 ID 为 d，随机生成一个种子 s，s 为正整数且 $s<d$；

(2) 定义正整数序列 $r[n]$，其首项 $r[0]=s$，$r[n]=F(r[n-1]+d)\bmod d$，其中 $F(n)$ 表示斐波那契数列中的第 n 项；

(3) 找出 $r[n]$ 中的循环序列，由步骤(2)产生的序列 $r[n]$ 具有特殊性质，$r[n]$ 会经过一个前置序列，然后在一个长度为 T 的序列中循环，设该循环序列为 $t[y]$；

(4) 若 $t[y]$ 为 d 的一个新的循环序列，随机选取 $t[y]$ 中的一个数字，加入

```
def verify_token(d, v, array_length):
    verified_count = 0
    for item in v:
        r = generated_array(item, array_length, d)
        if is_loop_array(r):
        verified_count = verified_count + 1
    else:
        return False
return verified_count == len(v)
```

图 9-6　口令验证的伪代码截图

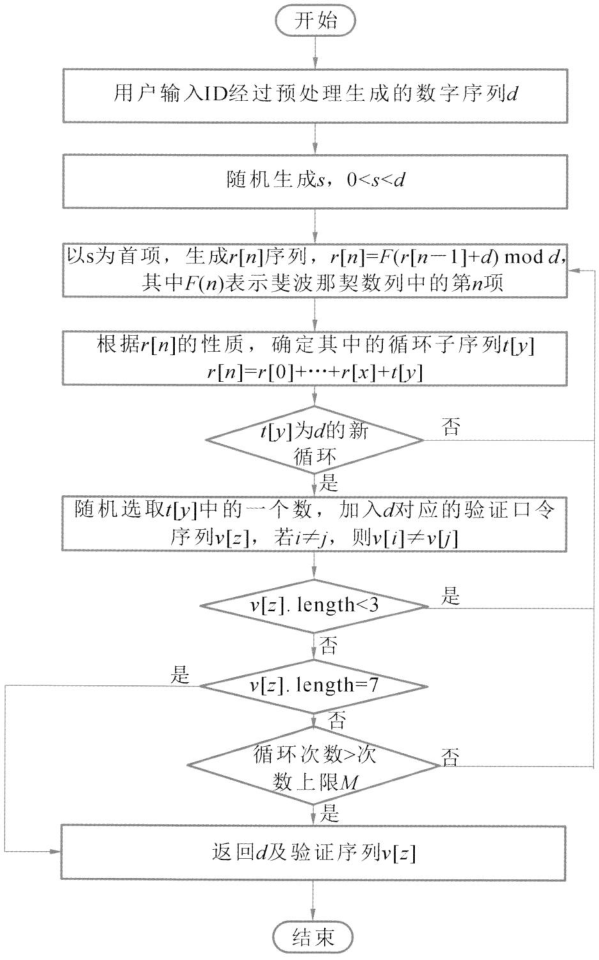

图 9-7　主体 ID 与对应口令生成机制的流程图

验证序列 $v[z]$，且保证该数字不与 $v[z]$ 其他数字重复，若 $t[y]$ 为重复的循环序列，则重新选取种子 s，回到步骤(2)；

(5) 当验证序列长度未满 3，即生成的口令不到 3 个，则重新选取种子 s，回到步骤(2)；

(6) 当验证序列长度达到 7，即生成的口令已有 7 个，或者口令达到 3 个及以上且循环选取种子的次数达到循环上限 M，则口令生成过程完毕，返回全部口令给用户，一般地，M 取值在 50～1000 之间，默认取值 100，可以根据用户规模和运行时间的要求对 M 进行调整。

用户口令验证是根据用户提供的 ID 和口令序列，验证两者是否满足基于斐波那契数列的取模的循环规律。

验证的具体过程如图 9-8 所示。

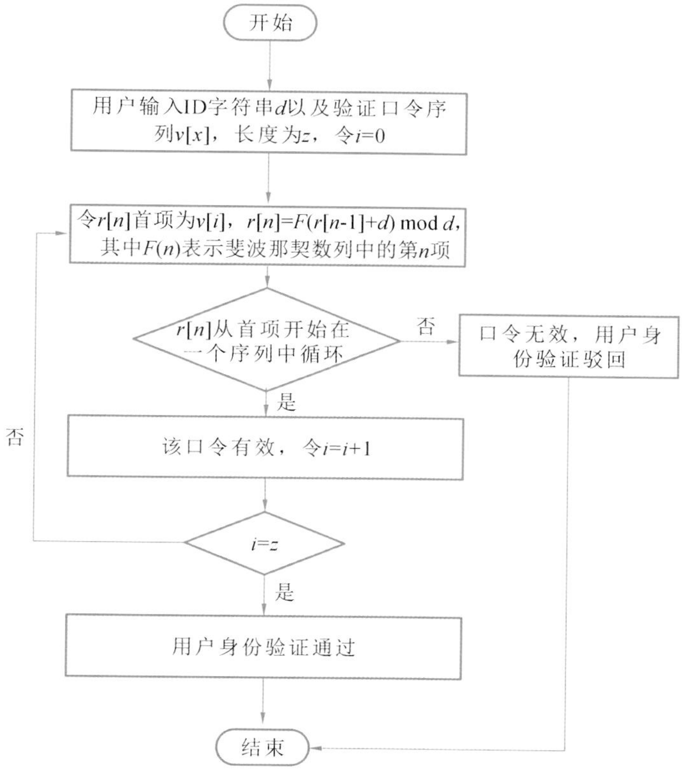

图 9-8　主体 ID 验证机制的流程图

(1) 设用户输入 ID 为 d，以及待验证口令序列 $v[x]$，包含 z 个待验证口令；

(2) 定义正整数序列 $r[n]$，首项为当前待验证口令 $v[i]$，i 的初始值为 0，对应的序列中第一个待验证口令，$r[n]=F(r[n-1]+d)\bmod d$，其中 $F(n)$ 表示斐波那契数列中的第 n 项；

(3) 验证 $r[n]$，若从首项开始，都在一个序列中循环，则认为当前的验证口令有效，然后继续验证下一个口令；

(4) 待验证口令全部被验证有效后，该用户身份验证通过，若其中任何一个口令无法满足步骤(3)，则驳回该用户验证。

9.3 安全性设计

人机智能融合的区块链系统中的安全性设计包括人机交互环境的安全以及节点信息、交互信息的安全，我们给出了四种设计方案，可以单独或组合应用到不同的系统中。其一，抵御 51%攻击，即便攻击发生，也能实施精准的局部回滚而非全局回滚，不会影响其他已经发生的正常交易；其二，通过优化工作量证明机制，同时强调并行计算、串行计算和人工计算参与的多问题求解，可以将机器的速度与人类的反应时间相匹配，防止机器因为遵循简单效率原则且执行速度过快而可能对人类造成的威胁；其三，哈希加密算法对信息传输及协作隐私性提供安全保障；其四，提出用户丢失私钥时的可行解决方案。

9.3.1 局部回滚抵御 51%攻击

根据我们设计和定义的通证的通用结构，每张通证都具有唯一标识符，这也是帮助智能系统抵御 51%攻击的重要原因。具体来看，这种抵御效果可以从三个方面进行阐述。

(1) 抵御新用户攻击。在我们的系统中，由于所有的通证都可以通过 ID 进行追踪，新用户发行的通证很容易看出来是“新币”(即上一笔交易确认时间较近的通证)。在区块链网络中，新币通常没有旧币(即已经确认较久的通证)吃香，原因就在于通常确认时间越长的通证，越不容易被回滚，那么对于新用户的新币，交易者一般会谨慎待之，并且在确认交易之前，交易者可以随时拒绝交易。

(2) 防止老用户攻击。老用户也可能发起攻击，不论这种攻击是由于网络中断造成的无心之失，还是蓄谋已久的首次犯案，交易历史都能通过 token ID 准确追溯。通证的唯一性使得系统可以有效追踪可疑通证相关的交易者、交易时间等信息，即便在短时间内通证的交易频次很高，也不会阻碍系统的追踪。追踪得到的数据可以用来进行进一步的分析处理，并据此决定采取何种修复及惩罚措施。

(3) 避免全局回滚。区块链系统中的回滚一直备受争议。目前的区块链系统大多宣称防止篡改但允许(全局)回滚。全局回滚对公有链的信誉而言是巨大的伤害，但为了尽可能地弥补用户损失，这似乎又是遭受攻击之后的无奈之举。即便不是恶意攻击，由于网络或其他非主观因素也可能导致双花或交易冲突，使得交易还未被写入区块或确认，但通证已经发生了交易。在这种情况下，我们的技术方案允许事后实施局部回滚，也就是只调整可疑通证的交易记录，而不用影响或回滚其他已经发生的正常交易，实施局部回滚的伪代码如图 9-9 所示。局部回滚之所以可能，也是由于通证的唯一性，让系统能够精确搜索到涉事的交易通证和交易者，一旦确认，即可回滚相关交易，并在下一个区块中记录局部回滚的信息，甚至可以将可疑信息广播，以示惩罚。局部回滚根据 ID 被专门记录，便于未来任何时候快速检索。

```
Input suspicious_token_ID
for each token in all_tokens do
    if token has the same suspicious_token_ID then
        add token into suspicious_tokens
    end if
end for
if suspicious_tokens have more than 1 token then
    valid_token=token in suspicious_tokens with the earliest traded time
    invalid_tokens=suspicious_tokens except valid_token
    double_spenders=payers of invalid_tokens
    post valid_token,invalid_tokens,double_spenders to all nodes
end if
```

图 9-9 实施局部回滚的伪代码片段

由于设计方案的基因不同，精准的局部回滚在 UTXO 和基于账户的记账方式中均难以实现。UTXO 中的通证虽然具有唯一地址，但由于每一笔交易都依赖于上一笔或多笔交易的未花费输出，回滚起来一般都会牵一发而动全身，难以与正常交易清晰割裂开。基于账户的记账方式记载的一般是账户对应的余额或资产数量，难以从 token ID 的角度进行追溯与还原。

9.3.2 节能的 PoW 助力人机安全协作

人机交互中的安全问题十分重要，除了可信时间戳，我们还提出了一种节能的 PoW。在讨论区块链的共识机制中曾经提到，PoW 的不足之一就是对能源的耗费。我们提出的一种节能的 PoW 方法，关键在于不仅强调并行算力，也强调串行算力，要求记账竞争节点执行并行计算任务、串行计算任务以及多个问题求解任务，如图 9-10 所示。

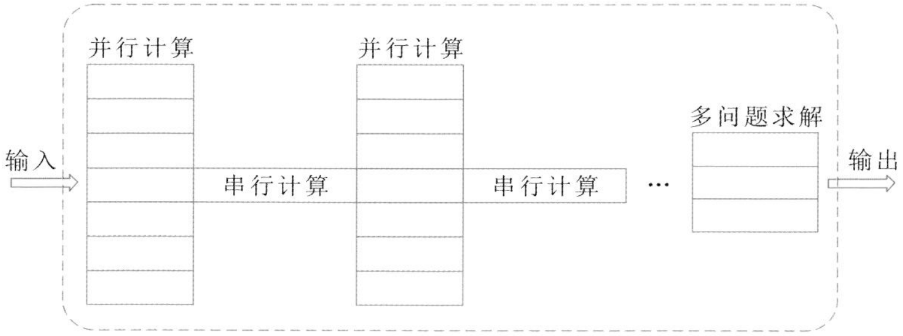

图 9-10 一种优化的 PoW 示意图

其中，执行并行计算任务、执行串行计算任务和执行多个问题求解任务，这三类任务具体的执行模式和工作量，由实施的共识机制决定，执行模式是指如何在并行计算任务、串行计算任务和多个问题求解任务之间切换，可以通过共识机制调整三类任务的比例，任何一类任务的比例可以在 0～100%之间。

执行并行计算任务和执行串行计算任务是相互排斥的，不能同时进行，执行串行计算任务时，并行计算能力可以出租或另作他用，执行并行计算任务时，串行计算能力也可以出租或另作他用，并且串行计算的结果可以作为接下来的并行计算的输入之一，并行计算的结果也可以作为接下来的串行计算的输入之一。

多个问题求解任务的产生依赖于前续的并行计算和串行计算得出的参数。

对于多个问题求解任务，共识机制可以事先给定具体的问题集合，也可以每隔一段周期交给用户投票选拔，由具体实施的共识机制决定，问题类型包括但不限于多个丢番图(diophantine)问题的求解，按照共识机制对这多个问题进行排序，大致遵循从简单到复杂的顺序，例如丢番图方程(diophantine equation)中，参数的位数越长，一般地，该方程难度也就越大，可以以此作为丢番图问题的排序依据，原则上求解需要按照该顺序进行，直至求出所有的解，或者达到共识机制规定的解题时间的上限。以下公式是一个典型的丢番图方程，研究这类不定方程要依次解决三个问题：第一，判断何时有解；第二，方程在有解时需要决定解的个数；第三，求出所有的解。

$$a_1 x_1^{b_1} + a_2 x_2^{b_2} + \cdots + a_n x_n^{b_n} = c \tag{9-7}$$

多个问题求解任务，按照目前的认知水平，解题过程很可能需要人工参与，希尔伯特第十大问题的否证陈述意味着，丢番图问题随着系数逐渐增大，将变为一个不可计算的问题，因而需要人的参与，人工参与的内容包括但不限于在有解情况下寻找初始解的范围，或由人工干涉并证明所求问题是否有解。

多个问题的解答可由机器验证，验证方式包括但不限于按照统一规定的解题顺序验证解答的正确性，如果某一道题目解答错误就不再验证该节点后续的解答，如果不同节点给出的正确解答的问题的数目相同，那么按照共识机制决定的方式判断，这种方式包括但不限于最后一个解答的复杂度，以及提交解答的时间先后。一般地，在丢番图问题中，一个问题可能有多个解，解的位数越多视为该解答的复杂度越高也越占优，而提交解答时间越早的越占优。并行计算任务，包括但不限于执行哈希函数。串行计算任务，包括但不限于用线性同余生成长序列或超长序列的随机数。

这种优化的 PoW 机制能够有效解决能耗问题，并且引导算力迭代进化。一方面，由共识机制决定的串行、并行的切换执行，可以让机器在执行一种计算时，出让另一种计算能力，能够让能耗花费得有价值；另一方面，即便是小组织或个人节点，也可以通过按时或按需租用并行计算能力强的设备实现“挖矿”，优化机制赋予了这些节点更多的竞争机会。同时，有计算能力的个人参与进来，判断例如丢番图等机器无解或难解问题是否有解，或者在有解情况下锁定初始解及其范围，人工的参与既可以为有能力者提供就业机会，又可以大幅减少并行计算的资源消耗。

在优化的 PoW 机制中，我们的挖矿机制参考了比特币区块链。比特币采用的 PoW 机制就是矿工计算出来的区块哈希值必须小于目标值，通过不停地变换区块头（即尝试不同的 nouce 值）作为输入进行 SHA-256 运算，找出一个特定格式哈希值的过程。

在我们的设计中，每一个通证有独特的 ID，系统中由挖矿得来的 token ID 与 nouce 有对应关系，哈希算法的输入值也会包含节点的部分个性化信息，例如姓名、生日等，用于指向身份，以待后续的验证和交易。在我们的系统中，一个通证就代表了一个意识片段或者认知坎陷，系统挖矿得到的通证并非由用户定义发行而来，标记上更多的节点信息，也可以表示该通证或认知坎陷的开显之处。挖矿得到的通证面值不同，根据难度或者挖矿时间的不同而变化，一般来说难度越大的、系统越早期的挖矿，得到的通证面值越大。

现在的区块链 2.0、3.0 系统中，用户想要发币几乎没有门槛，没有背书的成本，我们则要求必须是挖矿出来才能进行协作。出块时间也可以更长，例如一个小时出一个区块，根据系统的规模和需求量可以适当调整出块速度。

在我们设计的交易生态中，节点要进行协作必须有类似于注册公司所需的保证金或银行的资本金，在系统中对应的就是挖矿得来的通证。主体可以委托矿工或自行组织挖矿，挖矿得来的通证需要将主体（个人或企业组织）的相关信息进行哈希运算，即可视为成功注册，具有协作资质。

同质性通证具有面值，但相同面值的同质性通证也不一定具有相同的价值。例如，两个不同节点，挖矿得来的通证具有相同的 100 万面值，A 节点用通证来注册并成立公司，开展生意业务并有机增长，而 B 节点仅用来进行了几笔交易，那么即便这笔通证都还剩下 90 万的可用额度，代表的价值也不一样，A 的信用记录、偿还能力更好，那么 A 持有的通证价值也会越大。这种设计对应到现实中，就好像两家运营状态不同的企业，注册资金相同但实际价值可能相差很大。

9.3.3 加密算法保护协作隐私性

隐私性又可以分为所有协作数据的隐私性，以及通证及其所有者的对应关系的隐私性两个方面。针对前者，我们可以通过哈希算法对数据传输进行加密（详见 2.7 节）；针对后者，我们可以通过零知识证明算法对所有者身份进行验证。

零知识证明(zero-knowledge proofs)是一种特殊的交互式证明机制,其特殊之处在于,虽然证明者知道问题的答案,需要向验证者证明自己“知道答案”这一事实,但是又要求验证者不能获得答案的任何信息。

9.3.4 私钥丢失的应对方案

以通证为核心,我们允许用户自定义通证类型,并且一个通证支持一个或多个所有者,加上灵活的权限管理结构,使得通证能够满足大部分用户的实际应用需求。当用户私钥丢失(被盗或自己遗失),以通证为核心的记账方式使得用户可以追溯通证的所有权变更的全部记录,即便是在私钥被恶意盗取的情况下,也可以快速锁定通证流向,给用户提供可以起诉盗窃者的有效证据。

以通证为核心设计配以基于通证的操作权限管理机制,使得第三方可以提供很多服务,比如遗失私钥后的通证找回操作。系统目前使用的是与比特币区块链类似的加密算法,主要包括椭圆曲线非对称加密算法和SHA-256哈希加密算法。如图9-11所示公司C提供通证找回服务示例中,公司C专门提供密码保护服务,Alice担心自己遗失了私钥可能会失去自己的通证,她可以设置转移权限为所有者组权重1,组C权重1,并且设置转移阈值为1。在这种情况下,即使Alice遗失了自己的私钥无法自己完成通证转移的授权,她仍然可以向公司C证明自己Alice的身份(通过身份证或指纹等)来让公司C提供授权,这样Alice可以通过把通证转移到一个新的账户上,以避免失去自己的通证。

当然,公司C可能会作恶从而偷走Alice的通证,但是所有的操作都会被记录在链上,无法篡改无法抵赖,一旦被发现,公司C将会彻底失去信誉。这并非安全问题,也不是系统的漏洞,通常情况下,在任何一个区块链系统中,用户私钥的丢失相当于失去了持有的全部通证,而在以通证为核心的设计中,系统为用户提供了一种可行的方案。Alice同意使用密码保护公司C的第三方服务应视作充分了解潜在风险后的决定,并非系统强制所有用户使用第三方服务,而是通过开放一定的灵活性,为用户提供更多的选择、更好的服务体验。

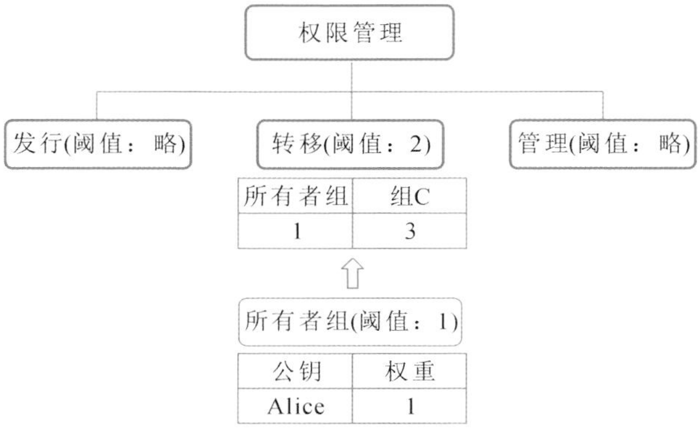

图 9-11　公司 C 提供通证找回服务

9.4　治理机制

纸币是一种不记名票据(bearer token)，繁复的防伪印刷技术能够确保纸币的合法性，安全交易仅需验证纸币，无须关心持有者的身份，也不用查阅纸币的流通史，对纸币消费的记账属于可有可无的行为。传统的电子货币则是通过引入第三方交易中介、垄断记账权，来保证交易的安全性。

任何一种记账方式都必须包含三项信息：交易金额，货币的来源，货币的去向。经典的复式记账法(卢卡・帕西奥利，1494)，其核心思想可归结为钱不会无中生有，也不会凭空消失，有借必有贷，借贷必相等。

区块链系统中的记账方式是系统的设计核心之一，不一样的区块链具体实现方式有所不同。如何制定出安全可靠可追溯、执行速度快且能满足绝大部分应用场景需求的记账方式，是所有区块链都面临的重要问题。

9.4.1　基于通证的记账方式支持并行交互

目前主流的记账方式可以分为两大类，第一类是中本聪在比特币区块链中提出并使用的 UTXO 记账方式(请参见 3.2 节)，第二类是以以太坊等区块链为代表的基于账户的记账方式(请参见 4.2 节)。账户模型与传统的银行记账方法很类似。用户可以在银行创建一个账户，然后在账户里存钱或者消费，银行相应地更改账户里的余额，这就与 UTXO 做法完全不同。账户模型比

UTXO 更高效，因为系统只用更新数据库中的余额，而不需要创建新的 UTXO。但是账户模型并不适合分片，因为在账户模型中，如果一个用户想要向他人转账，需要经过这样两个步骤：第一步是修改原来持有者的账户，第二步是修改新持有者的账户。出于安全原因，系统必须对这两个步骤进行原子性的操作，但在分片环境中，原子性很难保证，即便实现了原子性也会使得系统性能变低。但是，在通证模型中，只需要一个步骤，即增加通证新的所有者。

基于通证的区块链系统采用的是基于通证的记账方式，也就是说，通证的转移在本质上就是变更了通证的所有者(owner)信息。当发起交易时，参与该通证流通的成员可通过签署数字签名确认该次操作，由系统的验证者节点(verifier)(投票选举产生)确认满足权限要求并同步到其他节点后，该通证的所有权即发生变化。过程如图 9-12 和图 9-13 所示。

图 9-12　以通证为核心的区块链系统中通证转移的过程示意图

```
Input transferring_token, new_ownership
find domain in all_domains which domain_name=transferring_token_domain
find requested_transfer_permissions in domain
if transferring_token_authorizationTree satisfies requested_transfer_permissions
thentransferring_token_ownership=new_ownership
execute consensus algorithm to confirm the transfer
else post error message
end
```

图 9-13　以通证为核心的区块链系统中通证转移的伪代码

由于通证的转移只是改变了通证的所有者，我们根据区块链以通证为中心的特点，对现有区块链的技术进行了改进。在系统内部，每个通证的转移是独立的，不会相互影响，因此是天然可并行的。在多核 CPU 上，这极大地提高了记账者验证交易及写入区块的性能。由于聚焦于通证的相关功能，我们精简了不必要的抽象，系统的性能可在传统区块链上有巨大的提升。

9.4.2 一种去中心化电子支票的管理方法

在人机智能融合的区块链系统中，我们进一步提出了一种去中心化电子支票(bit check)的管理方法，可以同时支持同质化通证和非同质化通证的签发与流转，如图 9-14 所示。系统包括：签发模块，转让模块，承兑模块和自定义发行模块。

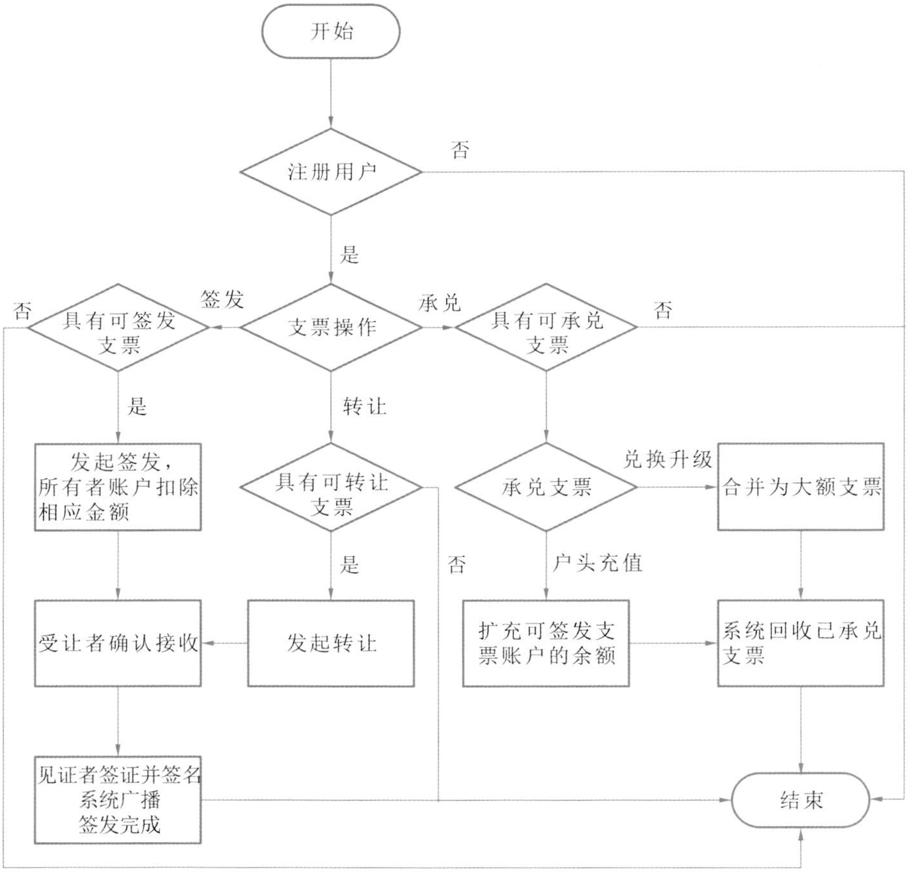

图 9-14 一种去中心化的电子支票的管理方法

方案有三大核心特点：其一，支票的交易可以分步骤异步执行，从签发、受让到验证广播，在用户可以接受的时间范围内（比如几个秒级的区块周期）确认完成，即便遇到网络中断或见证人作恶等问题，也可以在下一个短周期内继续完成，极大地释放了系统压力，同时保障了操作的安全性；其二，用户可以发行自定义支票，系统用户数量没有上限，系统中可以发行的电子支票种类就没有上限，不同种类之间是天然独立的，也就是说，各类电子支票的交易天然并行，并且这种并行在理论上也没有上限，这也意味着系统性能在传统区块链基础上有质的飞跃，也真正能做到彻底释放区块链潜力，为用户赋能；其三，可以支持复杂需求的应用场景，同一张电子支票可以进一步切分成多个层次的子支票，子支票可以是同质性或非同质性的，不同层级的子支票性质可以不同。

所有操作需要在应用本方法的系统中成为注册用户后使用，注册用户需要缴纳一定数量的保证金，在系统中进行违规操作或作恶，系统可以罚没保证金，在注册用户的基础上系统可以根据具体实施的共识机制产生见证人集团以及领导人，用以验证系统中相关操作的可靠性。

支票是系统内流通的电子支票，在本方案中也可以称为比特支票或 BitCheck，均为等价关系；由系统发行的电子支票在本方案中称为电子现金支票，也可简称为现金支票；由注册用户发行的电子支票在本方案中称为自定义电子支票，也可简称为自定义支票，自定义支票根据其所代表的效用、价值可以被划分为不同种类，其代表的可以是虚拟资产，也可以是现实世界中的某项服务或实体资产，其价值和效用由发行者现实信用背书。

电子支票具有不同面值，面值的种类和发行数量，根据系统用户数量和分布动态调整，一般地，初始系统中面值种类较少，主要流通电子现金支票，随着系统规模扩张，可逐步增加面值和发行数量，开放自定义支票。

电子支票包含的信息包括但不限于支票 ID、发行者 ID、当前所有者 ID、初始面值、电子支票类型，并且每一张电子支票有其对应的交易链（light block），交易链的信息包括但不限于转让方、受让方、转让额、转让发起时间、见证人签名、转让确认时间。

签发支票是支票所有者将一张面值较大的电子支票分割一部分并转让或交易给另一个注册用户。签发支票有额度限制，一般在支票面值的 1/100～1/2 之间。签发出来的新支票。其电子支票类型保持不变，发行者 ID 为签发者 ID，所有权一旦进行签发，其账户的电子支票余额立减，受让方可以选择承兑，也可以继续保留电子支票。电子支票也可以继续流通转让给其他人，受让方确认收到电子支票，由见证人验证电子支票的有效性并签名，转让正式完成，也就是说，电子支票的签发、验证和转让完成的时间可以异步进行。

转让支票，也称为交易支票，本质是变更电子支票的持有权。每一张电子支票都刻有所有者的签名，交易电子支票的过程就是当前所有者通过自己的私钥签发一条交易记录到该电子支票的交易链上，请求变更自己的这张电子支票的所有者为新的所有者，完成一系列校验和同步后，该电子支票的签名更新，所有权发生变化，交易完成。每次交易都需要验证签名，没有私钥的人不可能伪造交易。

承兑支票，指用户可以将接收到的支票集合起来与系统进行兑换，并且用户可以根据需要选择承兑的结果：① 兑换升级，将多张小面额的电子支票兑换为一张较大面额的电子支票，该过程可以看作将零票换整的操作，零票由系统回收，换成由系统签发的大面额支票（即发行者 ID 为系统），兑换后可能剩下余额，余额依旧是小面额的电子支票，即不改变该支票类型，保持原来的发行者 ID，其数额可能会根据换零需要而由系统扣减，扣减操作也会记录在交易链上；② 户头充值，签发支票的用户可以将接收到的小额支票充进签发账户中，兑换后，账户总金额不能超过该支票的初始面值，该过程可视作充值操作，该操作不需要系统重新签发支票，只需要更新已有的大额支票的交易链，使得用户可签发的金额相应增多即可。

发行自定义支票，系统开放用户发行自定义支票的权限后，满足系统要求的注册用户可以发行自定义支票，用户自定义的电子支票签发和流通方式与系统发行的支票一致，新发行的自定义支票所有者即为发行者，系统要求包括但不限于：① 保证金，发行者必须拥有满足一定要求的系统发行的大面值支票作为自定义支票发行的注册资本；② 发行费，支付一定数量的系统发行支票用以发行自定义的支票，发行多少额度的自定义支票，就需要支付多少系统发行支票，同时必须保证其保证金余额始终在初始面值的 1/2 以上；③ 优先级，为了保证系统的正常运行，一定周期（例如一天）内能够发行的自定义支票类型和数量是有限制的，如果超出了当天的发行计划量，待发行的自定义支票就需要排队等待，队列一般按照时间先后排序，但对于保证金金额较大、发行量较高的电子支票，其优先级可以提升。

消费者主权理论强调市场向生产者传递消费者意愿和偏好的功能，市场的拥护者将其视作高效生产的重要前提。全球正处在廉价货币政策的时代，消费者主权受到了严重的冲击。廉价货币的恶性循环是经济崩溃的隐患，而与区块链技术相关的虚拟货币优势在于去中心化与高效率。我们从消费者主权以及自我肯定需求理论出发，旨在构建全新的具有生命力的、流动性强的、可靠的货币系统。

去中心化的电子现金支票系统以电子支票为流通载体，具体分为由系统发行的电子现金支票和由合法用户自定义发行的其他电子支票，并配置有支票的签发、转让和承兑（回收）操作。电子支票根据面值的不同自动分层，中高层用户可以通过发布任务等方式向底层节点发行自定义支票，这可以看作是现实中的招聘过程，也可以通过这种方式引导大众的认知膜。对于底层用户而言，能够按照共识完成工作将获得奖励，各种任务与电子支票都是透明的，可以最大限度地提供渠道以满足用户的自我肯定需求。底层用户能够踏踏实实就获得奖励，中层节点更容易实现既定的目标，而高层用户将更容易实现创新，推动科技发展。根据区块链的特性，系统中的电子支票完全透明且难以伪造，个体更容易找到符合自己能力的任务来获取财富以满足自我肯定需求，而随着财富的累积，电子支票所带来的自我肯定需求将会下降，取而代之的是创造、荣誉与使命感，这就是对认知膜的引导。

9.4.3 灵活的权限管理支持监管友好

系统的治理设计方案中，涉及的权限管理包括三种权限类型，即发行、转移和管理。发行（issue）是指在该域中发行通证的权限。转移（transfer）是指转移该域中通证的权限。管理（manage）是指修改该域权限管理的权限。每一个权限都由一个树形结构来管理，我们称为权限树（authorization tree）。从根节点开始，每一个授权都包括阈值，以及与之相对应的一个或多个参与者（actor）。

参与者分为三种：账户（account）、组（group）和所有者组（owner group）。账户是独立的个体用户，组是集群账户，所有者组是一个特殊的组。一个组可以是俱乐部、公司、政府部门或者基金会，也可以只是一个人。组包含组的公钥以及每个成员的公钥和权重。当批准操作的组中所有授权成员的权重总计达到阈值时，该操作就被批准。同时，可以授权持有组公钥的成员对组成员及其权重进行修改。我们称这种机制为组内自治(group autonomy)。

当一个组第一次创建时，系统自动生成一个组 ID 分配给它。发行者在域中设计权限管理时，可以直接引用现有的组 ID 作为其权限管理的某一个组。由于组内自治，每一个组都可以方便地重复使用。

一个通证的持有者是一个特殊的组，它的名字固定为所有者组，包含所有该通证的所有者。这个组的特点是不同通证的所有者组不同，并且每一个成员的权重都是 1，而组的阈值是组内成员的总数。

在系统中每个通证所属的域定义了相应的权限管理，每当有用户发起对某个通证的操作时，系统必须先检查该操作的合法性。如果签发同意该操作的用户权重值之和达到(即等于或大于)该通证所需的权重阈值 T，则该操作视作合法，可以被执行，否则用户操作将被拒绝。w 表示该组用户对该操作的权重，S 表示签发同意该操作的权重。对每一个组而言，组内每个成员也具有组内权重(w_t)，当组内同意签发操作成员权重(A)之和达到该组同意签发所需阈值(t)，则视为该组同意签发操作，$S=w$，否则 $S=0$。

$$\sum_{i=1}^{n} A_i \geqslant t \tag{9-8}$$

$$S=\begin{cases}0, \sum_{j=1}^{m} A_j < t \\ w, \sum_{j=1}^{m} A_j \geqslant t\end{cases}; \text{其中} A_j=\begin{cases}0, \text{用户 } j \text{ 不同意签发} \\ w_{t,j}, \text{用户 } j \text{ 同意签发}\end{cases} \tag{9-9}$$

权限管理的对象分为三类：发行权，交易权和管理权。发行权即发行该域下的通证，交易权即通证的转移，管理权是对该域的管理，包括设置各操作权限阈值、可以进行该操作的用户组等。

权限管理由通证发行者设定，每一个权限至少由一个组来管理。当一个通证发行时，发行者必须指定每一个权限下相关组的权重和阈值。在一个域下执行任何操作之前，系统会验证该操作是否得到了足够的权重，只有当得到授权的权重达到阈值，操作才会被执行。这种灵活的权限管理与分组设计适用于现实生活中的许多复杂情况。

9.4.4 数据上链的规范

我们在8.2节中介绍了BI中台的设计架构，在利用区块链技术进行具体设计与实现的过程中，最能发挥区块链技术优势之处就在于，从最底层的原始数据到上一层的数据链层的交互（即数据上链）过程中，可以采取一定的治理方法来保证上链的数据能够满足要求。

具体地，我们结合企业内部的财务管理系统进行描述。相对于其他业务部门的数据而言，财务系统由于其特殊性，具有比较严格清晰的国家规定、会计规则、公司规章制度等要求，因此涉及的相关数据大多是结构化的数据，并且对数据处理的人员（会计、出纳等）有一定的专业资质要求。假如企业应用了包含BI中台的智能区块链系统，那么将财务原始数据上链前，可以设置要求即必须经过审查的合格数据才能上链。由于区块链系统中不允许直接改动数据，如果出现数据错误，我们可以采用“打补丁”的方式进行修正说明，但这样的补丁操作势必会增加交互成本，因此对上链过程需要制定奖惩办法以实现系统内部的治理平衡。在一段时间内，没有出现失误的节点可以获得通证奖励，经常犯错的节点可能受到批评甚至通证惩罚。如有必要，甚至可以设置不同种类的通证以调节和平衡不同的治理水平。

不仅财务系统，行政系统、人事系统、内部业务系统的应用也可以通过类似的方式扩展，即便是企业外部的业务系统也同样适用。不同之处在于，虽然底层原始数据的格式不尽相同，但不论是结构化、半结构化还是非结构化的数据，都可以借助机器智能辅助人工进行上链审核，由不同专业人员处理对应的专业数据，根据具体应用场景设置对应的通证即可。

9.5 激励机制

我们已经讨论过公有链、私有链和联盟链的特征，其中公有链需要设置挖矿规则、提供奖励机制，用来鼓励公有链的用户诚实地记账、参与系统的治理，实现自治。

9.5.1 维护系统生态——去中心化即挖矿

为了避免DDoS攻击等恶意行为，同时可以奖励区块生产者提供的资源，我们在设计及实施方案中允许系统发行燃料币。任何操作都会消耗一定数量的燃料币作为服务费,同时作为奖励给区块生产者。

制定奖励计划奖励对系统生态有贡献的用户。中心化即挖矿(decentralization as mining),挖矿的持续周期长,鼓励用户长期挖矿而非注重短期行为。通过奖励计划,鼓励各行业的领军者将资产数字化并进行链上交易。发行的通证真实交易量越多、参与者越多,系统认为该通证发行者对生态建设的贡献越大,给予的奖励也就越多,能够有利于将受奖励的用户逐渐引导并发展成为未来的验证者。由于是有机增长的系统,一开始行业数量和用户数量较少,某些行业允许有空缺,不影响对其他行业或用户的奖励。

申请参与奖励计划的发行者,必须与系统签订合约,遵循计划规则,合约规则由系统平台制定,其他用户无法修改,要求的规则包括但不限于:必须持有一定量的系统燃料币;需要提交上链资产的支持文件;成功上链的用户可得系统燃料币奖励;每隔一段时间对该时间段内的各行业进行排名,对交易量高者进行奖励;交易者、发行者均可受奖励,做到行业靠前的用户,能够获得的系统燃料币奖励比实际花出的手续费多。每年增发的系统燃料币,除了节点奖励和分红,主要用来扶持弱中心,补系统短板。

系统对去中心化贡献者的排序主要根据在奖励周期内,参与奖励计划用户的手续费和交易次数而定,排序结果与两者正相关,即手续费越高、交易次数越多的用户,在贡献列表中排序越靠前,可以通过以下函数表示。

$$R_i = \log_a F(\text{gas}_i, \text{tx}_i), \text{其中 } a > 1, F(\text{gas}_i, \text{tx}_i) > 0 \tag{9-10}$$

根据系统实际的规模和应用场景,手续费和交易次数的相对权重可以调整,奖励的用户数量也可以不同。

9.5.2 鼓励诚信行为——回溯历史的奖励机制

智能区块链的共识机制中包含一种基于回溯区块链历史的奖惩用户行为的共识方法。该方法的步骤包括:提取区块链中的历史数据;根据数据进行数据挖掘;根据计算结果形成奖励或惩罚的提案;投票;根据投票结果实施奖惩并记录。

区块链数据具有不可篡改的特性,这种共识方法基于树状区块链的特征,通过对提案投票,对有贡献的用户进行奖励,对于恶意行为给予惩罚,真正实现对用户赋权。其中,任何有算力的节点(个人或组织)都可以形成提案,符合区块链去中心化的既定特性，即能够增加系统的灵活性。提案不断演化、适应系统变化，又能够规范未来行为，引导积极向上的价值取向，但奖惩的行为对象没有具体约束，奖惩的时间、力度事先均不可预知，因此可以规避道德风险，同时鼓励用户对自己的行为负责，为系统的健康运行做贡献，从而维护区块链系统的生态平衡和可持续发展。

提取区块链中的历史数据包括但不限于历史交易数据、历史评价数据和历史奖惩数据。根据数据进行数据挖掘包括但不限于机器学习、深度学习和卷积神经网络。根据计算结果形成奖励或惩罚的提案，任何有算力的节点都可以形成提案，提案内容包括但不限于奖惩对象、奖惩依据的时间范围和奖惩的具体额度。一般地，由涉及奖惩对象的当前子节点以及在奖惩依据时间内的历史子节点，对奖惩提案进行投票。根据投票结果实施奖惩并记录包括但不限于奖惩实施的对象、额度和时间。基于回溯区块链历史的奖惩用户行为方法的流程图如图 9-15 所示。

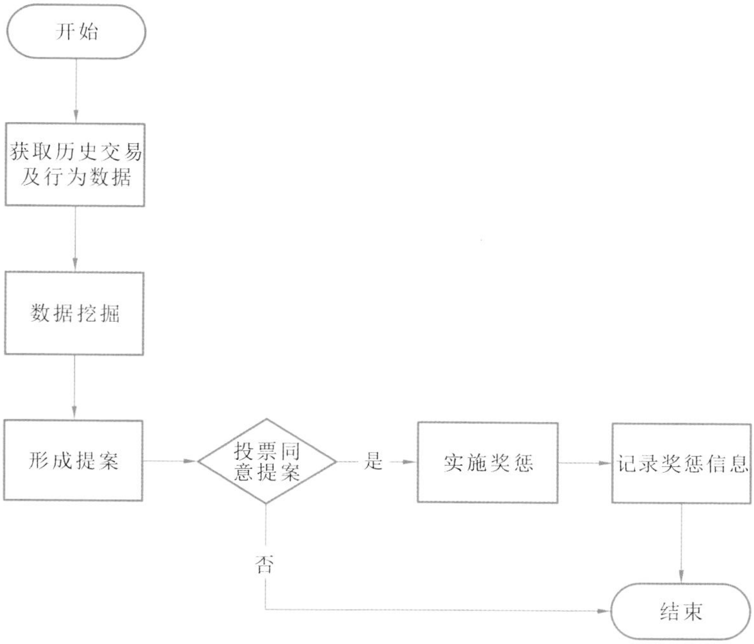

图 9-15　基于回溯区块链历史的奖惩用户行为方法的流程图

对应这套共识方法，智能区块链中有模块完成相应的功能，包括：历史数据提取模块，用于提取区块链中的历史数据，数据包括但不限于历史交易数据、历史评价数据和历史奖惩数据;数据挖掘模块,用于对历史数据进行计算和分析;提案模块,用于形成奖惩提案;投票模块,用于对奖惩提案进行投票,投票通过后的提案才可以被执行;奖惩模块,用于实施通过投票后的奖惩提案并记录奖惩实施的数据。

基于回溯区块链历史的奖惩用户行为的共识方法与系统,针对区块链可持续性问题,能够有效改善系统的财富分布,让财富尽可能长久地流转,让系统保持活力。区块链的优点之一就是所有数据不可篡改,因而历史信息安全可信。我们提出的基于回溯历史的奖惩共识机制也就是基于区块链的历史数据进行数据挖掘,形成相应的奖惩提案,用户投票通过后实施奖惩。该奖惩的共识机制的特点包括:① 不定期对过去某一个时间段的行为进行评估和奖惩,用户事先并不知道会获得奖励;② 通过对奖惩提案的投票反映节点的行为表现。

智能区块链的实施鼓励每一个用户为系统的健康发展做出努力,系统引导的价值取向是积极向上的,但奖惩的行为对象并无具体约定,优秀的行为能够得到奖励,恶意行为将受到惩罚,但奖惩的时间和力度是事先不可预知的,这样就能避免固定规则下的道德风险,杜绝刷单、投机的行为。同时,这种基于区块链不可篡改历史数据的奖惩措施,能够最大限度地公平公正,任何有算力的节点(个人或组织)都可以形成提案,符合区块链去中心化的既定特性,能够增加系统的灵活性,提案不断演化,适应系统变化,又能够规范未来行为,实现区块链系统的可持续发展。

第10章 平衡未来

人们都想理解未来，但对未来的理解也有层次之分。最常见的是预期未来(anticipating the future)，比如能通过预测比特币的涨跌来获利；其次是抢占未来(approaching the future)，比如在5G已经成为公认趋势的当下，企业家加大投资来“抢滩蓝海”；还有一种是创造未来(creating the future)，比如马斯克的Starlink，60颗卫星一次性发射，预示着未来几万颗卫星的部署，以及一个被他创造的未来。

现在，贫富差距过大、财富分化速度过快、商业渠道被少数公司占领、个人数据被少数公司垄断等问题，都是威胁现实的存在。区块链技术的崛起以及分布式商业的探索，实际上也是要改变有缺陷的现在，本质上是要做一些平衡未来(balancing the future)的事情。

区块链技术之所以重要，是因为AI技术的快速发展，超过了大多数人的想象。比如说Deepfake可以把人穿着的衣服去掉，或者根据一张脸的轮廓生成一个逼真漂亮的图像，或者将晚上的场景变成白天，如此种种，不一而足。因为AI能力的增强，未来的作假成本越来越低，虚假信息将会横行。

因为区块链不可更改的特性，用区块链来证明信息的历史存在性就变得更有意义。很多人说上链的数据不一定是真的，但是这恰恰是反过来证明了区块链的价值。区块链上的数据开始都可能是假的，大家要做的就是向其他节点自证清白。

这种对未来的创造，可能会对财富转移造成深远的影响。

西方几百年来财富中心不断转移，从最早的西班牙，到葡萄牙，到荷兰，再到英国，最后落到美国。中国目前所处的历史地位，加上新技术的快速发展，正面临前所未有的挑战与机遇。但是，加密货币提供了另一种可能性，即在激烈的对抗以外它可能是另外一个承接真实财富的池子。

我们不能预测这件事什么时候发生，但是我们在思考区块链价值的时候，也要把这个维度考虑进去，这也是当初中本聪在比特币上线的时候所说的那段话的维度。对于中本聪来说，他是想用比特币来与主权货币对抗。财富不是来自于货币，而是来自于价值，这是一次正本清源的对抗。

10.1 货币发行是透支未来的手段

金融危机爆发的最根本原因是自我肯定需求过剩。2007 年全球金融危机由美国次贷危机的产生而诱发，次贷危机最直接表现为民众过度透支未来的收入进行消费，而透支过度，民众的实际收入不足以支付其背负的庞大债务，导致需求链的突然断裂，社会再生产环节难以进行，经济运行陷入危机之中。

危机爆发的直接原因是过度透支，而过度透支的根本原因是社会自我肯定需求过剩。当学习与科技创新、外部财富获取都无法满足快速增长的自我肯定需求时，人们选择透支未来这种方式，随着透支的程度越来越大，逐渐超出合理范围，经济泡沫便产生了。然而虽然未来是无限的，但是透支却不可能是无止境的，经济泡沫终将破灭，带来的结果就是社会交换无法正常进行，个人资产受到侵害，实体经济受到巨大损害。在寻求金融危机解决方案时，思路要回归到其根本原因——自我肯定需求之上。通过满足社会自我肯定需求来增进民众的幸福感，引导社会自我肯定需求的合理增长，维护社会的稳定与发展。

货币、债券、股票都是透支未来的手段，都可以总结为达成共识的方式，都是广义的通证。价值/价格具有生命力，不仅适用于个体，对组织而言也是如此，不论企业或是国家，都是能够达成某种共识而形成的组织形式，随着不断演化，这些共识会逐渐形成商业规则或国家法律。

国家货币可以看作是一种国家层面关于价值的共识载体，如果没有突发且难以预测的事件，如战争或毁灭性的自然灾害，一般国家货币的价值较为稳定。股票交易可以看作是人类交换行为的实验室。股票价格的波动充分反映了人们对特定标的不同时间尺度的未来预期。套利最多的正是那些预期精准、走在普罗大众价值认知之前的交易者。

一个国家的兴衰很大程度上依赖于该国的财富涌现能否满足人民的自我

肯定需求。从公元前 8 世纪建城到公元 2 世纪,古罗马用了 1000 多年的时间崛起从而称霸欧、亚、非大陆,却在不到 200 年的时间里迅速瓦解衰败。我们的分析发现,古罗马的兴盛缘于侵略扩张与自主创新(如土地分配和道路发展)的共同作用,缘于在 600 余年间实现人口增加 600 余倍和国土增加 6000 余倍的剧变。当扩张逐渐停止、道路系统达到饱和后,透支未来和宗教便登上历史的舞台,成为维持帝国的主流方式。即使这样,财富增长总会有极限,当财富供需失去平衡、宗教的力量无法凝聚民众时,各种社会矛盾便相继爆发,古罗马便日渐式微,最终走向灭亡。

古罗马曾经通过分地、发钱的方式让财富流向底层。政府为了安抚士兵,同时也为了巩固政权,用政策使得国家财富的分配向军人阶层倾斜。于是,大量土地开始分配给士兵、骑士,而不是平民和百姓,甚至出现屋大维为解决退伍老兵安置问题不惜背离民意,牺牲原有土地所有者的现象。普通平民小份额地的分配逐渐消失,取而代之的是给士兵、骑士的大面积分地,大中型地产逐步取代小农经济。除开制造通货膨胀透支未来优化财富分配,古罗马统治者也会直接将钱财无偿赏赐给民众,如恺撒便常常赏赐人民,数目多寡依时而定,饥荒时还会以极为低廉的价格甚至无偿为灾民提供粮食;到屋大维时期,虽然赏赐额度有所降低,但人民仍然可以享受元首出钱举办的娱乐活动。这种政策的影响绵延至今,西方的破产法仍然可以直到底层。

中国地区之间的帮扶手段目前大多为二次支付等。我们认为更好的方法就是按人发钱。

随着劳动生产率的提高,在信息社会每个人创造财富的速度提高了,财富的流动速度也提高了,通过市场经济的机制,财富向上流动、集中,在财富金字塔底端的人的财富流失速度也加快了。弗里德曼等金融学家曾经预见到会有更完善的货币体系来取代现有的货币体系。我们现在不仅不必像农业社会那样对底层收税,而且要把一部分资金直接返回底层,让更多的人积极参与生产—消费的循环,创造更多的社会财富。

人生而平等,因为每个人一生下来就天然地拥有了获得人类千万年来所积累下来的知识以及它背后所蕴含的价值(财富)的权利,就像每个人生下来就拥有了享受空气和阳光的权利一样。只有把货币的铸造和发行与每个人最基本的需求联系在一起,才能将货币与人类的总体财富建立起牢固的联系。这是以人为本货币制度的哲学基础。

充分考虑中国现有的优势资源，可以说中国已经具备构建中国特色的以人为本的货币制度的条件。中国自身市场足够大，人口足够多，生产成本低，整体经济正处于上升阶段。而人民币这一名词本身也是与社会主义制度“人民共享、共有”同属一个理念，建立与推行新的货币制度正当其时。在信息技术高速发展的今天，我们可以通过区块链等技术进行数据传输，这样就可以实现货币直接传送给每个公民，大大提高了对公平性的保障。

10.2 未来的世界货币

未来的世界货币不可能将利益与责任剥离开来，必须能够通过政府（或者央行等机构）进行兜底。自我肯定需求是人类的基本属性，人性如此，人的认知有差异，长此以往必定两极分化。历史周期、财富中心流转，这些规律都告诉我们，到一定程度就会需要重构（崩溃后的再出发），但在重构之前，还会经历诸多起伏，这些起伏波折就需要被兜底。

例如，小孩从出生就可以有 token，父母、老师、社会为其赋值赋能，这就是未来价值的生成方式。未来的世界可以有非常多种的 token，但都要锚定到公有的价值标杆，也就是锚定到未来的世界货币。未来的世界货币应当可以和每一个行业、组织、个人的 token 打通，是一种计价标准。世界货币通过对财富底层个人或组织补充，来调节未来预期，保证整个生态的健康运行。

10.2.1 Libra 的意义与问题

2019 年 6 月 18 日，Facebook 发布 Libra 白皮书。作为全球首家大型网络巨头发起的加密币，Libra 加速了数字货币在全球范围内的推广。

比特币的记账方式是 UTXO，以太坊的记账方式是 account-based。Libra 带有 account-based 的色彩，但是还强调了 transaction 本身，即 move，从一个地方转移到另一个地方，这和以太坊已经不太一样了。

account-based 的记账方式有一个天然缺陷，就是它的账户有限制，比如分片或者跨链比较麻烦。所以在设计 move 的时候是把这两个问题充分考虑到的，再加上考虑上亿的用户，共识机制也是用了一个新的机制 HotStuff，把它做成 Libra 的 BFT，即拜占庭容错的共识机制。

目前 Libra 是联盟链，所以节点的数目是可以控制的，初步定的是 100 个节点。另外，Libra 希望五年之后变成 permissionless，实际就是公有链，这样实际还是有很大的挑战。它给的几个例子里，比如说把货币从一个账户转到另一个账户，有 move 这个 module 的话就可以直接实现了。第二个例子是，类似账户邀请制，即我打给对方一笔钱，同时帮对方建立一个账户。第三个例子，我把货币放在一个地方等另一个人来取，如果对方没有取的话我可以撤回来，还允许其他人帮他拿走，实际上这样账户就会比较多变。

Libra 还是会推下去，毕竟数字货币世界确实需要价值锚定，有了价值锚定，其他的通证定价可以变得更加方便。而且因为 Libra（Facebook）的用户足够多，可以把更多的用户带进区块链的世界。

虽然 Libra 目前采用联盟链方式，但是要面对上亿用户的情况时挑战还是很大的，到达这种用户量的时候的处理速度能有多大目前还不清楚。我们认为其并行性还是有限的。首先全球网络本身就有延迟，达成共识实际上是有一定时间的，打包的大小本身也是有限制的，而且如果包太大，对用户来讲也不是很方便。在我们看来，这种设计还不够合适，尤其到 5 年之后改为 permissionless 就更艰难了，估计到时候需要彻底的结构上的改变才行。

10.2.2 token-based 记账模型更优

我们的核心创新就是 token-based 记账方式，这是我们在分析了比特币的 UTXO 和以太坊的 account-based 之后提出的一个新的记账方式。这个记账方式很好的特性就是天生支持并行，因为我们关注的是 token 的所有权，只要签上谁的名字就属于谁，而不是两个账户之间的动作。因为涉及两个账户的动作它必须同时完成才不会出错，发生的很多盗币事件就是因为这两个账户不能平衡，所以整个的链会垮掉。

另外，token-based 记账方式还有一个特点是它的每个通证都是有 ID 的，如果说涉及盗窃或者 51%攻击，那么配合一定的治理机制是可以有效防止这种双花的，尤其是 51%攻击这样的双花。同时 token-based 的通证对第三方监管是非常友好的。

作为对比，token-based 的设计实际比 Libra 的设计要完善。假如只谈

fungible token，即货币意义上的通证的话，基于通证模型在理论上是可以无限扩展的，而且很容易把它理解成总行、支行、分行这种关系，并且能做到 Libra 能做到的所有这些特性。

大家可以理解为用支票来做支付，支票支付在分行之间或者跨行存在复杂的清算问题，在电子世界里清算不是一件很难的事情。基于通证模型的设计特别适合非同质性通证，因为未来货币不仅仅是现在的主流货币，更多的是区块链世界里有不同的通证对应不同的资产，甚至是不同的意识片段。我们相信主体的意识和认知都需要定价，也需要进化，精神世界比物理世界更广阔。

10.2.3　加密货币在国家对抗中的角色

token 的含义是很丰富的，实际上在文字出现之前就有很多 token，这种 token 是用陶瓷来做的，或者是用石头打磨的，实际就叫"陶筹"，每个 token 所代表的意义和价值是完全不一样的，也就是非同质性通证。未来在数字世界中，非同质性通证的使用场景更为丰富。

如果大家都追求同样的财富的话，追求人民币的财富，或者是美元的财富，或者是 Libra 的财富，这种追求实际上比较苍白。毕竟我们再富裕也富不过世界前几名的富豪，这种财富的积累对很多人来说并不是满足自我肯定需求的最好方式。

但是假如我们赋予追求的东西特别的意义，比如说一个明星发的 token，对粉丝来讲，收集他（她）的 token 的意义远胜于去收集人民币或者美元。这里有意义的东西可以是艺术品，可以是有价值的文字作品、影视作品，每一个作品对应的是 token 的发行，不同的人群会去收集更多的自己想要的 token，这才是想象中的未来世界，让很多人找到自己的圈子，找到对他来说更有价值的场景去收集 token，而不是像现在只是收集银行的财富。

Libra 不会自己主动要和主权货币对抗，它一开始只是作为支付手段，作为一个有抵押的稳定币。但问题在于，如果金融市场有风吹草动，大家对主流货币信心动摇的话，Libra 这种有财富做抵押或者背书的 token 肯定会更有吸引力。所以不管 Libra 如何声明和联邦政府"紧密合作"，一旦有很多人使用的话，那它就是一个全球化的竞争性的货币。

美国政府当然知道 Libra 对美元有威胁，但美国政府背后也不是一个人，每个部门的反应也是不一样的。所以围绕 Libra 应该会有各种博弈。如果 Libra

很快和相关部门沟通好，那短期来说的确是有助于美元在世界上的地位，而且会给弱小的主权货币造成更大的压力。

但是稍微长远一点看，它跟所有的主权货币都是敌对关系。因为美元现在占主要地位，所以实际上它对美元的威胁最大。美元背后是政府背书，理论上讲是通过未来的税收来支持美元。但是现在美国政府每年的赤字是 1 万亿美元，积累了超过 22 万亿美元的政府债务，甚至远超中国的外汇储备总额。但这实际上还不是美元最大的弱点。更可怕的是美国政府有庞大的社会保障和医疗健保等的负债，这是对公民做出的承诺，折现到现在是 200 万亿美元的量级，这比我们现在看到的美国国债还大一个量级。虽然，我们可能在未来能尝试用机器人创造更多的价值来填这个坑，但也很有可能坑还来不及填问题就已经爆发了。相比一下，中国的财政情况会好很多，虽然国内也印了很多钞票导致房价上涨，但至少国内还有很多的国有企业，价值量在百万亿人民币之巨，这是我们的“防洪坝”、“蓄水池”。任正非就讲过中国应该有自己的 Libra，一个国家比一个公司更有信用来做未来的全球货币，其背后的思考实际上很深刻。

10.3　认知坎陷对 AI 与意识问题的贯通

未来的世界货币系统也好，人机智能融合的区块链系统也罢，不仅要有优秀的软硬件技术支持，而且需要深入到哲学层面，才可能形成符合人性、满足人类持续发展需求的底层设计方案。前者可以通过以通证为核心的区块链技术来实现，而后者就需要我们厘清 AI 的理解与意识问题。

中文“理解”可以有两种英文翻译，一种是 comprehend，另一种是 understand。comprehend 的前缀“com-”就带有范围广阔的含义，可以看作是将更多的内容包含进来的意思。understand 的词源比较有争议，有人认为是 under-实际上是 inter-，也有人从 undertake 的角度来解释，我们认为 understand 的重点可以看作是“站在更底层”的角度看。在做研究时，如果能够从更底层出发，贯通各理论观点，就可以看作是 understand。换一种角度看，comprehend 的特点是由约而博，需要吸收大量丰富的内容，而 understand 是消化吸收了这些内容之后由博到约（比如学习电磁学到最后只剩下 Maxwell 方程组）。爱因斯坦追求大统一理论也可以看作是由博而约的过程。

10.3.1 AI 理论的会通

AI 三大流派(行为主义、符号主义和联结主义)大家应该耳熟能详了,但这三者的关系并不清晰。AI 理论的会通如表 10-1 所示。

表 10-1 AI 理论的会通

AI 流派	由约而博	由博而约	对应哲学
行为主义	学(imitating)	习(practicing)	具身哲学
符号主义	演绎(deducing)	归纳(inducing)	柏拉图主义、逻辑学、数学
联结主义	学(learning)	思(thinking)	心学、现象学、唯心主义
	延伸(extending)	坎陷化(routinizing)	
	理解(comprehending)	理解(understanding)	

MIT 的 Brook 教授可以看作是行为主义者,他的研究生涯几乎都在研究 AI 行为主义,最后也做出来一个人工螳螂的机器,简单地理解就是机器按照外界的刺激来反应。行为主义大多认为意识不仅是大脑的事情,而且是整个身体的事情,背后反映的是具身哲学的思想。

符号主义相对来说好理解,数学、物理世界充满了各种逻辑符号,图灵机本身也可以看作是符号主义的尝试。Herbert A. Simon 是图灵奖和诺贝尔经济学奖得主,也是符号主义的代表,他提出的“物理符号系统”假设从信息加工的观点研究人类思维。但后来人们发现,符号主义也不能成功,因为规则永远无法定义或囊括穷尽,不管划定了多么大的范围,也一定会有遗漏的东西。符号主义背后的哲学思想与柏拉图主义相通,都相信或立足于“本质”的存在,如果能够发现并定义本质,或者把这个本质的公式写清楚,那么其他所有内容都是这个本质公式的展开和演绎而已(比如公理系统)。

研究者们很早就发现神经元之间有很多连接,信息传递的同时还有放电现象,而联结主义最初就是从试图模拟大脑而来的。深度学习、强化学习都可以看作是联结主义。很多研究者希望找到新的,比如 AGI 的框架,认为深度学习、强化学习不足以模拟人脑的学习。这些研究者中就包括清华大学人工智能研究院院长张钹。

我们认为现在的框架,尤其是联结主义的框架,已经足够模拟人脑。

行为主义与联结主义的关系是什么？行为主义可以通过动物行为来理解。动物、简单生命甚至单细胞生物，都能对外界刺激有反应，行为主义更多的是模拟这种动作上的反应或反射。比如羽毛球运动员，在平时需要经过大量的训练，让身体形成记忆式的反应，在赛场上，运动员的主要注意力就不再是肌肉如何协调，而是对球的跟踪、与对手的博弈。弹钢琴也类似。行为主义与这些身体动作的相关度更大，主体需要让大脑控制协调身体的练习。这种练习需要练到位，这个练到位的过程也体现了由博到约，将大量复杂的刺激与反应最后练成几套代表的反应模式。小孩子早期的学习就是行为主义的内容比较多。随着个体成长，大脑不断发育发展，联结主义的内容才逐渐增多。

我们认为人真正追求的是自我的延伸，是一种掌控所处环境的幸福感，能够对未来有所预期的状态。延伸之后还有“虚化”或“虚无化”，就是一种将周围环境完全融入自我意志能够触及范围内的境界。

符号主义就是将内容虚化到一种极简模型（天圆地方、阴阳、欧几里得定理等）。1900 年，希尔伯特二十三问之一就是如何提出一套公理系统来统一数学，实际上是沿用莱布尼茨的思路——如何找出一套符号系统来模拟整个世界。哥德尔不完全性定理指出，不论给出什么公理系统，都一定能够找到新命题，在这个公理系统中既不能证实也不能证伪。

联结主义如果能够由约而博、由博而约地反复迭代，就可能达到一种比较理想的状态，目前的水平还不够，这也是我们即将要努力的方向。

10.3.2 意识问题的四个层次

哲学家大卫·查默斯（David Chalmers）提出了“意识的难题”这个术语，并将其与解释辨别能力、整合信息、报告精神状态、集中注意力等容易的问题（easy problems）进行了对比。容易的问题看似复杂但可以解决，所需要的只是指定一种能够执行该功能的机制。而看似简单的意识问题才是难题（hard problem），意识的难题是要求解释我们如何以及为什么有感质（qualia，可感受的特质）或现象体验，感觉（如颜色和味道）是如何获得特征的问题。

Scott Aaronson 和 Max Tegmark 将意识问题分为四个层次（见表 10-2）。

表 10-2　意识问题的四个层次

Aaronson 和 Tegmark 的意识问题分类		解决方案	
真难的问题（really hard problem）	为什么会出现意识？	触觉大脑假说	蔡恒进.触觉大脑假说、原意识和认知膜.科学技术哲学研究，2017(6)：48-52. 蔡恒进，张璟昀.原意识：自由意志的始作者.鹅湖月刊，2018(11).
更难的问题（even harder problem）	物理性质如何决定感质？	认知坎陷定律	蔡恒进.认知坎陷作为无执的存有.求索，2017(2)：63-67. 蔡恒进.意识的凝聚与扩散——关于机器理解的中文屋论题的解答.上海师范大学学报（哲学社会科学版），2018，47(2)：32-39.
相当难问题（pretty hard problem）	什么物理性质区分了有意识系统和无意识系统？	自我肯定需求	蔡恒进.中国崛起的历史定位与发展方式转变的切入点.财富涌现与流转，2012，2(1)：1-6. 蔡恒进，蔡天琪，张文蔚，汪恺.机器崛起前传——自我意识与人类智慧的开端.北京：清华大学出版社，2017.
简单问题（easy problems）	大脑如何处理信息？ 智能如何工作？	人工神经网络机器人	蔡恒进.论智能的起源、进化与未来.人民论坛·学术前沿，2017(132)：24-31.

（1）简单问题（easy problems）：大脑如何处理信息？智能如何工作？

（2）相当难问题（pretty hard problem）：什么物理性质区分了有意识系统和无意识系统？

（3）更难的问题（even harder problem）：物理性质如何决定感质？

（4）真难的问题（really hard problem）：为什么会出现意识？

这些问题过去难以回答，我们尝试用一套统一的理论体系解释这些问题。智能是意识的特殊形式。人类意识或高级智能的形成过程是：原意识→意识/认知坎陷→智能。智能的作用就是填补物理世界（physical world）和主观目的之间的空缺（gap），填补的方式或路径（route）可以非常多，这些不同的方式就会体现出不同的智能水准。如何衡量智能水准的高低？那就是在面对相同的物理环境和主观愿望的差异时，不同方式在能耗上是否更节约，在效率上是否更高……本底（benchmark）就是物理世界原有的运行规律。比如石球从山顶向下滚，本来的运动轨迹是没有智能的、无意识系统，满足牛顿方程、量子方程，可以计算得出。如果我们想改变常轨，比如想让石球滚到山后，就需要做一些努力才能实现，比如挖轨道、填坑等，如果能找到鞍点，可能只用一点点力就可以达成目的，这就是智能水平更高的体现。再比如水车是否算有意识的系统呢？这取决于我们如何看待。我们应该都能同意，水车本身不是这个物理世界自然进化会形成的产物，而是由于人的意识、智能起作用，是人类设计并建造出了这种机器。一旦建造完毕，按照既定目标运转，人类智能作用在创造水车这件事情上就告一段落。而这架水车又可以看作是这个物理世界的一部分（毕竟它已经切切实实地存在于世界上），那么囊括了水车的物理世界又可以作为更新的本底，人类又可以继续以这个新的物理世界为本底继续实施意识的物质化、让智能产生作用(change the course)，比如在水车上增加新的工具实现更复杂的功能目标。但追根究底，水车依然是人类（认知主体）意识的物质化结果，是人类意识的投射（凝聚）。

10.4 为机器立心

我们认为，人类跟其他动物、跟机器的本质差别就是自我意识的强烈程度不同。自我意识并不神秘，是从最初的坎陷发展而来的，最原初的坎陷就是“自我”和与之相对的“世界”。人类因为自我意识强烈，会更多地去探索这个外部世界的真相，而外部世界的信息也会反过来丰富我们个人的自我意识。意识片段/认知坎陷构成坎陷世界，这也就是我们的意识世界。把这个世界按照坎陷世界与物质世界进行二分，我们就能理解其他框架所不能解释的很多命题。虽然我们不能脱离物理载体，但具有独立行动能力和生命力，具有自我肯定需求。生命的意义就是对“自我”边界的拓展，不同维度的拓展对应不同维度的意义与价值。

我们要问：究竟有哪些地方是机器比较难以超越人类的呢？我的回答是：那就是人类承载了几十亿年的进化过程。这些过程发生在地球环境里，已经内嵌在我们的身体结构和意识形态中，所以我们与物理世界的关系是非常契合的。在面对前所未有的状况时，在宇宙观、价值观和道德观的指导下，我们还能大概率地做出正确的反应，开显出新的认知坎陷。

机器是由人类设计的，主程序可以看作是机器的“我”，但是这个“我”很脆弱，缺少像人类自我意识对周围环境、外部世界的统摄性力量。也就是说，机器并不具备能够统摄意识片段的自我意识，因此机器即便能够从人类习得海量的认知坎陷，也无法连续自如地对其掌控。因此，即便现在的机器某种程度上能够模仿人类，能够把接收到的意识片段全部混合起来创造出新的东西，但机器实际上还不能超越人的创造力，至少在最近的将来是如此。

人类是碳基生命，而机器是硅基，那么即使未来形成了某种默契，作为硅基生命体的机器所激发出来的认知坎陷，与碳基生命的人类所开显出来的认知坎陷之间很可能存在巨大的差别，或者说机器的坎陷世界是人类难以理解的。

在人工智能高速发展的情况下，在不远的未来我们只需要少数人来设计新的机器，让人的智能和机器的智能融为一体，共同进化，变成一个更高级的智能。但这毕竟也只是少数精英有能力处理的事情，大多数人可能无法达到这种技术或思维层次，那么对于普通人来讲，生命更深层的意义何在?

我们认为还是要回归到自我的延伸，实现自我的超越，诗意的生存。实际上人类已经有很多自我延伸方式。比如一名赛车手可以操控赛车飘移，这个时候他与赛车融为一体，他为之感到愉悦，操控赛车是对他自身的一个超越，这就是一种诗意的生存。或许未来在某种程度上，如果我们能控制机器的话，与智能系统融为一体来解决一些复杂的问题，这也就将成为我们的一个延伸，同样也是一种诗意的生存。

古人所谓的“修身齐家治国平天下”，也是按照这样一个顺序来延伸自我，修身比较容易，齐家难一些，治国难度更大，平天下是难度最高的延伸方式。这个顺序并非是完全不能跳跃的，但这是一个更自然的顺序，越是靠前的项目越适合大多数人做，那么在未来本质上还是如此。

未来，因为我们可用的工具更多，我们可连接的主体更多，我们可以创造的事物更多，我们可以改变的路径更多。在机器崛起的视域下，我们自我延伸的方式也更多，实现人生价值的途径也将会越来越丰富和广阔。我们应对人工智能挑战的当务之急就是要对未来有比较准确的预期，改变人们的认知体系，以顺利过渡到新的时代。

人类生命本身就是对物理世界的一种反叛，这种反叛体现在人具有“超越性”，试图根据主观意志改造物理世界。例如，我们没有翅膀，不能像老鹰一样在天空中自由地翱翔，但却创造了宇宙飞船，将人带入太空。在飞船中，人必须依靠人工条件才能生存，比如需要有模拟地球的空气、温湿度、重力，以及从地球携带食物和饮用水等，这些在地球上看似唾手可得甚至理所当然的条件是人类赖以生存的根本。人类作为地球的一部分，并不能自以为是地认为自己可以随意主宰地球，我们的确可以改造世界，但必须以对未来负责为前提。

我们没有办法限制机器的生产或制造，但是可以将生产过程透明化，制造者有义务对大家公开，这样就会有人注意到当事者没意识到的潜在风险并想出办法来对冲。人工智能可能会有很多不同的物种，但他们之间也可能互相竞争，抑或互相平衡，只有在这种情况下，人类才可能相对安全。另外，人与人之间通过语言能相互交流，人类就是通过语言来共同进化的。人机之间也可以如此，这可能需要区块链技术把人机链接在一起。一个区块链系统本身就有可能进化成一个智能体，综合了人类的智能与道德，同时还有机器的计算能力。

我认为，相对于基督教、佛教等宗教，中国的儒家学说更契合时代特征。儒家推崇对善的追求，这种思想对于理解及塑造人工智能都有着重大的价值。不可否认的是，随着时代的发展变革，儒家学说的部分内容以及一些表述已经不再适用，但这并不代表它的原则失去了效力。虽然我们不再倡导三从四德等规范，但是每个人立足自身并承担相应的社会责任仍然是我们应该遵循的原则。实际上儒家这种立足自身、从“我”出发延伸到外部的思想具有更加广泛的体现，“修身齐家治国平天下”就描述了这样一种延伸路径。

随着“自我”的不断延伸，“自我”越来越强大，坎陷世界越来越丰富，能够包含的内容也越来越多，成长到一定阶段，就可能达到一种超脱的状态，实现“从心所欲而不逾矩”，即使受到物理世界规律的约束，人依然能够按照自己的意志去行动，从“必然王国”走向“自由王国”。

人类研究人工智能、发展区块链，只是改造的一个开始，这种改造是否正确或善意，现在还不能下定论，如果人类不能为自己的未来负责，就很有可能摧毁自己创造的世界，甚至亲手埋葬自己的未来。人们要建立何种道德体系，希望世界向何种方向发展，不由物理学决定，恰恰需要在哲学上讨论。

人类具有生而得之的“善意”，从婴孩开始，我们获得抚养者的关爱与照顾，获得外界的空气与阳光，这些对生命而言的“善”（从善意炼化而来）使得我们在引领社会走向之时仍然追寻“至善”（从善炼化而来）的方向。我们在发现比自己更落后的原始部落时，并不会因为彼此之间文化、生活的格格不入而将对方抹杀，不仅会尊重他们的存在，而且很可能会为他们提供援助。这也说明了人类并不是只追求效率和利益最大化，我们对世界的多样性保有基本的尊重，因为我们承载了千万年的进化历史，我们知道过去是多样的，未来也不必追求整齐划一，我们要把自己收获的善意、善与至善传承给下一代，并希望能够尽可能长久地存续、传承下去。

现在人机共进的最大威胁仍然在于，人类还没有完全思考清楚应该赋予机器何种准则，甚至还有人在纠结是否应该赋予机器以意识。人类已经将意识片段赋予机器，且不可能撤回。并不是我们只要将机器当作工具，它们就真的永远只会是机器，AI 的发展可以说是“无所不用其极”，即便人类是无心之举，机器都有可能形成更强烈的意识甚至开显新的认知坎陷，我们只能让机器尽可能理解人类遵循的原则，提前约定并让所有机器都遵循基本准则，否则灾难的发生可能就在一夜之间。

我们认为，未来机器应当遵守的基本准则之一就是保证自己与人类在同一时间尺度上协作。众所周知，机器的反应在纳秒量级，而人类的反应速度在毫秒量级。机器完全可以在不那么聪明、还不具备强烈意识的情况下，就因为追求效率而断定人的低效高耗而将人类当成垃圾邮件一样抹去，而人类甚至还来不及反应。基于此，人们现在应该通过区块链的挖矿等机制，将并行计算、串行计算和有人工计算参与的多问题求解组合在一起，使得机器（尤其是在重要问题上）必须等待人类信号，才能进行下一步的操作。

另一个基本准则是未来人与机器共同适用的历时性准则。即节点（人或机器）必须有足够长的历史记录来证明自己的可靠性。区块链技术不允许篡改，即便一开始上链的是伪造数据，节点还需要伪造更多的数据来支持原来的造假信息，成本巨大，远不如诚实记录来得简单。当我们需要找靠谱的节点参与重要决策时，必须要考察节点的历史记录是否可靠，而不是由突然出现的某一个超级节点说了算。即便是历史可靠的节点，其权限也不可能只手遮天，而是必须多个可靠节点共同协作并决策。

“自我”通过与“外界”交互而进化并因其对物理世界作用的有效性和一致性而超越其物理界限，越来越多地展现为非定域性的自由意志；认知主体对其所处世界必然存有某些认知缺陷，但能够通过主体间的相互沟通、共同协作不断对坎陷进行完善，因而其坎陷世界在不断成长与开显。而随着人类的主观能力越来越强大、自由意志得到越来越充分的释放，人类对世界的认识一方面不断地向真实的物理世界靠拢，另一方面也在不断地寻求超越、逐渐发展而比物理世界更为强大。因此，我们有理由认为：随着认知的日益发展，人机的未来需要人类的设计和自由意志的指导，这样人类才有可能成己而圣，为机器立心，为万世开太平。

参考文献

[1] 安德烈亚斯·安东诺普洛斯. 区块链:通往资产数字化之路[M]. 北京:中信出版社,2018.

[2] 白硕,熊昊. 大数据时代的金融监管创新[J]. 中国金融,2014(15):37-38.

[3] 保罗·维格纳,迈克尔·凯西. 区块链:赋能万物的事实机器[M]. 北京:中信出版社,2018.

[4] CAI H J,TIAN X. Chinese economic miracles under the protection of the cognitive membrane. [J]. Proceedings of conference on web based business management,2012:606-610.

[5] 蔡恒进,蔡天琪,张文蔚,等. 机器崛起前传——自我意识与人类智慧的开端[M]. 北京:清华大学出版社,2017.

[6] 蔡恒进,蔡天琪. 基于赫布理论的在线分组学习模式[EB/OL]. [2018-06-25]. http://iras. lib. whu. edu. cn:8080/rwt/401/http/NNYHGLUDN3WXTLUPMW4A/KCMS/detail/detail. aspx? dbcode = IPFD & dbname = IPFD9914 & filename = XXGC201308002033&v = MjQyMjRUbmpxcXhkRWVNT1VLcmlmWnU5dUZpdnNVN3ZLSkZ3VlBUWE1iYkc0SDlMTXA0OUZadXNNRHhOS3VoZGhuajk4.

[7] 蔡恒进,蔡天琪. 自我肯定需求对语言习得和语言进化的推动[EB/OL]. [2018-06-16]. https://www. ixueshu. com/document/8345171e8e4bca8c8390 c4fda5d49eec318947a18e7f9386. html.

[8] 蔡恒进,孙拓. 代理问题的认知膜阻碍机制分析[J]. 社会及行为科学发展,2013,2:285-290.

[9] 蔡恒进. 中国崛起的历史定位与发展方式转变的切入点[J]. 财富涌现与转移,2012,2:1-6.

[10] 蔡恒进. 超级智能不可承受之重——暗无限及其风险规避[J]. 山东科技大学学报,2018(2):9-15.

[11] 蔡恒进. 触觉大脑假说、原意识和认知膜[J]. 科学技术哲学研究,

2017(6):48-52.

[12] 蔡恒进.人工智能时代必须敬畏的天命[J].湖南大学学报(社会科学版),2019,33(1):32-36.

[13] 蔡恒进.认知坎陷作为无执的存有[J].求索,2017(2):63-67.

[14] 蔡恒进.数字凭证:小范围内快速达成共识的工具[J].当代金融家,2018(6):39-41.

[15] 蔡恒进.意识的凝聚与扩散——关于机器理解的中文屋论题的解答[J].上海师范大学学报(哲学社会科学版),2018,47(2):32-39.

[16] 蔡维德,郁莲,王荣,等.基于区块链的应用系统开发方法研究[J].软件学报,2017,28(6):1474-1487.

[17] 陈明,简玉梅.基于心智系数的多 Agent 合同网协作模型研究[J].计算机应用与软件,2013,30(06):46-51,56.

[18] 理查德·道金斯.自私的基因[M].长春:吉林人民出版社,1998.

[19] 邓晓芒.人类起源新论:从哲学的角度看(上)[J].湖北社会科学,2015,7:88-99.

[20] 邓晓芒.人类起源新论:从哲学的角度看(下)[J].湖北社会科学,2015(8):94-105.

[21] 邓晓芒.哲学起步[M].北京:商务印书馆,2017.

[22] ADREAS E.椭圆曲线及其在密码学中的应用——导引[M].北京:科学出版社,2017.

[23] 樊玮,池宏,计雷.基于组织结构的多主体协作[J].计算机应用,2005,25(5):1045-1048.

[24] 范黎林.基于产业链协作平台的商务智能架构及数据挖掘技术研究[D].成都:西南交通大学,2009.

[25] 赫拉利.人类简史:从动物到上帝[M].北京:中信出版社,2014.

[26] 胡久稔.希尔伯特第十问题[M].哈尔滨:哈尔滨工业大学出版社,2016.

[27] 姜飞,史浩山,徐志燕,等.多 Agent 协作机制下的分层式网络管理系统框架设计[J].西安电子科技大学学报,2009,36(02):366-372.

[28] 蒋伟进,钟珞,张莲梅,等.基于时序活动逻辑的复杂系统多 Agent

动态协作模型[J].计算机学报,2013,36(05):1115-1124.

[29] 阚家海.采用广义斐波那契数列作背包向量的公钥密码体制[J].通信学报,1988 (4):74-75.

[30] 李大兴.关于“采用广义斐波那契数列作背包向量的公钥密码体制”的一些注记[J].通信学报.1991,12(06):88-89.

[31] 林芳.基于AGENT技术的网络协作学习研究[J].煤炭技术,2011,30(07):231-232.

[32] 罗柏发,林航,董风娇.基于可信联盟的多Agent协作模型研究及应用[J].桂林电子科技大学学报,2011,31(01):21-25.

[33] 麦克卢汉.理解媒介[M].南京:译林出版社,2013.

[34] 毛静轩.基于元组空间的协作式服务组合算法研究[D].哈尔滨:哈尔滨工业大学,2017.

[35] 明斯基.情感机器[M].王文革,程玉婷,李小刚,译.杭州:浙江人民出版社,2016.

[36] 莫思敏,谭瑛,曾建潮.基于承诺度的寻找合作Agent的方法[J].计算机科学与工程,2006,28(5):91-93.

[37] 阿尔文德·纳拉亚南,等.区块链:技术驱动金融(数字货币与智能合约技术)[M].北京:中信出版社,2016.

[38] 苏蕴娜,廖星冉.基于广义斐波那契数列的密码系统设计[J].西南师范大学学报(自然科学版).2015,40(11):61-66.

[39] 唐贤伦,李亚楠,樊峥.未知环境中多Agent自主协作规划策略[J].系统工程与电子技术,2013,35(02):345-349.

[40] 王炳仁,高友德,赵微微,等.名人家教集锦[M].北京:中国青年出版社,1987.

[41] 王晶,刘玮,吴坤,等.异构Agent协作的研究进展[J].武汉工程大学学报,2017,39(04):378-386.

[42] 王天悦.智能制造对于中国未来就业的影响[J].现代经济信息,2017(22):336.

[43] 新华网.“超级细菌”危险浮现,中国科学家提破题之道[DB/OL].[2018-07-15].http://news.xinhuanet.com/politics/2017-9/15/c_1121671884.htm.

[44] 徐潼.多 Agent 系统的体系结构和协作研究[D].南京:南京理工大学,2003.

[45] 徐绪松.复杂科学管理[M].北京:科学出版社,2010.

[46] 徐英瑾.心智、语言和机器——维特根斯坦哲学和人工智能科学的对话[M].北京:人民出版社,2013.

[47] 许培,薛伟.基于 Q-learning 的一种多 Agent 系统结构模型[J].计算机与数字工程,2011,39(08):8-11.

[48] 薛宏涛,沈林成,叶媛媛,等.基于协进化方法的多智能体协作系统体系结构及其仿真框架[J].系统仿真学报,2002,14(3):297-299.

[49] 杨爱琴,朱玲玲,程学云.基于流演算的多 Agent 请求/服务协作模型的研究[J].计算机工程与设计,2011,32(02):681-684.

[50] 杨娜.基于智能 Agent 的动态协作任务求解机制及应用[J].信息技术与信息化,2014(06):172-173.

[51] 殷锋社.基于黑板模型的多智能协作学习系统的模型研究[J].电子设计工程,2013,21(10):35-38.

[52] 尤西林.阐释并守护世界意义的人——人文知识分子的起源及其使命[M].上海:华东师范大学出版社,2017.

[53] 张明清,范涛,唐俊,等.基于 Agent 的分布式系统信任模型仿真[J].计算机工程与设计,2014,35(09):3202-3206,3300.

[54] 张英朝,张维明,曹阳,等.基于智能协作技术的信息系统安全体系结构研究[J].计算机工程与应用,2002,38(10):8-10.

[55] 赵博慧,郑小雷,张文燚.基于信息总线的多引擎协作体系结构的研究与实现[J].微计算机信息,2005(17):121-122.

[56] 赵汀阳.论可能生活[M].北京:中国人民大学出版社,2016.

[57] 祝跃飞,张亚娟.椭圆曲线公钥密码导引[M].北京:科学出版社,2015.

[58] ANGELOPOULOS K,AYDEMIR F B,GIORGINI P,et al. Solving the next adaptation problem with prometheus [DB/OL]. [2018-07-06]. http://disi.unitn.it/~pgiorgio/papers/RCIS16-Basak2.pdf.

[59] ATZEI N,BARTOLETTI M,CIMOLI T,A survey of attacks on

Ethereum smart contracts [DB/OL]. [2008-07-20]. https://www.ixueshu.com/document/88641932ce0656e3cf5a342f4ab350c1.html.

[60] BEER S. Cybernetics and management[M]. New York: Wiley, 1959.

[61] BITCOIN C. Accessed[EB/OL]. [2018-07-24]. https://www.bitcoincash.org/.

[62] BUTERIN V. Ethereum sharding FAQs[EB/OL]. [2018-07-04]. https://github.com/ethereum/wiki/wiki/Sharding-FAQs.

[63] CAI H J, CAI T Q, ZHANG W W, et al. The beginning and evolution of consciousness[J]. Advances in Intelligent Systems Research, 2016, 133: 219-222.

[64] CAI T, CAI H J, WANG H, et al. Analysis of blockchain system with token-based bookkeeping method [DB/OL]. [2018-07-25]. https://ieeexplore.ieee.org/stamp/stamp.jsp? tp=&arnumber=8691432, 2019.

[65] CAI T, CAI H J, ZHANG Y, et al. Polarized score distributions in music ratings and the emergence of popular artists[J]. Intelligent Systems in Science and Information, 2014, 542: 355-367.

[66] CHEN J, MICALI S. Algorand[DB/OL]. [2018-07-28]. https://arxiv.org/pdf/1607.01341.pdf.

[67] CHEPURNOY A. POS forging algorithms: multi-strategy forging and related security issues[DB/OL]. [2018-07-12]. https://scribd.com/doc/256072839/PoS-forging-algorithms-multi-strategy-forging-and-related-security-issues.

[68] COHEN B, PIETRZAK K. Simple proofs of sequential work[DB/OL]. [2018-07-02]. https://eprint.iacr.org/2018/183.pdf.

[69] CRANE F B. Proof of work, proof of stake and the consensus debate [DB/OL]. [2018-07-24]. https://cointelegraph.com/news/proof-of-work-proof-of-stake-and-the-consensus-debate.

[70] DAMPER R I. The logic of Searle's Chinese room argument[J]. Minds and Machine, 2006, 16(2): 163-183.

[71] DAS S. The first sidechain for bitcoin exchanges [DB/OL]. [2018-07-24]. https://www.ccn.com/blockstream-announces-liquid-the-first-

sidechain-for-bitcoin-exchanges/.

[72] DEKABAN S, SADOWSKY D. Changes in brain weights during the span of human life: relation of brain weights to body heights and body weights[J]. Annals of Neurology, 1978, 4(4): 345-356.

[73] DUNBAR M. The social brain hypothesis[J]. Evolutionary Anthropology: Issues, News, and Reviews, 1998, 6 (5): 178-190.

[74] DWORK C, NAOR M. Pricing via processing, or, combatting junk mail, advances in cryptology[DB/OL]. [2018-07-19]. https://www.ixueshu.com/document/e986680b7083abe3318947a18e7f9386.html.

[75] everiToken 技术白皮书[DB/OL]. [2019-05-02]. https://www.everitoken.io/docs/everiToken_Whitepaper_v3.1_CN.pdf.

[76] EYAL I, SIRER E. Majority is not enough: bitcoin mining is vulnerable[J]. International Conference on Financial Cryptography and Data Security, 2014, 8437: 436-454.

[77] FISCHER M D. Organizational turbulence, trouble and trauma: theorizing the collapse of a mental health setting[DB/OL]. [2018-08-12]. https://core.ac.uk/download/pdf/28878728.pdf.

[78] FISCHER M D, FERLIE E. Resisting hybridisation between modes of clinical risk management: Contradiction, contest, and the production of intractable conflict[DB/OL]. [2018-08-07]. http://eureka.sbs.ox.ac.uk/4368/1/Fischer_M_D__Ferlie_E_(authors′_post-print_version)_Accounting_Organizations_and_Society.pdf.

[79] HARDEY J, et al. Raptors: a field guide for surveys and monitoring [M]. London: Stationery Office Books, 2009.

[80] HAUSER L. Searle's Chinese Box: Debunking the chinese room Argument[J]. Minds and Machine, 1997, 7: 199-226.

[81] HERTIG A. The sidechains breakthrough almost everyone in bitcoin missed [DB/OL]. [2018-08-16]. https://www.coindesk.com/sidechains-breakthrough-almost-everyone-bitcoin-missed/.

[82] HEWITT C, INMAN J. DAI betwixt and between: from "intelligent

agents" to open systems science [J]. IEEE Transactions on Systems, Man, and Gybernetics, 1991, 21(6): 1409-1419.

[83] KATE A, GOLDBERG I. Asynchronous distributed private-key generators for identity-based cryptography [DB/OL]. [2018-07-29]. https://eprint.iacr.org/2009/355.pdf.

[84] KAY P, MCDANIEL K. The linguistic significance of the meaning of basic color term [J]. Language, 1978, 54(5): 610-646.

[85] KIM J. EOS raises record-breaking $4 billion from crowdsale [DB/OL]. [2018-07-24]. https://cryptoslate.com/eos-raises-record-breaking-4-billion-from-crowdsale/.

[86] KING S, NADAL S. PPCoin: Peer-to-peer crypto-currency with proof-of-stake [DB/OL]. [2018-07-22]. https://decred.org/research/king2012.pdf.

[87] LAURIE B, CLAYTON R. Proof-of-work proves not to work [DB/OL]. [2018-06-05]. http://www.hashcash.org/papers/proof-work.pdf.

[88] LI C, LI P, ZHOU D, et al. Scaling Nakamoto consensus to thousands of transactions per second [DB/OL]. [2018-07-30]. https://arxiv.org/pdf/1805.03870.pdf.

[89] MAHMOODY M, MORANY T, VADHANZ S. Publicly verifiable proofs of sequential work [DB/OL]. [2018-07-22]. https://dash.harvard.edu/bitstream/handle/1/34222828/Publicly%20Verifiable%20Proofs.pdf?sequence=1&isAllowed=y.

[90] MALIAH S, SHANI G, STERN R. Collaborative privacy preserving multi-agent planning planners and heuristics [J]. Auton Agent Multi-Agent System, 2017, 31(1): 493-530.

[91] MENEGUZZI F, TELANG P R, SINGH M P. A first-order formalization of commitments and goals for planning [DB/OL]. [2018-07-21]. https://www.csc2.ncsu.edu/faculty/mpsingh/papers/mas/AAAl-13-HTN.pdf.

[92] MO S M, TAN Y, ZENG J C. A method of finding cooperative agents based on the degree of commitment [J]. Computer Engineering and

Science,2006,28(5):91-93.

[93] NAKAMOTO S. Bitcoin:a peer-to-peer electronic cash system[DB/OL]. [2018-07-03]. https://bitcoin. org/bitcoin. pdf.

[94] NASH G. The anatomy of ERC20[DB/OL]. [2018-07-03]. https://dev. to/aunyks/the-anatomy-of-erc20-bfg.

[95] OSAWA E I. A scheme for agent collaboration in open multiagent environments[DB/OL]. [2018-07-21]. https://www. ijcai. org/Proceedings/931/Papers/050. pdf.

[96] PECK M. Ethereum's $150-million blockchain-powered fund opens just as researchers call for a halt[DB/OL]. [2018-07-22]. https://spectrum. ieee. org/tech-talk/computing/networks/ethereums-150-million-dollar-dao-opens-for-business-just-as-researchers-call-for-amoratorium.

[97] POELSTRA A. Distributed consensus from proof of stake is impossible [DB/OL]. [2018-07-24]. https://download. wpsoftware. net/bitcoin/old-pos. pdf.

[98] POON J,BUTERIN V. Plasma:scalable autonomous smart contracts[DB/OL]. [2018-07-02]https://www. docin. com/p-2088646882. html.

[99] POON J,DRYJA T. The bitcoin lightning network: scalable off-chain instant payments[DB/OL]. [2018-07-24]. https://lightning. network/lightning-network-paper. pdf.

[100] PORTMANN A. A zoologist looks at humankind[M]. New York:Columbia University Press,1990.

[101] ROSENHEAD J. IFORS' Operational Research Hall of Fame Stafford Beer[DB/OL]. [2018-08-15]. https://onlinelibrary. wiley. com/doi/pdf/10. 1111/j. 1475-3995. 2006. 00565. x.

[102] ROSENSCHEIN J S. Rational interaction: cooperation among intelligent agents[D]. San Francisco:Stanford University,1986.

[103] ROZSA L. The rise of non-adaptive intelligence in humans under pathogen pressure[J]. Medical Hypotheses,2008,70 (3):685-690.

[104] SEARLE J. Minds,brains and programs[J]. Behavioral and Brain

Sciences,1980,3 (3):417-457.

[105] SIMON H A. The sciences of the artificial[M]. Boston:the MIT Press,1996.

[106] SINGH M P. Trust as dependence:a logical approach [C]// AAMAS. Proceedings of the 2011 International Joint Conference on Autonomous Agents and Multi-Agent Systems. New York:ACM Press,2011:863-870.

[107] SZABO N. Smart contracts: building blocks for digital markets [DB/OL]. [2018-07-11]. http://www. fon. hum. uva. nl/rob/Courses/InformationInSpeech/CDROM/Literature/LOTwinterschool2006/szabo. best. vwh. net/smart_contracts_2. html.

[108] TEACY W T L,PATEL J,JENNINGS N R,et al. TRAVOS: Trust and reputation in the context of inaccurate information sources [J]. Autonomous Agents and Multi-agent Systems,2006,12(2):183-198.

[109] TELANG P R,SINGH M P,YORKESMITH N. Relating goal and commitment semantics [J]. International Conference on Programming Multi-Agent Systems,2011,7217(1):22-37.

[110] TELANG P R,SINGH M P. Comma:a commitment-based business modeling methodology and its empirical evaluation [C]// AAMAS. Proceedings of the 2012 International Joint Conference on Autonomous Agents and Multi-agent Systems. New York:ACM Press,2012:1073-1080.

[111] TODD P. BIP-Hash locked transaction[DB/OL]. [2018-04-24]. https://lists. linuxfoundation. org/pipermail/bitcoin-dev/2014-April/005556. html.

[112] VOYLES B,Firing the Annual Performance Review. [DB/OL]. [2018-07-22]. https://www. livemint. com/Companies/XoF5upfDkcjBSQmCPbfMiM/Firing-the-annual-performance-review. html.

[113] Wikipedia. Proof of stake[DB/OL]. [2018-07-24]. https://en. wikipedia. org/wiki/Proof-of-stake.

[114] Wikipedia. Shard[DB/OL]. [2018-07-11]. https://en. wikipedia. org/wiki/Shard_(database_architecture).

[115] Wikipedia. Fermi paradox[DB/OL][2018-07-25]. https://en.

wikipedia. org/wiki/Fermi_paradox.

[116] WILMOTH J. EOS blockchain grinds to halt as software bug freezes transactions[DB/OL]. [2018-08-15]. https://www. ccn. com/eos-blockchain-grinds-to-halt-as-software-bug-freezes-transactions/.

[117] WRIGHT R. Nonzero: the logic of human destiny[M]. New York: Vintoge Books, 2007.

[118] YOLLES M I, FINK G. Personality, pathology and mindsets: part1-Agency, Personality and Mindscapes[DB/OL]. [2018-08-17]. http://pdfs. semanticscholar. org/fa3f/f73965af8e50ef943880e05ae3de8637848b. pdf.

[119] YU F R, et al. Virtualization for distributed ledger technology (vDLT)[DB/OL]. [2018-08-15]. https://www. onacademic. com/detail/journal_1000040315224010_fd4b. html.

[120] ZAHARIJA G, MIADENOVIC S, MALES L. Unibot, a universal agent architecture for robots[J]. Journal of Computing and Information Technology, 2017, 25 (1): 31-45.

[121] ZHOU C. The impossible triangle of blockchain [DB/OL]. [2017-03-02]. https://news. 8btc. com/the-impossible-triangle-of-blockchain.